中国区域环境保护丛书
北京环境保护丛书

北京环境监测与科技

《北京环境保护丛书》编委会　编著

中国环境出版集团·北京

图书在版编目（CIP）数据

北京环境监测与科技/《北京环境保护丛书》编委会编著. —北京：中国环境出版集团，2020.8
（北京环境保护丛书）
ISBN 978-7-5111-4256-6

Ⅰ. ①北… Ⅱ. ①北… Ⅲ. ①环境监测—概况—北京 Ⅳ. ①X83

中国版本图书馆 CIP 数据核字（2019）第 294903 号

出 版 人 武德凯
责任编辑 周 煜
责任校对 任 丽
封面设计 彭 杉

出版发行 中国环境出版集团
（100062 北京市东城区广渠门内大街 16 号）
网 址：http://www.cesp.com.cn
电子邮箱：bjgl@cesp.com.cn
联系电话：010-67112765（编辑管理部）
010-67138929（第六分社）
发行热线：010-67125803，010-67113405（传真）

印 刷 北京中科印刷有限公司
经 销 各地新华书店
版 次 2020 年 8 月第 1 版
印 次 2020 年 8 月第 1 次印刷
开 本 787×960 1/16
印 张 24
字 数 352 千字
定 价 78.00 元

《北京环境保护丛书》

《北京环境监测与科技》

主　　编　徐　庆

副 主 编　（按姓氏笔画排序）

文　瑛　厉凛楠　兰　平　乔淑芳　刘贤姝

孙长虹　宋福祥　明登历　荆红卫　阎育梅

梁延周

特邀副主编　田　红　祐素珍　王军玲　顾家橙

执行编辑　梁　静　刘玮静

序言

《北京环境保护丛书》（以下简称《丛书》）是按照原环境保护部部署、经主管市领导同意由原北京市环境保护局（2018 年 11 月成立北京市生态环境局）组织编纂的。《丛书》分为《北京环境管理》《北京环境规划》《北京环境监测与科技》《北京大气污染防治》《北京环境污染防治》《北京生态环境保护》《北京奥运环境保护》七个分册。

《丛书》回顾、整理和记录了北京市环境保护事业 40 多年的发展历程，比较全面地展现出北京市环境规划和管理、环境污染防治、生态环境保护、环境监测和科技的发展历程、重大举措和所取得的成就，以及环境质量变化、奥运环境保护工作等。《丛书》是除首轮环境保护专业志《北京志·市政卷·环境保护志》（1973—1990 年）以外，北京市环境保护领域最为综合的史料性书籍。《丛书》同时具有一定知识性、学术性价值。期望这套《丛书》能帮助读者更加系统地认知北京市环境保护进程、经验、规律，并为今后工作提供参考。这套《丛书》也为编纂第二轮《北京志·环境保护志》（1991—2010 年）打下了良好的基础。

借此《丛书》陆续编成付梓之际，希望北京市广大环境保护工作者，学史用史、以史资政、继承创新、改革创新，自觉贯彻践行五大发展理念，努力工作，补齐生态环境突出“短板”，为北京市生态文明建设、率先全面建成小康社会做出应有的贡献。

参编《丛书》的处室、单位人员和编委会成员克服困难，广泛查阅资料，虚心请教退休老同志，反复核实校正。很多同志利用业余时间，挑灯夜战、不辞辛苦。《丛书》各分册编写人员认真负责，较好地完成了文稿撰写、修改、审校和统稿、定稿工作。在此，向付出辛勤劳动的各位参编人员一并表示感谢。

我们力求完整系统地收集资料，准确记述北京市环境保护领域的重大政策、事件及进展，但是由于历史跨度大，《丛书》中难免有遗漏和不足之处，敬请读者不吝指正。

北京市生态环境局党组书记、局长　陈添

2018 年 12 月

目录

第一章　环境监测机构网络建设　1

第一节　环境监测机构　1

第二节　环境监测网络建设　11

第二章　环境监测网络运行　31

第一节　环境质量监测　32

第二节　污染源监督性监测　49

第三节　环境应急监测　64

第四节　委托监测　69

第三章　环境监测质量管理　73

第一节　监测质量保证与质量控制　74

第二节　辐射环境质量管理与控制　97

第四章　环境质量报告　100

第一节　环境状况公报　100

第二节　环境质量报告书　102

第三节　空气质量周报、日报和预报　104

第五章　科研机构　108

第一节　市属环保科研机构　108

第二节　国家在京环保科研机构　124

第六章　科学研究与技术应用　136

第一节　大气污染防治　139
第二节　水污染防治和水资源保护　184
第三节　固体废物污染防治和资源化　235
第四节　污染场地环境调查评估与修复　245
第五节　环境噪声污染防治　250
第六节　放射性和电磁污染防治　254
第七节　生态环境保护　261
第八节　环境质量综合调查　266
第九节　环境规划政策标准　269

第七章　获奖成果与专利　277

第一节　获国家级奖科研成果　277
第二节　获部、市（省）级奖科研成果　281
第三节　市环保局系统发明专利　300

第八章　国际交流与合作　304

第一节　国际金融组织贷款项目　305
第二节　国际机构间合作　320
第三节　政府间合作　329
第四节　与国际环保非政府组织交流　349
第五节　环保国际公约履约工作　354
第六节　国际奖项　358

第九章　环保产业　361

第一节　环保产业状况和趋势分析　362
第二节　环保产业管理　367

后　记　373

第一章　环境监测机构网络建设

自20世纪70年代开始，北京市环境监测机构逐步建立、健全。1974年，北京市环境保护监测中心成立；1998年，北京市辐射环境管理中心成立（2006年更名为北京市辐射安全技术中心）；1994年前后，北京市各区县环境监测站陆续通过市质量技术监督局的实验室资质认定；至2015年，全市70多家社会化环境监测机构获得能力认定，按照市场需要承接监测业务。围绕大气、水、土壤、噪声、生态、辐射等环境质量及污染源构建了全市环境监测网络。至2008年，市地表水自动监测网络、声环境自动监测系统全部建成；至2010年，空气质量自动监测点位网络基本形成。2011年全市35个$PM_{2.5}$监测子站的建设完成及运行，标志着新的监测网络更具代表性，更能客观、全面地反映北京的空气质量状况。

第一节　环境监测机构

一、北京市环境保护监测中心

北京市环境保护监测中心（以下简称市环保监测中心）成立于1974年，是全国环保系统最早成立的专业化的环境监测机构之一，隶属于北京市环境保护局，业务上接受中国环境监测总站指导。主要职责为通过遥感、手工和自动监测手段，进行全市范围内大气、水、噪声、土壤、生态等环境要素的环境质量监测、各类污染源监测、突发污染事故的应急监测。

1973 年 8 月，第一次全国环境保护会议讨论提出各地以卫生防疫部门为基础，适当调整和充实人员、设备、仪器，担负起环境监测任务的意见。后经会议讨论决定，环境监测任务由卫生防疫部门承担，有的地方也可由环保部门单独设立。时任北京市革命委员会副主任万里同志在征求有关专家意见后，果断决定北京市的环境监测机构隶属于环境保护部门。此后，全国各省市多由卫生防疫部门负责的环境监测机构陆续划归了环保部门。

1974 年 2 月 21 日，市计委批复“同意新建北京市环境保护监测中心”，同年 3 月正式筹建，1977 年 10 月市环保监测中心建成，其主要职责是：草拟本市环境监测的中长期规划和年度计划，组织全市监测网络对北京市的大气、水质、土壤、噪声等环境要素进行常规监测，对区、县环保监测站进行业务、技术指导和培训，实施各类环境监测的质量保证工作，收集、整理、分析、汇总、综合评价报告和储存全市的环境监测数据信息，开展环境监测科研。市环保监测中心成为全市环境保护各监测站中的网络中心、数据中心和质控中心。

1980 年，中国环境监测总站建成后，市环保监测中心成为国家环境监测系统的二级站。1985 年，随着各区县环保监测站、中央及地方有关部门和行业监测站的建立，市环保监测中心逐渐减少了直接例行监测的工作量，充分发挥网络中心、数据中心和质控中心的作用，通过常规监测，污染事故和污染纠纷处理的应急监测与仲裁监测，对新建项目的验收监测，对重点污染源的监督监测，为评价北京市环境质量积累了大量数据，为环境管理提供了技术支持、技术监督和技术服务。

1994 年，市环保监测中心通过国家技术监督局组织的计量认证，成为首批获得国家级计量认证合格证书的专业化环境监测机构。1999 年、

2004 年、2009 年和 2012 年分别通过了计量认证复查评审。2015 年通过了计量认证复查评审和扩项评审。

1999 年，市环保监测中心开始定期向社会发布环境质量信息，2001 年 5 月又增加了空气质量预报；2003 年 1 月，与北京电视台公共频道合作，每日播出《北京空气质量播报》；2008 年 3 月，与北京人民广播电台、北京城市服务管理广播合作，开始日播三档的《空气质量播报》栏目，并增加了“专家连线”。

2007 年，市环保监测中心建成了由空气质量自动监测系统、锅炉烟气在线监测系统、机动车尾气检测联网监控系统、工地扬尘污染监控系统、污水处理厂水质在线监测系统、地表水水质自动监测系统、噪声自动监测系统等多个系统组成，具有数据传输、收集汇总、综合分析、预测模拟、远程监控指挥等先进功能的环境监测自动化控制中心。

2007 年 6 月 5 日，市环保监测中心监测展厅正式向社会开放，并于 2012 年 6 月 7 日被市环保局、市教委和团市委共同命名为首批“北京市环境教育基地”。

截至 2015 年，市环保监测中心在职在册人员 186 人，其中专业技术人员 167 人，占职工总人数的 90%，具有副高级以上职称人员 44 人，中级职称人员 65 人；共设置 15 个科室，包括党委办公室、办公室、人事科、财务科、总务科、技术质量管理室、综合计划室、现场监测室、分析实验室、遥感监测室、自动监测室、大气室、水室、物理室、污染源室。拥有国内领先、国际一流的监测科研仪器设备，包括微脉冲激光雷达、MODIS 卫星接收系统、气相色谱-质谱仪、气相色谱-质谱联用仪、液相色谱-质谱联用仪、离子色谱仪、等离子体发射质谱仪、X 射线荧光光谱仪、显微成像系统、颗粒物粒径分布谱仪、差分吸收光谱分析仪等，具备包括环境空气和废气、水（含大气降水）、土壤和水系沉淀物、固体废物、生物、噪声、振动、室内空气、电磁辐射等环境要素在内的 9 大类 195 项检测能力、287 种检测方法。

二、北京市辐射安全技术中心

1997 年以前，市环保局辐射环境管理相关工作由市环保局三处（后改为开发处）设专人负责。市环保局与市卫生局、市公安局等管理部门按照各自职责，对北京市的辐射环境实施管理。

1997 年 4 月 16 日，市编办批复同意市环保局增设辐射环境管理处，编制 6 人，专门负责辐射环境和放射性污染的监督管理。同年 9 月，市环保局设置辐射环境管理处。2006 年 4 月，市环保局辐射环境管理处更名为辐射安全管理处，主要负责起草本市辐射环境保护、放射安全防护和电磁辐射防护方面的地方性法规草案、政府规章草案，拟订有关标准、规划，并组织实施；依法对辐射环境保护、放射安全防护和电磁辐射防护等方面的污染防治实施统一监督管理，并承担相关行政许可工作；组织开展辐射环境监测和重点辐射源的监督性监测；组织开展辐射事故的调查处理、定性定级工作；负责权限内的核设施管理。

1998 年 7 月 24 日，市编办同意市环保局成立北京市辐射环境管理中心，负责北京市辐射环境监测和科研工作及放射性废物的收储和废物库的管理工作。2004 年，北京市辐射环境管理中心办公楼建成投入使用，地点位于北京市海淀区万柳中路 5 号，占地面积 3 621.38 m^2，建筑面积 6 805 m^2，项目总投资 5 150 万元。2006 年 3 月 10 日，北京市机构编制委员会办公室印发《关于同意北京市辐射环境管理中心更名及调整职责的有关问题的函》（京编办事〔2006〕13 号），北京市辐射环境管理中心更名为北京市辐射安全技术中心（以下简称市辐射安全技术中心），主要承担辐射安全方面的监测、审评、科研等技术工作，为辐射安全管理提供技术支持与保障。全额拨款事业编制从 20 名增至 32 名。

2012 年 11 月 5 日，北京市机构编制委员会办公室印发《关于同意为北京市辐射安全技术中心增加编制的函》（京编办事〔2012〕273 号），同意为市辐射安全技术中心增加全额事业编制 18 名。

截至 2015 年，市辐射安全技术中心在职在册人员 46 人，其中专业技术人员 41 人，占职工总人数的 89%，具有副高级以上职称人员 14 人，中级职称人员 8 人；共设置 8 个科室，包括办公室、财务科、行政保卫科、综合室、电离室、电磁室、自动监测室、审评室。拥有国内先进的辐射环境监测仪器设备，包括电感耦合等离子体质谱仪（ICP-MS）、反康普顿γ谱仪、反宇宙射线γ谱仪、高纯锗γ谱仪、低本底液闪谱仪、低本底α/β测量仪、α谱仪、紫外分光光度计、微量铀分析仪、原子吸收分光光度计、γ剂量率仪、辐射环境自动监测站、应急监测车与移动实验室、直流合成场强仪、离子流密度仪、电磁辐射综合场强监测仪、工频电磁场监测仪等；具备包括气、水、土壤、生物、噪声、电磁辐射、室内空气等要素在内的 45 项检测能力。

三、区县环保监测站

1977 年，顺义县建立了北京市第一个区县环保监测站。此后，各区县陆续建立环保监测站，截至 1985 年，全市 19 个区县环保监测站全部建成。1987 年，原燕山区及房山县合并为房山区，环保监测站同时合并，成立房山区环保监测站。2006 年成立北京经济技术开发区环保监测站。2010 年，北京市东城区与崇文区、西城区与宣武区合并，环保监测站也随之合并，成立了新的东城区环保监测站与西城区环保监测站。2012 年 3 月，大兴区环保监测站与北京经济技术开发区环保监测站机构整合为大兴区环保监测站。至此，全市共有 16 个区县环保监测站，并均获得北京市质量技术监督局的实验室资质认定。

区县环保监测站是北京市环保监测领域的基层力量，在业务方面受市环保监测中心指导。2009 年以前，其主要职责是负责辖区内环境监测各项工作，按照市环保局和区县政府下达的监测计划，对本辖区的环境质量进行常规监测，定期向市环保监测中心报送监测数据，编写区、县环境质量年报；对本辖区的重点污染源进行监督监测，建立污染源档案，为“三同时”、征收排污费等环境管理提供监测数据；参加辖区内重点污染事件调查。2009 年 10 月市环保局印发《北京市环境监测管理办法（试行）》，进一步明确了区、县环保监测站 5 项主要职责，即：具体开展环境质量监测、污染源监督性监测和突发环境事件应急监测等环境监测工作；为处理污染调查、信访、投诉等环境管理行为提供相关监测数据；承担本级环境监测网络监测计划任务，按规定要求上报监测数据；负责本级环境监测网络建设和运行，收集、管理环境监测数据，开展数据综合分析评价，编制环境监测报告；承担本级环境监测人员的技术培训工作。

由于各行政区域的人口、自然地理、社会经济结构不同，各区县环保监测站的业务方向和工作内容各有侧重。远郊的密云县、怀柔县环保监测站侧重于饮用水水源监测；城近郊区的朝阳区、丰台区、石景山区和房山区环保监测站侧重于工业污染源监测；城区的环保监测站侧重于水环境质量、环境噪声、交通噪声和烟尘等方面的监测。随着城市布局变化、工业企业搬迁，通州区、顺义区、大兴区、昌平区环保监测站都增加了污染源的监测任务；随着清洁能源改造，东城区、西城区环保监测站污染源监测任务转向对餐饮、加油站等生活源的监测。

20 世纪 70 年代末，随着各区县陆续建立环保监测站，在市环保监测中心的组织和指导下，区县环保监测站通过开展各项业务，扩大监测人员队伍，配备监测设备仪器，改善监测条件，建立质量管理制度，监测能力逐步提高。20 世纪 80 年代，市环保监测中心组织区县环保监测站和各有关部门，建立监测工作协作组，在监测技术研究、采样分析方法、监测手段和仪器设备等方面都取得了长足发展。20 世纪 90 年代，各区县监测站已基本具备了常规监测能力，承担了辖区内主要的例行监测任务。全市区县监测站人员发展到 214 人，其中具有中级以上职称人员 51 人，实验室面积约 8 000 m^2。

2005—2009 年，市环保局争取中央、市级专项资金约 2 100 万元，陆续为各区县配备监测设备。2006 年安排约 3 000 万元，为各区县配备了基本的应急监测设备和应急监测车，各区县监测站具备了基本的应急监测能力。2007 年，国家环保总局印发《全国环境监测站建设标准》，各区县监测站开始根据标准规定增加仪器设备，但因没有达标期限规定，且标准中的地市级监测站要求过高，各区县监测站的能力发展几乎停滞不前，到 2010 年，全市各区县监测技术人员合计 302 人，其中中级以上技术人员为 116 人（表 1-1），实验室面积合计近 1 万 m^2。

2012 年 3 月，市环保局印发文件，组织各区县环保局开展区县环保监测站标准化建设工作，同时印发《北京市区县环境监测站建设标准》，要求在 2013 年年底前达到北京市标准。市级财政安排仪器设备购置补助资金 4 776 万元，专项用于区县监测站标准化建设。以此为契机，各区县环保局积极行动，按照标准要求组织人员、实验室用房和监测仪器，能力水平有了极大的提高。截至 2013 年年底，16 个区县环保监测站在岗人员共有 334 人，其中，技术人员总数 316 人，中级以上技术人员 153 人，高级工程师 36 人（表 1-1），实验室总面积超过 2 万 m^2。

表 1-1　北京市区县环保监测站在岗人员基本情况　　单位：人

序号	区县名称	建站时间	1990 年		2010 年		2013 年	
			人数	其中中级以上	人数	其中中级以上	人数	其中中级以上
1	东城	1983 年	9	3	20	9	23	14
2	西城	1979 年	9	2	29	11	32	19
3	崇文	1979 年	11	7	—	—	—	—
4	宣武	1984 年	11	4	—	—	—	—
5	朝阳	1980 年	25	3	20	12	28	16
6	海淀	1981 年	18	8	25	14	28	17
7	丰台	1982 年	17	5	20	9	26	11
8	石景山	1980 年	13	1	13	7	16	10
9	门头沟	1981 年	10	2	13	1	20	5
10	通州	1979 年	14	2	15	12	17	12

序号	区县名称	建站时间	1990 年		2010 年		2013 年	
			人数	其中中级以上	人数	其中中级以上	人数	其中中级以上
11	房山	1982 年	10	1	20	8	15	6
12	大兴	1978 年	12	2	17	5	18	8
13	昌平	1985 年	8	1	13	3	17	5
14	顺义	1977 年	10	1	19	8	24	6
15	平谷	1982 年	9	2	18	1	19	6
16	密云	1985 年	8	2	22	4	18	6
17	怀柔	1979 年	11	4	17	7	15	5
18	延庆	1985 年	9	1	16	5	18	7
19	经济技术开发区	2006 年	—	—	5	3	—	—
合　计			214	51	302	116	334	153

注：崇文区、宣武区监测站随城区合并在 2010 年分别并入东城区、西城区环保监测站。

四、其他部门和社会监测站

1953 年 10 月，北京市卫生防疫站成立，设有环境卫生科（对外称北京市环境卫生监测站）和放射卫生防护所，开始对饮用水、大气、放射性等方面进行卫生监督与监测。1954 年，北京市市政工程管理处成立泵站管理所化验室，负责对城市污水水量和水质进行测量、化验。1963 年，成立了北京市水文总站。

自 1972 年，全市行业和重点企业的环境监测站开始建立。1972 年 5 月北京制药厂建成了厂级监测站，1973 年市化工局建成了市属局级监测站，1979 年 3 月第三机械工业部成立监测站，中央、部队在京单位也陆续成立了环境监测站。

截至 1990 年，全市有 24 个市局、总公司，13 个中央、部队在京单位，以及百余个企事业单位建立了环境监测站或监测分析室，其中市水利、公用、卫生、地质、市政等部门，结合各自的业务进行环境监测，对环境质量做出了评价；首钢、石化公司也根据自身污染排放源的特点在其厂区及临近环境中进行了空气质量监测。此外，随着环境保护事业的发展，一些专业监测站得到加强，2010 年北京市水文地质工程地质大队、北京市疾病预防与控制中心、北京市自来水集团有限责任公司水质监测中心等专业实验室按年度开展本行业环境质量监测，定期向市环保监测中心报送数据，用于全市环境质量评价。这些部门与市环保监测中心、各区县环保监测站构成北京市环境质量监测机构网络；其他行业、总公司和企事业监测站或监测分析实验室主要开展污染源监测，掌握其变化规律及趋势，及时向单位和上级主管部门报告监测数据，抄报所在区县环保监测站，反映出现的问题，为环境管理提供信息及建议；市环境保护科学研究所、市劳保所等研究机构也有专业监测室开展污染源和治理设备鉴定验收等监测，这些单位与市环保监测中心、区县环保监测站构成了北京市污染源监测机构网络。

20 世纪 90 年代后，随着北京市产业结构的调整，工业企业逐步外迁，一些市属工业局及企业的监测站逐步撤销，或转型为民营企业，服务于社会。进入 21 世纪，随着环境管理对环境监测需求的日趋增加，一些个体、民营的环境监测机构相继成立，到 2010 年社会化环境机构达到 70 多家，形成了社会环境监测力量，按照市场需求承接由污染源企业、区县环保局委托的污染源监测业务以及其他环境监测业务。根据北京市环保局 2009 年 11 月 1 日实行的《北京市社会化环境监测机构能力认定管理办法（试行）》，部分社会监测机构向北京市环保局申请能力认定；2010 年，北京市康居环境检测站等 8 个监测机构通过了北京市环保局认定；2013 年，全市累计有 22 个监测机构通过北京市环保局认定（表 1-2）。认定范围为废气、废水、噪声、固体废物和恶臭的监测项目。通过认定的监测机构在其公布的能力认定范围和有效期内按市场机制承担委托监测业务，所需经费由委托方支付。受排污单位委托的污染源监测结果可作为计量污染物排放种类、数量的依据。

表 1-2 通过认定的社会监测机构

监测机构名称	首次申请认定时间
北京市康居环境检测站	2010 年
北京华测北方检测技术有限公司	2010 年
北京奥达清环境质量检测有限公司	2010 年
首钢总公司北京环境监测中心	2010 年
北京新奥环标理化分析测试中心	2010 年
谱尼测试科技（北京）有限公司	2010 年
北京市理化分析测试中心	2010 年
北京市城市排水监测总站	2010 年
中冶建筑研究总院有限公司环境检测中心/冶金环境监测中心	2011 年
奥来国信（北京）工程材料检测有限责任公司	2011 年
首浪（北京）环境测试中心	2011 年
清华大学环境质量检测中心	2011 年
轻工业环境保护研究所	2011 年
北京市劳动保护科学研究所	2011 年
北京航天计量测试技术研究所	2011 年
北京建筑材料检验中心有限公司	2011 年
北京中环谱天环境监测中心	2011 年
国家建筑材料工业地质工程勘查研究院测试中心	2011 年
北京天盛佳境环境监测评价有限公司	2012 年
北京中科华航检测技术有限公司	2012 年、2013 年未参加复审视为自动退出
绿色京诚（北京）理化检测技术有限公司	2013 年
北京铁路疾病预防控制中心	2013 年
北京中环物研环境质量监测中心	2013 年
北京航峰中天检测技术服务有限公司	2014 年
北京中科华航检测技术有限公司	2014 年
北京中瑞环泰科技有限公司	2014 年
中国建材检验认证集团股份有限公司	2014 年
北京大学环境工程实验室	2014 年
北京节能环保中心	2015 年
北京联合智业检验检测有限公司	2015 年

第二节　环境监测网络建设

一、大气环境质量监测网络建设

大气环境质量监测网络由手工监测点位网络和自动监测网络组成。

（一）手工监测点位网络建设

截至 1990 年年底，全市大气环境监测形成了主要以手工为主、自动为辅的工作模式。其中手工采样系统共设监测点 358 个：二氧化硫监测点位 59 个、硫酸盐化速率监测点 91 个、氮氧化物监测点 78 个、一氧化碳监测点 26 个、降尘监测点 96 个、硫化氢监测点 6 个、大气降水监测点 2 个。

1991 年，为了使监测的区域代表性更加合理，调整了降尘点位，由 96 个调整为 93 个，其中城近郊区和远郊区县分别由原来的 26 个和 68 个调整为 40 个和 51 个；2 个清洁对照点仍设在定陵；城近郊区里的城区和近郊区由原来的各 13 个调整为 16 个和 24 个。

1991 年，远郊区县城镇二氧化硫和氮氧化物的监测在“七五”基础上，增加了 3 个点位，分别为怀柔慕田峪、昌平自行车场和密云县环保局。

1991—1995 年，北京市在 1986 年前四环路内设立的 25 个站点的基础上，在四环路外主要交通干线增加环境中氮氧化物、一氧化碳的手工采样监测点位。在此期间，北京市交通环境氮氧化物、一氧化碳监测点位为 25～28 个，因北京市道路改造施工不断，点位也做了适当调整，在一些主要的交通干线增加了监测点，如首都机场路三元桥段、工人体育场南路、西苑段及四环外的石景山体育场路等。

1993 年 7 月，北京市环境保护委员会（以下简称市环委会）依照国家有关文件要求发布了《关于开展北京市城市环境综合整治目标管理考核工作的通知》，18 个区县环保局及其监测站对其辖区县城镇大气监测点位进行了重新设置。优化后的 78 个一般环境监测点于 1994 年正式运行，其中城近郊 8 个区（东城、西城、宣武、崇文、朝阳、海淀、丰台、石景山）一般环境监测点 38 个，监测项目包括大气硫酸盐化速率、降尘、二氧化硫；远郊区县（大兴、通县、昌平、门头沟、怀柔、密云、平谷、顺义、房山、延庆）等一般环境监测点 40 个，监测项目包括大气硫酸盐化速率、降尘、二氧化硫、总悬浮颗粒物、氮氧化物和一氧化碳。

1996—2000 年，北京市大气手工监测点位由 103 个增加至 132 个，主要监测点位没有变化，部分点位和项目有所增加或调整。1996 年的 103 个点位包括城近郊区硫酸盐化速率、二氧化硫、降尘一般环境监测点 38 个，交通环境氮氧化物、一氧化碳监测点 25 个；远郊区县硫酸盐化速率、二氧化硫、降尘、氮氧化物监测点 40 个。2000 年的 132 个点位包括城近郊区一般环境监测点 38 个，交通环境监测点 27 个；远郊区县城镇一般环境监测点 40 个；其他 27 个监测点位分布在北京经济技术开发区、首都钢铁总公司及特钢分公司、燕山石化集团公司的生产区和生活区。

2003 年，由于空气质量自动监测系统已覆盖全市各区县，手工监测二氧化硫、氮氧化物项目停止，由自动监测站点替代。

2005 年，北京市共有大气一般环境手工监测点位 78 个，其中市区 38 个，郊区县 40 个，监测项目主要为降尘和硫酸盐化速率；市区交通大气环境监测点 28 个，监测项目主要包括二氧化氮和一氧化碳。

2006 年，随着二氧化硫自动监测点位的不断增加，不再开展硫酸盐化速率手工监测。

2008 年，手工监测交通环境二氧化氮、一氧化碳项目也随着交通环境空气质量自动监测站点的建成而停止。

2010 年，手工监测项目保留：降尘监测共计 82 个点位（城近郊区 39 个、远郊区县 43 个）；车公庄、古城、东四、良乡、定陵共 5 个点位的总悬浮颗粒物、总悬浮颗粒物中铅、总悬浮颗粒物中多环芳烃共 3 种污染物研究性监测项目，在车公庄点位还同时开展大气中氟化物、汞、挥发性有机物等污染物监测。

2013 年，手工监测项目除继续保留降尘监测项目外，参照国家标准《环境空气质量标准》（GB 3095—2012）附录 A，增加调整了手工研究性监测项目和点位，设置车公庄、古城、定陵 3 个点位，监测总悬浮颗粒物及总悬浮颗粒物中铅、镉和砷；设置车公庄、古城、怀柔、永乐店、定陵 5 个点位，监测可吸入颗粒物中苯并[*a*]芘；设置车公庄综合观测点位，监测氟化物、汞、挥发性有机物。

大气降水（酸雨）监测网络建设。从 1983 年开始，当年市环保监测中心根据国家要求，组织区县环保监测站在全市设置 10 个监测点，其中城区 4 个（东四十条、兵马司胡同、广内大街、红桥）、近郊区 4 个（团结湖、市监测中心、丰台镇、古城）、远郊区县 2 个（昌平、大兴）。1984 年，在远郊县密云县增设 1 个监测点，共 11 个。

1983—1984 年的监测数据表明，同一区域内不同点位的监测结果并无明显差异，且大气降水中各组分浓度的消长也不明显，得出结论为大面积布点意义不大。从 1985 年开始，监测点位调整为 4 个，即崇文区红桥、海淀区市环保监测中心、大兴县城、昌平县长岭镇。自 1987 年开始至 2004 年，又将 4 个监测点调整为 2 个，分别位于海淀区市环保监测中心和大兴县监测站院内。前者是城近郊区的代表点，后者是城市下风向位于远郊区县的代表点，2 个监测点一直延续到 2004 年（其中 1991 年、1993 年、1995 年、1996 年停测 4 年）。2004 年根据国家要求和北京市二氧化硫控制区的实际情况，增加一个密云水库作为清洁对照点，至 2015 年，降水监测点为 3 个，分别位于城区的车公庄、郊区的大兴黄村及密云水库。监测项目为降水量、pH、电导率和金属离子组分。

（二）自动监测网络建设

1983年，市环保监测中心引进国外技术和设备，建设了我国第一套大气环境质量连续自动监测系统，包括前端监测子站、中心控制机房和质量保证与技术支持实验室，于1984年6月正式投入运行。至1990年，自动监测系统共计8个站点：城近郊区7个环境质量评价点，远郊昌平定陵1个清洁对照点。监测项目有二氧化硫、一氧化碳、氮氧化物、一氧化氮、二氧化氮、臭氧、可吸入颗粒物等。

1991年4月，位于海淀黄庄的站点，因房屋扩建及周边停车场的修建而停止运行并撤销，全市自动监测子站减为7个。

1991年，经国务院批准，国家环保局和卫生部联合发文通知：将卫生防疫站负责的全球环境监测系统（GEMS）大气环境质量监测，从1992年起改由环保部门负责。北京市由市卫生防疫站于1981年开展管理的4个功能区大气监测（总悬浮颗粒物和二氧化硫）至1991年12月31日停运并撤销站点。经论证和国家环保局批准，北京市空气质量自动监测系统中的定陵站（昌平定陵南侧）、天坛公园站（崇文区天坛公园北门内东侧）、农展馆站（朝阳区东三环北路农展馆水产馆南侧）和古城站（石景山区环保局院内）4个站点，分别代表清洁区、商业区、居住区和工业区，自1992年1月1日起向全球环境监测系统报送监测数据。1992年8月，建成奥林匹克体育中心子站并投入运行，全市自动监测站点增至8个。

1993年9月，按照国家环保局《关于开展国家环境监测网络站大气监测点位验收认定工作的通知》，北京市8个大气环境质量自动监测国控点位通过国家环保局认定。它们是：车公庄、前门、东四、天坛公园、奥体中心、农展馆、古城共7个大气环境质量评价子站和昌平定陵清洁对照子站。这7个国控子站监测数据的平均值代表北京发布的全市空气质量。

1998—1999年，为进一步控制大气污染、加强大气环境状况监测和评价，根据城市建成区不断发展的实际情况，市政府投资建成了望京、铁十六局、玉泉路、市委党校（官园）、亦庄 5 个环境空气质量自动监测子站。

2003 年，完成了利用法国政府贷款扩建北京空气质量自动监测系统的建设工作。加上 1999 年建成的 5 个子站、2002 年撤销的 2 个子站，至此，全市设有 16 个空气质量自动监测市控子站，其中包括 5 个城近郊区子站（西城区官园、宣武区万寿西宫、石景山区玉泉路、丰台区的丰台花园和云岗）、10 个远郊区县子站（门头沟区龙泉镇、房山区良乡镇、通州区通州镇、顺义区仁和镇、大兴区黄村镇、昌平区昌平镇、平谷区平谷镇、怀柔区怀柔镇、密云县密云镇、延庆县延庆镇）以及北京经济技术开发区 1 个子站。至此，北京空气质量自动监测子站已经从城近郊区扩大到远郊区县，覆盖了北京各行政区县。同时，为加强污染物传输过程的监测分析，在北京南北边界的大兴榆垡、密云水库建成了 2 个边界空气质量自动监测子站。另外，由于土地规划等原因，撤销了望京、铁十六局 2 个站点。

从 2003 年开始，北京市采用国控站中的 7 个评价子站和 16 个市控子站的监测数据，评价各区县空气质量状况。监测项目包括：二氧化硫、二氧化氮、氮氧化物、一氧化碳、臭氧、可吸入颗粒物。2003—2005 年，黄村、昌平镇、密云镇 3 个子站为只能监测二氧化硫、可吸入颗粒物的临时站，2005 年后完善增加了其他监测项目。另外 2005 年根据奥运需要，将玉泉路站点移至石景山雕塑园。

2006 年 1 月 1 日起，国控点位进行调整，前门、车公庄 2 个子站不再作为国控点位（改为市控点位），将市控点西城官园、宣武万寿西宫调整为国控点，加上 2005 年增建的海淀万柳国控点，从此国控点位增至 9 个（8 个评价点位、1 个清洁对照点位），市控点位仍然为 16 个。

2006 年，北京市在西南边界的房山琉璃河镇、东南边界的通州永乐店镇建成区域传输边界 2 个自动监测子站。至此，北京市共有 4 个区域传输点位。

2006—2008年，北京市专门建设了奥运场馆周边大气环境质量自动监测子站。2006年，在中意合作项目的支持下，市环保监测中心引进一批奥运赛事场馆自动监测车，用于奥运场馆区域空气质量可吸入颗粒物和臭氧的监测，并再次改造两辆移动监测车，监测空气中可吸入颗粒物、二氧化硫、二氧化氮、氮氧化物、一氧化碳、臭氧6项指标。2007年，根据奥组委《关于请在奥林匹克公园中心区设立空气质量监测站点的函》的要求，建成了奥运北区自动监测子站并运行；2008年又增加了北京射击场、八达岭等多个奥运场馆赛道周边空气质量自动监测子站。奥运会赛事期间，及时向奥组委提供了场馆周边空气质量逐时数据。

2008年1月1日开始，昌平镇、（顺义）仁和镇、怀柔镇3个点位被调整为国控点位，前门、车公庄2个子站调整为交通站，至此，空气质量自动监测子站国控点位增加到12个，市控点位变成了13个，加上4个区域传输子站点位，也可以把市控点位数统计为17个，其中12个点位参与各区县空气质量评价、5个点位反映区域传输（通州永乐店、琉璃河2个子站作为观测性监测，不对外发布数据，密云水库、八达岭、大兴榆垡对外发布数据）。另外，奥运后，撤销了石景山雕塑园站点。

2010年10月28日，北京市完成空气质量自动监测子站国控点位与中国环境监测总站的空气质量联网试运行工作；设定昌平镇子站为国家沙尘监测站、定陵子站为城市背景站、密云水库子站为国家农村背景站。

2011年年底，$PM_{2.5}$污染问题引起社会广泛关注。北京市委、市政府坚决而迅速地贯彻党中央、国务院领导指示精神和环保部领导要求，顺应人民群众新期盼，把以治理$PM_{2.5}$为重点的大气污染防治工作作为重大的民生工程、转型工程、生态工程和公信工程来抓。为优化全市监测布点，在原有29个监测子站的基础上，增加监测站点，使监测站点类型增至4类，即环境质量评价点、城市清洁对照点、区域背景传输点和交通污染监控点，监测子站总数增至35个（表1-3），各监测子站严格按照国家技术规范要求选址和建设，均匀分布于城区和各郊区县。新的监测网络更具代表性，更能客观、全面地反映北京的空气质量状况。2012 年 10 月 6 日，所有监测站点建设完成 $PM_{2.5}$ 监测能力建设并开始运行，监测数据实时发布在市环保监测中心空气质量发布平台上，供广大市民参考。

表 1-3　2012 年北京市空气质量自动监测子站一览表

序号	类型	站点名称
1	环境质量评价点	东城东四站
2		东城天坛站
3		西城官园站
4		西城万寿西宫站
5		朝阳奥体中心站
6		朝阳农展馆站
7		海淀万柳站
8		海淀北部新区站
9		海淀北京植物园站
10		丰台花园站
11		丰台云岗站
12		石景山古城站
13		房山良乡站
14		大兴黄村镇站
15		亦庄开发区站
16		通州新城站
17		顺义新城站
18		昌平镇站
19		门头沟龙泉镇站
20		平谷镇站
21		怀柔镇站
22		密云镇站
23		延庆镇站
24	城市清洁对照点	昌平定陵站

序号	类型	站点名称
25	区域背景传输点	京东南永乐店站
26		京南榆垡站
27		京西南琉璃河站
28		京西北八达岭站
29		京东北密云水库站
30		京东东高村站
31	交通污染监控点	前门东大街站
32		永定门内大街站
33		西直门北大街站
34		南三环西路站
35		东四环北路站

二、水环境质量监测网络建设

地表水环境质量监测网络由手工和自动监测子站组成。

（一）地表水环境质量手工点位建设

北京市地表水环境质量监测工作始于1954年，当年3—11月，中国医科院卫研所采集护城河及部分公园的河、湖水样进行监测。

1959年，市水利局官厅水库管理处在该库坝下取水样进行化学分析。20世纪70年代初水库上游工业生产废水、城镇生活污水日益增多，大量排入库内，使库水受到严重污染。为此，市水利局建立了官厅水库管理处水质化验室，在库区共设置9个断面，分层采样。

1973年，北京市“三废”治理办公室组织有关单位对永定河、永定河引水渠、新开渠、莲花河、长河、万泉河和小月河等河系及密云、怀柔等水库的水质及其重点污染源进行了监测。

1976—1978年，为保护密云水库、怀柔水库、官厅水库及其引水渠水质，市水利局在密云水库管理处、京密引水管理处、永定河引水管理处和市水文总站陆续建立了4个化验室，扩建官厅水库化验室，并会同有关单位共同承担官厅水库、密云水库、怀柔水库及25条河流、12个湖泊的例行监测工作。同时，还对高碑店、酒仙桥两座城市污水处理厂、10个污水泵站及23个入河下水道出口的水质进行监测。1979年，地表水的例行监测由水文总站、官厅水库管理处、密云水库管理处化验室、市环保监测中心、市政工程管理处等单位共同承担，对4库（密云水库、官厅水库、怀柔水库、十三陵水库）、2湖（昆明湖、团结湖）、3海（北海、中海、南海）和永定河、潮白河等33条河渠及2个污水处理厂、10个泵站、110个入河下水道出口水质进行例行监测。

1980年，市环保监测中心对例行监测点进行调整，对河系的监测重新分工，明确昌平、朝阳、通县、大兴、西城5个区县环保监测站，分别承担温榆河、通惠河、凉水河、北运河、港沟河的例行监测工作，当年监测了9个较大的水库，7个湖泊和35条河流、水渠。

1981年年初，由北京市环保监测中心牵头，组织市水文总站、北京燕化公司监测站、首钢公司环保处及已建成的9个区县环保监测站组成北京地区地表水监测协作组，监测的河流增加到近60条。1981年5—6月，市环保监测中心在辽宁省环保所和中国人民解放军海军航空兵的协助下，对官厅水库和密云水库水质的有关情况进行了远红外航测。1982年，海淀、崇文、顺义和密云4个区县环保监测站加入地表水监测协作组。全市共监测75条（其中界外2条）河流、引水渠、排灌渠，19座水库及19个湖泊。

1983年，丰台区和东城区环保监测站加入北京市地表水监测协作组。1985年监测的河流、水渠达88条段，水库20座，湖泊16个。

1986—1987年，宣武区、平谷县、延庆县、怀柔县环保监测站，参加地表水的例行监测。随着北京市环境保护机构的发展和监测队伍的壮大，北京市地表水例行监测点（断面）的设置不断增加。1981—1985年为160个，1986—1990年增加到210个，其中国家控制监测点4个，即饮用水水源密云水库、游览水域昆明湖、供水河流永定河三家店、排水河流北运河榆林庄。北京市控制监测点 21 个，国家城市环境综合整治地表水考核监测点 6 个。

1991—1995 年，市环保监测中心在“七五”期间设置的 200 余个监测点的基础上，优化为 180 个监测点。监测点主要布设在河流省、市界的入、出境处，河流水文特征有明显变化处，河流沿岸有大型污染源、集中污染源污水或城市污水管道入河口的上、下游处，河流进出城镇处，河流源头人类社会活动较小处，各河汇入其他河的出口处，水库、湖泊河流进出口处，库湖中主流线处，库湖岸边有明显人为影响处等，使初期粗放型大面积布点状况得到更科学化的整理。

1996—2000 年，依据《海河流域水污染防治规划》（1997 年），设置地表水监测点位 206～238 个，监测网络覆盖了北京市 78～82 条河段、17 座水库、19 个湖泊。

2001—2005 年，根据北京市地表水环境功能区划，设置地表水监测点位 170～201 个，监测点位覆盖北京市 69～78 条河段、17 座水库、19 个湖泊。

2004 年开始增加了黑河、汤河、天河和安达木河 4 条入境河流监测点位，增加琉璃河和渣汰沟 2 条支流等河段监测点位，同时在密云水库增加了 3 个监测点。同年，为加强密云水库水质监控，确保饮用水水源水质安全，在原有手工监控点位的基础上新增了 3 个监测点位，水体采样由表层采样转变成表、中、底分层采样，同时对水库水质富营养化状态进行评价。

2006—2010 年，根据北京市地表水环境功能区划，设置地表水监测点位 216～228 个，监测点位覆盖了北京市 70～83 条河段、16～17 座水库、19～22 个湖泊。监测项目为《地表水环境质量标准》（GB 3838—2002）中的 24 项基本项目，湖泊和水库增测透明度和叶绿素 a，对于重点湖库如密云水库、怀柔水库、官厅水库、团城湖及昆明湖、西海、后海、前海和北海，每年 5 月、7 月、9 月进行浮游植物种群结构和数量的监测。1991—1995 年，由市环保监测中心牵头，组织 18 个区县环保监测站及燕山石化公司环保监测科研所、市水文总站共同完成地表水监测。5 年来，监测河流 77～83 条段、水库 15～20 个、湖泊 16～20 个。

2011—2015 年，根据北京市地表水环境功能区划，设置地表水监测点位 195～206 个，监测点位覆盖了北京市 104～105 条河段、18 座水库、22 个湖泊。

（二）地表水环境质量自动监测网络建设

1995 年 9 月 21—23 日，北京市、承德市经济技术合作协调小组认为应加强密云水库上游潮河水域的环境保护和综合治理，确保首都用水安全。议定两市联合投资，在滦平县建立四级水源水质自动监测站，对潮河上游水质加强监测。

2000 年 8 月，市环保监测中心开始建设密云、门头沟 2 个地表水环境质量自动监测站，2001 年 5 月建设完成。两站是国家控制海河流域的重点断面，分别位于密云古北口与门头沟沿河城，每日 24 小时连续采样，每 4 小时获得一组监测数据。2001 年 6 月 4 日起，两站正式向中国环境监测总站报送水质周报。2001 年 7 月 11 日起，中国环境监测总站通过《中国环境报》正式向社会公布全国主要流域重点断面水质自动监测周报。两站的建成，使北京地区 2 个断面水质监测首次实现了可连续采样的全自动监测。

2004—2006 年，北京市先后投资建成一期 10 个地表水水质自动监测站，于 2007 年 6 月通过验收。这 10 个水质自动监测站涵盖了饮用水水源地、跨省界出入境断面以及重要景观水域。其中监测的饮用水水源地有密云水库、怀柔水库、密云大关桥和门头沟三家店 4 个子站，跨省界出入境断面包括延庆谷家营、房山大沙地、平谷东店和通州榆林庄 4 个子站，重要景观水域包括后海和玉渊潭 2 个站。

2008 年 6 月，市地表水自动监测系统二期工程高碑店湖站、兴礼站、后苇沟站、楼梓庄站、采育镇站、张坊站、中南海站、小清河闸和兴礼监测子站共 9 个子站建成并通过验收，实现了 2008 年年底前形成北京市地表水自动监测网络体系的预期目标。地表水水质自动监测站由站房、采水单元、配水单元、检测单元和传输单元等组成，可实现对水位、流量、水质、pH、温度、溶解氧、电导率和浊度 8 项水质基本参数以及高锰酸盐指数和氨氮 2 项污染监测指标的自动监测、数据传输。

截至 2010 年，北京市地表水环境质量自动监测系统设有国家站 2 个、北京市站 20 个，分布在全市 18 个区县辖区内。除其中 5 个市站曾因缺水或站房改造等原因间断运行外，其他站基本运行正常。

2011—2015 年，因市政工程和自然灾害等原因，玉渊潭站、榆林庄站、兴礼站撤站。2014 年在密云古北口站和大关桥站增设水中重金属（监测铅、镉、砷、汞）、水中 VOCs 和生物预警等监测仪器，填补了北京市在自动监测相关领域的空白。截至 2015 年年底，北京市地表水自动监测系统设有国家站 2 个，北京市站 17 个，分布在全市 16 个区县辖区内，各站运行基本平稳，在全市行政区域内统一了水环境自动监测体系的考核标准。

（三）地下水环境质量监测网络建设

为保护地下水源，从 1973 年起，市水文地质公司、市自来水公司和市卫生防疫站开展了北京市城近郊区和门头沟地区的地下水水质例行监测工作。1981 年起地下水的监测工作扩展到全市各远郊区县。北京平原地区和延庆盆地共设置地下水监测点 576 个，其中城近郊区 346 个，远郊区县 230 个。

从 1973 年起，由北京市地质环境监测总站、北京市卫生防疫站和北京市自来水公司组成地下水质量监测协作组，建立和健全了地下水水质监测网点。截至 1990 年共有地下水监测点 537 个，其中城近郊区 291 个，远郊区县 246 个。

1991 年，在普遍监测的基础上，北京市根据环境水文地质条件进行了区域性网格状布点，重点加密已污染区域、主要水源地、污染河系沿岸地下水、污灌区地下水、污染源分布多的地区地下水等处的监测。

1998 年，北京市进一步完善了 9 个区县地下水饮用水水源保护区的划定工作，全面完成了地下水饮用水水源防护区内加油站的地下水水质监控系统建设。

自 2004 年开始，市环保局在全市范围内对现有加油站进行地下水监控系统的建设与完善工作，要求位于城市地下水饮用水水源防护区内的加油站配套建设一定数量的观测井，地下一旦发现泄漏，及时采取处理措施。同时，每年两次向环保部门提交水质监测报告，以便及时发现污染隐患。

2005 年，全市共设置地下水水质监测井 302 眼，包括：城近郊区监测井共计 118 眼，其中潜水井 51 眼，承压水井 67 眼；远郊区县监测井共计 184 眼，其中潜水井 59 眼，承压水井 125 眼。

截至 2010 年，市级集中式地下水水源地监测井 4 眼，分别设置在水源一厂、水源三厂、水源五厂、水源八厂；市级应急水源地监测井 3 眼，分别设置在怀柔杨宋镇郭庄村、平谷中桥村和平谷王都庄村；区县级地下水水源地监测井分别设置在石景山、房山、大兴、通州、昌平、顺义、平谷、密云、怀柔和延庆 10 个区县，每个水源地分别选取 1～2 眼农村饮用水水井进行监测，共计 25 眼。

2011 年，北京市平原区地下水环境监测网正式开始运行，根据《地下水环境监测技术规范》（HJ/T 194—2004），结合第四系沉积规律和沉积时代、地下含水层结构、地下水开采利用现状以及地下水水质状况 4 个因素，将区域地下水环境监测网分为 4 个含水层进行监测，共 822 眼井，分布于 16 个区县。

截至 2011—2015 年，北京市集中式地下水饮用水水源地水质监测范围分别为市级集中式地下水水源地、市级应急地下水水源地、区级地下水水源地，同时开展重点垃圾填埋场周边农村饮水井水质监测。其中市级集中式地下水水源地监测井 4 眼，分别设置在水源一厂、水源三厂、水源五厂、水源八厂；市级应急地下水水源地监测井 6 眼，分别设置在怀柔、平谷、昌平和房山；区级地下水水源地监测井分别设置在石景山、房山、大兴、通州、昌平、顺义、平谷、密云、怀柔和延庆 10 个区县，每个水源地分别选取 1～2 眼饮用水水井进行监测，共计 25 眼。重点垃圾填埋场周边农村饮水井分别设置在阿苏卫、安定、北神树、北天堂、高安屯、六里屯 6 个大型垃圾填埋场周边，每个垃圾场周边选择 3 眼农村地下饮水井采样分析，共计 18 眼。

三、声环境质量监测网络建设

（一）区域环境噪声监测网络

1979 年，为配合中科院声学所主编的国家《城市区域环境噪声标准》，市环保办公室组织市环保监测中心和西城区环保办公室，在三环路内设置 500 m×500 m 网格 554 个，测量区域环境噪声。

1985 年，市环保监测中心将区域环境噪声监测列为例行监测项目，由东城、西城、宣武、崇文、朝阳、海淀、丰台 7 个城近郊区环保监测站，在三环路内设 1 000 m×1 000 m 网格 151 个，进行区域环境噪声例行监测。1989 年，根据国家环保局城市环境综合整治定量考核关于噪声监测的技术要求，北京市区域环境噪声监测范围，由三环路内扩展至整个建成区，网格大小不变，网格数由 151 个增至 287 个。

1991 年，根据国家环保局《关于修改部分城市环境综合整治定量考核指标及有关问题的通知》的要求，全市 18 个区县各为一个独立单元，分别进行了区域环境噪声监测。为保证监测结果具有统计意义，各区域等间隔有效网格数都要大于 100 个。监测点位设在网格中心，统一采用 HS-6211 型环境噪声监测仪。

“九五”期间（1996—2000 年）国家认定的全市区域环境噪声监测网格为 388 个，监测面积 388 km^2；“十五”期间（2001—2005 年）市区建成区共设置区域环境噪声监测点 448 个，监测面积 448 km^2。“十一五”期间（2006—2010 年），在市区建成区内共设置区域环境噪声监测网格 448 个，覆盖面积 448 km^2；全市各区县建成区共设置区域环境噪声监测网格 2 358 个，覆盖面积 729.88 km^2。

2011 年，在市区建成区内共设置区域环境噪声监测网格 448 个，覆盖面积 448 km^2；全市各区县建成区共设置区域环境噪声监测网格 2 149 个，覆盖面积 720.47 km^2。

2012 年，设置城市建成区区域环境噪声监测网格 185 个，覆盖面积 1 156.25 km^2；全市区县建成区网格 2 161 个，覆盖面积 723.47 km^2。

2013—2015 年，设置全市城市建成区区域环境噪声监测网格 185 个，覆盖面积 1 156.25 km^2；在各区县建成区共设置区域环境噪声监测网格 2 152 个，覆盖面积 721.222 km^2。

（二）声环境功能区监测网络

1997 年年初，市环保监测中心在城近郊区建成区内选择 4 个手工点位代表 4 个类别的环境噪声功能区，监测点位分别为：一类区海淀永定路；二类区丰台太平桥；三类区朝阳双井；四类区宣武西二环路。1998 年，环境噪声功能区手工监测点增加为 8 个，新增点位为：一类区西城福绥境胡同；二类区崇文永外杨家园；三类区石景山北辛安；四类区东城东四北大街。这 8 个监测点位一直延续到 2005 年。

2006 年年底，市环保监测中心完成了全市 64 个环境噪声监测站点建设及仪器设备验收和稳定运行试验等工作。自此，全市原 8 个环境噪声功能区定点监测点位增至 64 个，其中市区建成区环境噪声功能区定点监测点位 24 个，远郊区县环境噪声功能区定点监测点位 40 个。

2008 年 2 月，北京市实施声环境自动监测系统二期工程。2009 年，全市 18 个区县建成区及北京经济技术开发区的各类环境噪声功能区内噪声自动监测子站增至 71 个。

截至 2010 年，北京市声环境质量自动监测系统共计 108 个站，其中功能区 71 个站，分布在北京市各区县功能区内；道路交通 37 个站，分布在北京市交通噪声源上。

2013—2014 年，北京市噪声自动监测系统调整为 102 个站，其中功能区 63 个站，道路交通 39 个站。

2015 年，北京市噪声自动监测系统调整为 99 个站，其中功能区 63 个站，道路交通 36 个站。

（三）道路交通噪声质量监测网络建设

1973 年，北京市“三废”治理办公室组织中国科学院物理研究所、清华大学、国家计量科学研究院等单位，联合在北京市三环路内 52 条道路上设置 80 个点测量交通噪声。1975 年，中科院物理所在三环路内 21 条干道设点 2 356 个，再次测量交通噪声。截至 1990 年，城近郊区交通噪声监测 287 条路段、长 465.3 km，并在 10 个远郊区县增设监测路段 173 条，监测道路长度 176.7 km。

1991 年，市区建成区交通噪声监测路段 295 条，累计长度 475.16 km，远郊区县道路交通噪声监测点设在政府所在城镇的交通干线上，监测路段 163 条，累计路长 159.80 km。1992 年，由于城市基础设施的发展，市区建成区噪声监测路段调整为 301 条，累计路长 481 km。1993—1995 年监测路段均为 303 条，累计路长 485.4 km。该路段（监测点位）及路长经国家环保局认定，作为“九五”期间（1996—2000 年）国家认定的噪声监测点位和路长，一直延续使用到 2001 年。

2002—2010 年，按照环保部城市环境综合整治定量考核要求，市区建成区设置道路交通噪声监测点 293 个，监测道路 293 条，总长 596.1 km；各区县建成区共设置交通噪声监测路段 587 条，路段总长度为 1 003.5 km。其中，2006 年，市环保监测中心采取固定式和移动式相结合的方式，开始建立包括道路交通噪声、铁路噪声、城市轨道交通噪声在内的噪声连续自动监测系统，以连续自动监测代替手工瞬时监测。2008 年，分布在北京市交通噪声源上的 37 个道路交通噪声自动监测站点监测数据平均捕获率达到 99%，为奥运期间编制系列报告提供了翔实的数据。

截至 2012 年，道路交通噪声监测方面的监测路段已达到 581 条，监测路长 1 015.09 km。

2013—2015 年，在全市城市建成区共设置道路交通噪声监测点位总数为 523 个，监测路段总长 962.668 km。在各区县建成区共设置监测道路 581 条，总长为 1 015.098 km。

四、土壤环境质量监测网络建设

中华人民共和国成立后，根据国家有关部门的部署和北京市的需要，北京市农业部门进行了与污染有关的农业土壤及作物质量监测工作，但未开展例行监测。1972 年开始，市农科院为调查石油化工废水对农作物和蔬菜质量的影响，连续 4 年采集房山石化污灌区土壤样品 90 个，进行了 250 个样次的有机物和重金属分析，为处理工业废水提供了依据。1973 年在《北京西郊污灌区环境质量评价》中，针对首钢公司排放的工业废水和海淀区部分生活污水与工业废水对土壤作物的影响，对西郊污灌区土壤中有机和无机污染物及重金属污染物含量进行了分析测定。1976 年，市环保所等单位在北京东南郊进行环境污染调查时，开展了针对化工、电镀等生产行业废水排放对污灌区影响的研究。1981 年，市农科院环保所对北郊生活污水和工业废水污灌的情况进行调查和分析测定。1983 年，市农科院、市环保监测中心采集全市不同地区土壤样品 700 余个，通过分析，全面掌握了铜、锌、铅、砷、锰、镍、铬、钴、铍、镉、硒、汞 12 种元素在不同农业土壤中的分布及含量。1988

年，因石化污灌区污染纠纷，市环保局组织市环保监测中心、市卫生防疫站和农科院等单位，在该污灌区设置 53 个土壤监测点，采样监测了土壤中挥发酚、油、总芳烃等有机污染物的含量，为处理污染纠纷提供了依据。

1997—1999 年，市环保监测中心组织各区县环保监测站分别对东郊、南郊和北郊污灌区土壤重金属污染情况进行监测。1998 年，市环保监测中心对房山石化污灌区土壤矿物油、多环芳烃等有机污染物进行监测；1999 年，市环保监测中心与农业局监测站合作对东南郊污灌区土壤、水稻、玉米样品进行了采样监测。

2000—2005 年，市环保监测中心在北京市平原和浅山地区的农业区分别选择 15 块大田、117 个果园和 156 块菜田，共设置 288 个监测点进行土壤环境质量监测。同时采用网格布点方法，在北京经济技术开发区（亦庄）设置了 15 个监测点，对土壤环境进行监测。

2006 年，市环保监测中心对海淀、门头沟等区县 10 个农产品生产种植基地的灌溉水、土壤环境质量进行了监督抽测。

“十一五”期间（2006—2010 年），按照《全国土壤污染状况调查总体方案》和《全国土壤污染状况调查点位布设技术规定》的统一要求以及《北京市土壤污染现状调查实施方案》，以山区 16 km×16 km、平原 8 km×8 km 以及市区范围内 2 km×2 km 的网格划分方法，在全市共设置了 281 个采样单元网格，对土壤重金属、农药、有机污染物及 16 种多环芳烃类物质的当量毒性因子进行了监测。

“十二五”期间（2011—2015 年），按照国家以及北京市的相关要求，针对工业园区周边、基本农田区、蔬菜基地、集中式饮用水水源地、城市绿地和规模化畜禽养殖场周边等 6 类区域，选取重点调查对象开展了土壤环境例行监测试点工作。同时将“十一五”土壤调查点位按照每年 20%的比例监测一轮。全市共布设 705 个土壤监测点位，监测项目包括 3 项理化指标、8 项重金属、6 项有机污染物，获得监测数据 8 000 多个，基本说清了试点监测区域的土壤环境质量状况。

五、环境辐射质量监测网络建设

2006 年年初，北京市辐射环境自动监测系统开始筹建。2009 年年初，建设基本完成，由 32 个辐射环境自动监测站组成，覆盖北京市 16 个区县及北京经济技术开发区、2 个核设施单位及重要核技术利用单位，实现了辐射环境质量监测、辐射预警监测和应急监测工作的实时化、连续化和自动化。其中，电离辐射环境质量监测点包括：①陆地γ辐射监测共设置25个辐射剂量率瞬时监测点、12个γ辐射累积剂量率监测点位、19 个辐射剂量率自动连续监测点。②空气监测设置 2 个气溶胶放射性水平手工采样监测点，监测项目为气溶胶中总α、总β、核素分析、^{90}锶。设置 5 个空气放射性水平自动监测站，对气溶胶中人工总α、人工总β和 ^{137}铯，及空气中 ^{131}碘进行 24 小时自动连续监测。空气中氚监测设置 1 个监测点，监测空气中的氚。沉降物监测设置 1 个监测点，监测项目为总α、总β、核素分析、^{90}锶。降水监测设置 1 个监测点，监测降水中氚浓度和核素分析。室内空气中氡浓度监测共设置 3 个监测点，进行室内空气中氡浓度监测。③水体监测，地表水共设置 12 个监测点，监测对象为北京市海河水系的五大河流（蓟运河、大清河、潮河、永定河、北运河），以及五大湖库（密云水库、怀柔水库、海子水库、官厅水库、昆明湖），监测项目为水中总α、总β、铀、钍、^{226}镭、^{40}钾、^{90}锶、^{137}铯。地下水设置 3 个地下水采样监测点，监测项目为水中总α、总β、铀、钍、^{226}镭、^{40}钾、^{90}锶、^{137}铯。饮用水监测 11 个市级地下饮用水水源地及应急水源地，24 个区县级地下饮用水水源地水源防护区，监测项目为水中总α、总β、铀、钍、^{226}镭、^{40}钾。④土壤监测共设置 21 个采样点，监测范围覆盖 16 个区县及亦庄开发区，监测项目为土壤中γ核素分析（^{238}铀、^{232}钍、^{226}镭、^{40}钾、^{137}铯）和 ^{90}锶含量。⑤生物监测设置 1 个监测点，监测项目为生物样品灰中放射性核素钾（^{40}K）、铯

（^{137}Cs）、锶（^{90}Sr）、铀（U）含量。

电磁辐射环境质量监测点包括：设置6个电磁辐射环境自动监测站进行24小时连续监测，监测项目为功率密度和电场强度。设置5个电磁辐射环境常规监测点进行瞬时监测，监测项目为功率密度。对北京市主要建成区采用 2 km×2 km 网格法进行电磁环境质量监测，共设置352个监测点，监测项目为电场强度、功率密度、工频电场和工频磁感应强度。

截至2015年，全市电离辐射环境质量监测网络包括：①陆地γ辐射监测，共设置25个辐射剂量率瞬时监测点、12个γ辐射累积剂量率监测点、19个辐射剂量率自动连续监测点。②空气监测，设置2个气溶胶放射性水平手工采样监测点，设置5个空气放射性水平自动监测站；空气中氚监测，设置1个监测点；沉降物监测，设置1个监测点；降水监测，设置1个监测点；室内空气中氡浓度监测，设置3个监测点。③水体辐射监测，地表水共设置12个监测点，监测对象为北京市海河水系的五大河流（蓟运河、大清河、潮河、永定河、北运河）以及五大湖库（密云水库、怀柔水库、海子水库、官厅水库、昆明湖）；地下水，设置3个地下水采样监测点；饮用水，11个市级地下饮用水水源地及应急水水源地，24个区县级地下饮用水水源地水源防护区。④土壤监测网络，共设置21个采样点，监测范围覆盖16个区县及亦庄开发区。⑤生物监测，设置1个监测点。

截至2015年，电磁辐射环境质量监测网络包括：电磁辐射环境连续监测，设置6个电磁辐射环境自动监测站；电磁辐射环境瞬时监测，设置5个电磁辐射环境常规监测点。在北京市主要建成区共设置352个监测点。

第二章　环境监测网络运行

1991—1998年，依靠城近郊区的8个空气质量子站组成的环境空气质量自动监测系统，对城近郊区空气中气态污染物二氧化硫、一氧化碳、一氧化氮、氮氧化物的浓度实施全年连续监测；1998—2010年，逐步形成依靠城近郊区、远郊区（县）、省际边界共计27个子站组成的空气质量自动监测系统，对全市环境空气中二氧化硫、二氧化氮、一氧化碳、可吸入颗粒物等浓度及区域边界污染物浓度实施全年连续监测；1991—2005年，采取自动采样、手工实验室称重对城近郊区空气中总悬浮颗粒物浓度实施非连续监测。1991—2010年，采取手工监测大气降尘、大气降水（酸雨）。

1991—2010年，北京市持续开展了地表水河流、湖泊、水库和地下水等常规污染物项目手工采样监测；期间，陆续开展了地下水有机物污染、集中式饮用水水源地水质142种有机污染物的监测工作；2001—2010年，地表水部分点位可以进行水质自动监测。

1997—2010年，北京市在建成区内开展了功能区环境噪声定期手工监测；2007年自动监测系统建成后，监测频次由过去每季度一次提高为每月进行一次；2009—2010年，功能区环境噪声监测完全转为全年每天连续自动监测。

1997—2010年，北京市陆续开展了典型区域的土壤监测，2009年完成了北京市土壤污染状况调查，2010年，全市开展了生态环境10年变化（2000—2010 年）调查与评估。

1991—1999 年，北京市大气污染源烟气排放监测采用现场人工采样实验室分析的手工监测技术，2000—2010 年，全市重点大气固定污染源共安装 257 套连续排放监测系统（CEMS）设备，基本实现了重点大气污染源排放状况的实时监测。

工业废水和生活污水排放、固体废物等以手工监测为主。

第一节　环境质量监测

环境质量监测是指为准确评价环境质量状况及其变化趋势，采用遥感、自动和手工等科学的检测方法，对各环境要素进行检测的活动。环境质量监视性监测包括环境空气、水环境、声环境、土壤环境和生态环境等内容。

北京市的环境质量监测工作经历了由卫生防疫部门开展到专业的环境监测机构实施，由简单的手工监测发展到先进的自动化监测与手工监测相结合的模式，2010 年，进入了天地一体化新的监测体系。

一、大气环境质量监测

（一）空气质量的手工监测

1991—2003 年，监测远郊区的空气中总悬浮颗粒物、二氧化硫、氮氧化物、一氧化碳的浓度，每季度手工监测一次，分别在每年 3 月、6 月、9 月、12 月的第一周连续采样 5 天。二氧化硫、氮氧化物，每天在 7:00、10:00、14:00、17:00 共 4 次开展监测；一氧化碳，每天在 7:00、10:00、17:00 共 3 次开展监测。二氧化硫、氮氧化物、一氧化碳等分别采取盐酸副玫瑰苯胺比色法、盐酸萘乙二胺比色法、红外等标准分析方法进行实验室分析。总悬浮颗粒物浓度监测，依据标准方法《环境空气总悬浮颗粒物的测定　重量法》（GB/T 15432—1995），采用大流量空气采样器用滤膜采取空气样品，每天连续采集样品时间为 23 小时，采集流量 1 m^3/min，样品衡重 24 小时后手工称重。

1991—2010 年，大气中降尘监测，监测方法标准依据为《环境空气　降尘的测定　重量法》（GB/T 15265—1994），采样使用口径 15 cm、高 30 cm 的玻璃缸，高度为 5～15 m，每月采集一次，采样时间为 30±2 天。

2008—2010 年，在车公庄监测点开展大气中氟化物、汞、挥发性有机物等气态污染物的监测，依据《环境空气质量手工监测技术规范》（HJ/T 194—2005），分别按照月、季度的频次开展监测。

截至 2015 年年底，设置总悬浮颗粒物及总悬浮颗粒物中铅、镉和砷的监测点位 3 个，分别为车公庄、古城和定陵；设置可吸入颗粒物中苯并[*a*]芘的监测点位 5 个，分别为车公庄、古城、怀柔、永乐店和定陵，每 6 天 1 张膜，每月不少于 5 个膜；大气中氟化物、汞、挥发性有机物监测的监测点均为 1 个，设在车公庄综合观测点，2 月、5 月、8 月、11 月进行监测，每 6 天监测一次，每月不少于 5 个样品。

大气降水（酸雨）环境监测。1991—1995 年，通过收集大气降水，监测分析降水的酸度，评价酸雨状况，按照方法标准《大气降水采样和分析方法总则》（GB/T 13580.1—1992），采用大气降水全自动采样器采样，距地面 10～20 m，逢雨采样，将每月混合样进行分析。2006—2010 年，北京市大气降水采样方法依据《酸雨沉降监测技术规范》（HJ/T 165—2004），采用自动湿沉降采样器对大气降水进行样品采集，每件样品当日测定其 pH、电导率，每月的混合样品测其化学组分。监测数据按《酸雨观测规范》（GB/T 19117—2003）进行统计评价。

（二）空气质量的自动监测

1984 年，北京市大气自动监测网络由 8 个子站组成，使用从美国热电公司引进的仪器，监测的项目包括二氧化硫、氮氧化物、一氧化碳、臭氧等，监测的原理分别为紫外脉冲荧光法、化学发光法、气体滤光器相关光谱法和紫外光度法。由子站运行维护组对子站监测仪器进行定期的运行维护，质量保证组对子站校准仪器进行溯源，保证监测数据的稳定和准确。

城近郊区及城市背景点位监测项目变化：1991 年起，监测项目为二氧化硫、一氧化碳、氮氧化物、飘尘等。二氧化硫、一氧化碳、氮氧化物 3 项气态污染物全年连续自动监测，飘尘全年按照规定的频次自动采样、手工称重计算结果。1991 年 9 月起，飘尘监测调整为总悬浮颗粒物监测；1999 年 4 月起，总悬浮颗粒物监测调整为可吸入颗粒物监测，并实现了连续自动监测。2000—2010 年，监测项目为二氧化硫、一氧化碳、二氧化氮、可吸入颗粒物等，全年连续自动监测。

远郊区县点位监测项目变化：2003—2010 年，监测项目为二氧化硫、一氧化碳、二氧化氮、可吸入颗粒物等，全年连续自动监测。

二、水环境质量监测

（一）地表水环境质量监测

北京市地表水质量监测工作始于 1954 年，当年 3—11 月，中国医学科学院卫生研究所（以下简称中国医科院卫研所）采集护城河及部分公园的河、湖水样进行监测。

1959 年，市水利局官厅水库管理处在该库坝下取水样进行化学分析，截至 1970 年，分析的主要项目有钙、镁、钾、钠、硫酸根、硝酸根、氯化物、碳酸根和 pH。20 世纪 70 年代初水库上游工业生产废水、城镇生活污水日益增多，大量排入库内，使库水受到严重污染。为此，市水利局建立了官厅水库管理处水质化验室，在库区共设置 9 个断面，分层采样，每月化验 1 次，为掌握水库水质污染状况提供了科学依据。同期，北京市逐步开展了地表水的监测。

1973 年，北京市“三废”治理办公室组织有关单位对永定河、永定河引水渠、新开渠、莲花河、长河、万泉河和小月河等河系及密云、怀柔等水库的水质及其重点污染源进行了监测。

1975 年 4 月，市环保办公室召开北京市地表水监测工作会议，自此，开始了全市地表水的定点定时例行监测工作。

1977—1985 年，地表水系河湖、水库主要监测项目有：水温、pH、总硬度、溶解氧、化学需氧量、生化需氧量、氨氮、硝酸盐氮、亚硝酸盐氮等。1986 年，水库及湖泊增加了透明度、浊度、总磷、总氮项目的监测，河流增加了电导率的监测，并在部分水域对酚、氰、砷、汞、铬实行监视性监测。

地表水的监测频次为：密云、官厅两大水库及其入库河流，1977—1990 年，每年 12 次，其他水域 1980 年前每年 1～6 次，1981—1986 年每年 9 次，自 1987 年改为每年 6～8 次。

地表水监测项目的分析方法在各时期均根据国家有关规定进行。1983 年前采用国环办颁发的《环境监测标准分析方法（试行）》。1983—1988 年采用城乡建设环境保护部环境保护局颁发的《环境监测分析方法》。1989 年以后采用国家环保局颁发的《水和废水监测分析方法》和已颁布的标准方法。

1991—1995 年，普测项目有：水温、嗅味、色度、悬浮物、pH、电导率、氟化物、总硬度、溶解氧、高锰酸盐指数、生化需氧量、硝酸盐氮、亚硝酸盐氮、氨氮、挥发酚、氰化物、砷、汞、六价铬、总铬、石油类，部分水域监测项目增加铜、铅、锌、镉、氯化物、硫酸盐、碳酸盐、重碳酸盐、钾、钠、钙、镁、总碱度、总铁等。在水库、湖泊和河道性库湖，除普测项目外增加透明度、总磷、总氮，并进行水生生物和卫生状况调查，另外在少数河流还进行了无大型生物带调查。一般河流只在枯水期、丰水期各监测 2 次，国控水域按国家要求在枯水期、丰水期、平水期监测 6 次，饮用水水源水每月监测 1 次。

1996—2000 年，监测项目有：水温、嗅味、色度、悬浮物、pH、电导率、氟化物、总硬度、溶解氧、高锰酸盐指数、化学需氧量、生化需氧量、硝酸盐氮、亚硝酸盐氮、氨氮、挥发酚、氰化物、砷、汞、六价铬、铅、总铬、石油类、硫酸盐和全盐量共 25 项；湖泊、水库增测透明度、浊度、总磷和总氮 4 项。国控断面、海河流域控制断面采样按枯水期、丰水期、平水期进行，每期采样 2 次，全年共 6 次，一般水域为枯水期、丰水期各 2 次，全年共 4 次。

2001—2005 年，监测项目有：水温、pH、电导率、溶解氧、高锰酸盐指数、化学需氧量、生化需氧量、氨氮、挥发酚、石油类、氟化物、氰化物、砷、汞、六价铬、铅、镉、铜、锌、阴离子表面活性剂共 20 项；湖泊、水库增测透明度、叶绿素 a、总磷和总氮 4 项；集中式生活饮用水水源地测硫酸盐、氯化物、硝酸盐、铁和锰 5 项补充项目，以及硫化物、硒、粪大肠菌群；农灌点增测全盐量。国控监测点每月监测 1 次，全年 12 次；饮用水水源地、主要景观水域和省界断面等其他监测点在枯水期、丰水期、平水期每月监测 1 次，全年共 6 次。

2006—2010 年，监测项目有：水温、pH、溶解氧、高锰酸盐指数、化学需氧量、五日生化需氧量、氨氮、总磷、总氮、铜、锌、氟化物、硒、砷、汞、镉、六价铬、铅、氰化物、挥发酚、石油类、阴离子表面活性剂、硫化物和粪大肠菌群共 24 项；湖泊、水库增测透明度、叶绿素 a。每月监测 1 次，全年 12 次。重点湖库每年 5 月、7 月、9 月进行 3 次浮游植物种群结构和数量的监测。

2001—2010 年，地表水自动监测项目为水温、pH、电导率、溶解氧和浊度 5 项，以及高锰酸盐指数和氨氮 2 项污染监测指标。每日 24 小时连续自动采样，每 4 小时获得一组监测数据。水温、pH、电导率、溶解氧和浊度使用电极法，高锰酸盐指数使用光度法，氨氮使用气敏电极法。

2011—2015 年，地表水监测项目为《地表水环境质量标准》

（GB 3838—2002）中的水温、pH、溶解氧、高锰酸盐指数、化学需氧量、五日生化需氧量、氨氮、总磷、总氮、铜、锌、氟化物、硒、砷、汞、镉、六价铬、铅、氰化物、挥发酚、石油类、阴离子表面活性剂、硫化物和粪大肠菌群 24 项（其中粪大肠菌群每年只测 1 次），湖泊和水库增测透明度和叶绿素 a。自 2012 年起，双月监测同上，单月只监测 pH、水温、溶解氧、氨氮、总磷、生化需氧量、高锰酸盐指数、化学需氧量 8 项。国控点位全年监测均为 24 项。对于重点湖库——密云水库、怀柔水库、官厅水库、团城湖以及昆明湖、西海、后海、前海和北海，在 5 月、8 月分别进行一次浮游植物种群结构和数量的监测。

（二）地下水环境质量监测

1950 年起，市卫生工程局环境卫生科不定期地对城市自来水进行细菌和余氯指标检查。1956 年，市卫生防疫站对自来水进行规定项目及理化污染指标的监测，并对各水源厂进行定期水质检查，每月检查 2～4 次，监测发现部分地下水源已受到污染。地下水监测采样频次为：市水文地质公司每年在地下水枯水期（4—6 月）和丰水期（7—9 月）各采样监测 1 次；市卫生防疫站每季度采样监测 1 次；市自来水公司每月采样监测 1 次。根据工作需要，不定期增加采样监测次数。

地下水水质监测项目包括感观项目、卫生指标、理化指标和毒性指标。感官项目包括：色、嗅味、肉眼可见物及浑浊度；卫生指标包括：细菌总数、大肠菌群数和游离性余氯；理化指标包括：pH、电导率、总硬度、总碱度、氯化物、硫酸盐、硝酸盐氮、亚硝酸盐氮、氨氮、铁、锰、铜、锌、钙、镁、钾、钠、有机磷、有机氯、化学需氧量和总矿化度；毒性指标包括：挥发酚、氰化物、砷、汞、六价铬、氟化物。监测项目的分析方法与地表水分析方法相近。

1991—1995 年，一般卫生指标监测项目为 pH、硝酸盐氮、亚硝酸盐氮、氨氮、氯化物、硫酸盐、碳酸氢根、钠、钾、钙、镁、总硬度、高锰酸盐指数和溶解性总固体共 14 项；毒物监测项目为挥发酚类、氰化物、汞、砷、铬（六价）、氟化物等。采样时间按照地下水枯水期、丰水期采样，共 1～2 次，主要以枯水期为主。

1996—2000 年，一般卫生指标监测项目为 pH、硝酸盐氮、亚硝酸盐氮、氨氮、氯化物、硫酸盐、碳酸氢根、钠、钾、钙、镁、氟化物、总硬度、高锰酸盐指数和溶解性总固体共 15 项；毒物监测项目为挥发酚类、氰化物、汞、砷、六价铬、氟化物等。采样时间按照地下水枯水期、丰水期采样，共 1～2 次，主要以枯水期为主。

2001—2005 年，一般卫生指标监测项目为 pH、硝酸盐氮、亚硝酸盐氮、氨氮、氯化物、硫酸盐、铁、钠、钾、钙、镁、氟化物、总硬度、高锰酸盐指数和溶解性总固体共 15 项；毒物监测项目为挥发酚类、氰化物、汞、砷、六价铬、氟化物、铜、锌、铅等；微生物指标为细菌总数和大肠菌群；有机污染物指标为苯、甲苯、乙苯、二甲苯、异丙苯等苯系物，以及二氯甲烷、三氯甲烷、二氯乙烯、四氯化碳、三氯乙烯、四氯乙烯等氯代烃等。采样时间按照地下水枯水期、丰水期采样，共 1～2 次，主要以枯水期为主。

2006—2010 年，常规监测指标为 pH、总硬度、氨氮、六价铬、氟化物、氯化物、硝酸盐氮、亚硝酸盐氮、硫酸盐、阴离子表面活性剂、高锰酸盐指数、溶解性总固体、挥发酚类、氰化物、镉、铅、铜、锌、铁、锰、汞、砷、硒、总大肠菌群共 24 项。有机污染物监测指标有卤代烃、单环芳烃、多环芳烃 3 类，共计 21 项。全年监测 1 次，监测时间为枯水期。

2011—2015 年，无机监测指标有感官性状和一般化学指标、毒理学指标、放射性指标及其他指标共 32 项，包括 pH、总硬度、氨氮、六价铬、氟化物、氯化物、硝酸盐氮、亚硝酸盐氮、硫酸盐、阴离子表面活性剂、高锰酸盐指数、溶解性总固体、挥发酚类、氰化物、镉、铅、铜、锌、铁、锰、汞、砷、硒、总大肠菌群等。有机污染物监测指标有卤代烃、单环芳烃、多环芳烃 3 类，共计 21 项。全年监测 2 次，监测时间为枯水期（5—6 月）和丰水期（8—9 月）。

（三）集中式饮用水水源地水质监测

2006—2010 年，市级地表水水源地水质监测项目为《地表水环境质量标准》（GB 3838—2002）中表 1 基本项目 24 项，表 2 补充项目 5 项，表 3 特定项目 80 项，共计 109 项全指标。市级地下水市级水源地水质监测项目为《地下水质量标准》（GB/T 14848—1993）中的全项监测，共计 39 项指标；应急水源地以及区县级水源地监测项目为《地下水质量标准》（GB/T 14848—1993）中的 pH、总硬度、氨氮、六价铬、氟化物、氯化物、硝酸盐氮、亚硝酸盐氮、硫酸盐、阴离子表面活性剂、高锰酸盐指数、溶解性总固体、挥发酚类、氰化物、镉、铅、铜、锌、铁、锰、汞、砷、硒、总大肠菌群共 24 项常规指标。

市级地表水水源地水质，每月进行 1 次 29 项指标的常规监测，全年进行 2 次 109 项指标的分析，同时密云水库还进行 1 次 35 项特定指标的监测。市级地下水水源地，每月进行 1 次 23 项指标的常规检测，全年进行 2 次 39 项指标的分析。市级应急水源地和区县地下水水源地水质，全年监测 2 次，分别安排在枯水期和丰水期进行。

2011—2015 年，市级地表水水源地和南水北调调水入京（2015 年）水质监测项目为《地表水环境质量标准》（GB 3838—2002）中表 1 基本项目 24 项，表 2 补充项目 5 项，表 3 特定项目 80 项，共计 109 项全指标。市级地下水饮用水水源地、市级应急水源地和区级地下水水源地水质监测项目为《地下水质量标准》（GB/T 14848—1993）中的全项监测，共计 39 项指标。重点垃圾填埋场周边农村饮水井监测项目为《地下水质量标准》（GB/T 14848—1993）中 pH、总硬度、氨氮、六价铬、氟化物、氯化物、硝酸盐、硫酸盐、亚硝酸盐、高锰酸盐指数、阴离子表面活性剂、挥发性酚类、氰化物、镉、铅、铜、锌、铁、锰、汞、砷、硒、总大肠菌群 23 项常规指标。

市级地表水水源地和南水北调调水入京水质，每月进行 1 次 29 项指标的常规监测，全年进行 1～2 次 109 项指标的分析，同时密云水库和大宁水库调节池每月进行 1 次 33 项特定指标的监测。市级地下水水源地，每月进行 1 次 23 项指标的常规监测，全年进行 2 次 39 项指标的分析。市级应急水源地和区级地下水水源地水质，全年监测 2 次，分别安排在枯水期和丰水期进行。应急水源地监测 39 项，区级地下水水源地监测 23 项（2014 年丰水期监测 39 项）。重点垃圾填埋场周边农村饮水井 2011—2013 年全年监测 2 次，分别安排在枯水期和丰水期进行；2014—2015 年每季度（1 月、4 月、7 月、10 月）进行 1 次 23 项指标的分析。

三、声环境质量监测

市环保监测中心声环境质量监测工作始于 20 世纪 70 年代初。1976 年，将道路交通噪声列为例行监测项目，1979 年开始区域环境噪声监测，1985 年将区域环境噪声作为例行监测项目。1997 年开始将声环境功能区定点噪声监测列为例行监测项目。除此之外，还有特殊时段噪声监测。

（一）区域环境噪声质量监测

北京市区域环境噪声监测工作始于 1979 年。1980 年 5 月国务院环境保护领导小组办公室颁发《环境监测标准分析方法（试行）》，全国统一了噪声监测方法。1985 年市环保监测中心将区域环境噪声监测列为例行监测项目，每 5 年监测 1 次，监测时间为 10—11 月，监测频次为每个监测点测量 10 分钟连续等效声级。1989 年，根据国家环保局城市环境综合整治定量考核关于噪声监测的技术要求，北京市区域环境噪声监测改为每年监测 1 次。

1991—2015 年，采用仪器法，按照环保部城市环境综合整治定量考核技术要求，噪声监测时间在每年 10—11 月的正常工作日进行，每个监测点测量 10 分钟的连续等效声级。

（二）环境功能区定点噪声质量监测

根据国家环保局关于下达《“九五”城市环境综合整治定量考核指标管理实施细则》（环控〔1996〕531 号）的通知精神，自 1997 年起，市环保监测中心组织城近郊区环境监测站在建成区内开展了功能区环境噪声定期监测。1997—2010 年，在城近郊区建成区内选择 4 个类别的环境噪声功能区作为典型代表，每年监测 4 次，在每个季度的最末一个月（即 3 月、6 月、9 月、12 月）各监测 1 次，2006 年开始，调整为 2 月、5 月、8 月、11 月各监测 1 次。2007—2008 年，再次调整，监测时间为每月 1 次。监测方法采用仪器法，由人工现场操作，连续监测 24 小时。各类功能区环境噪声控制标准以昼间、夜间分别定标。从 2009 年开始，不再开展环境功能区定点环境质量监测工作。

（三）道路交通噪声质量监测

自 20 世纪五六十年代开始，中科院声学所、市“三废”治理办公室、清华大学等单位曾对北京市三环等地段的交通噪声进行监测。1976 年开始，市环保监测中心将道路交通噪声列为例行监测项目，在三环路内主要交通干线进行监测，每年监测 1 次。监测时间为每年 10—11 月，监测频次为每个监测点测量 20 分钟的连续等效声级。北京市飞机、火车及地铁等噪声监测，则根据管理工作的需要和群众的反映进行一次性监测。

2002—2015 年按照环保部城市环境综合整治定量考核要求，道路交通噪声监测方法采用仪器法，监测时间在每年 10—11 月的正常工作日进行，每个监测点测量 20 分钟的连续等效声级，同时测量车流量。

（四）节日特殊时段噪声质量监测

特殊时段噪声指元旦、春节期间燃放烟花爆竹所产生的噪声。噪声监测根据《北京市禁放烟花爆竹管理暂行规定》及市政府禁放工作领导小组禁放工作部署，由市环保局委托市环保监测中心组织 8 个城区（东城、西城、崇文、宣武、朝阳、海淀、丰台、石景山）环保监测站开展此项工作，监测时间为每年的除夕至正月初五。市环保监测中心同时负责监测数据的汇总分析及简报工作。节日期间特殊时段环境噪声，不参与功能区环境噪声年均值统计及评价。

1990—1993 年，监测时间分两段进行：①每年除夕的 21:00—22:30；②除夕夜 23:30—初一凌晨 1:00。每段时间各监测 1.5 小时。监测完毕，立即用电话将每组 Leq 和 L1 数值上报市环保监测中心。市环保监测中心汇总后，于当日 8 时前报市环保局。

1993 年 12 月 1 日，北京市开始正式实施《禁止燃放烟花爆竹的规定》。

自 2001 年起，根据市政府部署，市环保监测中心和城八区环境监测站在春节期间噪声监测调整为从除夕 18:00—初一凌晨 6:00，连续监测 12 小时。2004—2007 年改为分别在元旦、除夕、元宵节三个夜间各进行连续 4 小时的声环境质量监测。自 2008 年起，利用各功能区内的自动监测站点进行 24 小时连续自动监测。

2005 年 9 月，北京市取消实行了 13 年之久的“禁止燃放烟花爆竹”的规定，改“禁放”为“有条件限放”。规定五环路以内的地区为限制燃放地区，春节除夕至正月初一、正月初二至十五每天的 7:00—23:00 可以燃放烟花爆竹，其他时间不得燃放烟花爆竹。

2006 年为燃放烟花爆竹“禁”改“限”的第一年，元旦、除夕、初五和元宵节夜间市区声环境监测显示，三大特殊时段夜间 4 小时环境噪声平均值以及最大均值均有大幅升高。

2006—2007 年，元旦、春节、中考、高考期间，市各级环境监测部门配合联合执法行动，每年出动 20 余人次进行夜间噪声监测。

2008—2015 年，节日期间噪声监测工作调整为在城市中心区各行政区选取一个噪声自动监测站点，利用各站点元旦及春节期间自动监测数据，表征节日期间市区建成区声环境质量状况。自动连续监测系统逐步代替了艰苦的人工夜间手工监测。

四、土壤环境质量监测

中华人民共和国成立后，根据国家有关部门的部署和北京市的需要，北京市农业部门进行了与污染有关的农业土壤及作物质量监测工作，但未开展例行监测。自 1972 年开始，市农科院、市环保监测中心等单位对北京市土壤污染状况进行监测或调研。

2000—2005 年，市环保监测中心在北京市平原和浅山地区的农业区进行土壤环境质量监测。监测项目有 pH、镉、汞、砷、铜、铅、铬、锌、镍，六六六、滴滴涕等有机氯农药，敌敌畏、马拉硫磷、乐果、对硫磷等有机磷农药，以及多氯联苯、多环芳烃共 17 项。土壤采样、监测方法及频次依据《土壤环境监测技术规范》（HJ/T 166—2004），在农业土壤各监测点采取 0～20 cm 耕层土壤样品；在经济技术开发区则分别采取工业用地、绿地、住宅区和未使用土地 0～20 cm 表层土壤样品。

“十一五”期间（2006—2010 年），北京市农业正处在向都市化现代农业的转型期。有机食品、绿色食品、安全食用农产品生产企业和基地大面积建设。利用城市污水灌溉已成为历史，病虫害生物防治技术已经普及。2006 年市环保监测中心对海淀、门头沟等区县 10 个农产品生产种植基地灌溉水、土壤环境质量进行了监督抽测。其中土壤监测项目有 pH、重金属（镉、汞、铅、砷、铬、铜、锌、镍）、有机农药残余（六六六、滴滴涕、艾氏剂、敌敌畏、乐果、马拉硫磷、对硫磷）。

2007 年，市环保监测中心按照国家环保总局的要求，结合北京市实际情况，编制完成了《北京市土壤污染状况调查》项目方案。依据调查监测方案，北京市土壤环境质量调查监测必测项目有砷、镉、钴、铬、铜、氟、汞、锰、镍、铅、硒、钒、锌、滴滴涕、六六六、多环芳烃（16组分）及酞酸酯类等；选测项目有多氯联苯、石油烃等。2008年，按照全国土壤污染状况调查统一部署，市环保监测中心组织开展了北京市土壤污染状况调查监测工作，获取土壤理化性质、重金属、持久性有机污染物、二噁英等近30项指标的28 000余个有效监测数据，初步建立了土壤环境监测信息管理系统，编制完成了《北京市土壤理化性质空间变化及其影响因素分析》《北京市典型矿区场地土壤质量及土壤环境状况调查》等分报告。同时，还编制完成了《北京市土壤污染状况调查》项目方案。完成远郊区县和城八区砷、铜、汞等10个无机项目182个样品及镉、氟、硒、滴滴涕、六六六、多环芳烃、酞酸酯7个指标的检测工作。

2009年，按照土壤项目的总体安排，继续开展了北京市土壤污染状况调查项目的相关研究，完成了《北京市土壤污染状况调查》中背景点土壤及城市土壤专项报告的验收工作；修改完善了北京市土壤数据库建设和专题图制作平台；完成了农村“以奖促治”村庄专项监测项目中丰台区三路居、骆驼湾、新宫村范庄子菜地、新宫铁塔厂等地区土壤中砷、镉、钴、铬、铜、汞、镍、铅、硒、锌10项无机污染物，六六六、滴滴涕2种有机氯农药及16种多环芳烃类有机污染物的监测分析工作。

“十一五”期间（2006—2010年），按照《全国土壤污染状况调查总体方案》和《全国土壤污染状况调查点位布设技术规定》的统一要求以及《北京市土壤污染现状调查实施方案》，以山区16 km×16 km、平原8 km×8 km以及市区范围内2 km×2 km的网格划分方法，对全市土壤重金属、农药、有机污染物及16种多环芳烃类物质的当量毒性因子进行了监测。

“十二五”期间（2011—2015 年），按照国家以及北京市相关要求，针对工业园区周边、基本农田区、蔬菜基地、集中式饮用水水源地、城市绿地和规模化畜禽养殖场周边 6 类区域，选取重点调查对象开展了土壤环境例行监测试点工作。同时将“十一五”土壤调查点位按照每年 20% 的比例监测一轮。全市共布设 705 个土壤监测点位，监测项目包括 3 项理化指标、8 项重金属、6 项有机污染物。

五、生态环境质量监测

1984 年，北京市建立百花山、松山等自然保护区，保护周口店等人文遗迹，加强生态保育。

“八五”期间（1991—1995 年），全市共完成生物防治面积 280 万亩次，秸秆还田 1 100 万亩次，在密云、怀柔水库上游地区和八达岭、十三陵等风景旅游区以及人口稠密区，推广生物防治、开发绿色食品；全市推广沼气、太阳能温室、养殖和种植结合的北方农村能源生态模式 759 户；做到资源回收利用，保护环境，恢复土壤活性。

1997 年，城区共植树 180 万株，种草 130 万 m^2，栽种宿根花卉 100 万株，增加绿地面积 548 hm^2，城市绿化覆盖率达到 33.4%。远郊区超额完成人工造林和飞播造林任务，增加林地面积 3.4 万 hm^2，全市林木覆盖率达到 38.3%。

2000 年，北京市开展安全食用农产品生产基地和达标单位认证工作。市环保监测中心配合市环保局，并组织市农业局、市畜牧局等有关部门共同开展农业生态监测，开创性地完成了 13 个区县 124 个种植和畜禽养殖业生产基地的调查及环境监测任务，并编制了《食用农产品安全生产基地环境监测报告》。这项工作的开展为农业生态环境监测，乃至北京市整体生态环境监测，开了个好头。

2001 年，为进一步加强食用农产品安全生产基地的监督管理，市环保监测中心对 106 家果品、蔬菜种植基地及水产养殖基地的环境要素进行了监测，编制了《2001 年北京食用农产品安全生产基地环境监测评价报告》，为管理部门提供了技术支持。

2002 年，市环保监测中心配合北京市安全食用农产品基地认证工作，对 5 个区县 12 个种植、水产养殖基地的环境质量进行了监测和评价。

2004 年市环保监测中心对延庆菜篮子基地、通州污水灌溉区土壤环境及亦庄土壤质量进行了监测。初步完成全市生态功能区划工作，对市级以上自然保护区开展了野外科学考察和总体规划编制。季节性裸露农田基本实现“留茬免耕”，推广保护性耕作超过 70 万亩，完成生物覆盖 10 万亩。

2005 年，山区林木覆盖率提高到 70%以上，平原地区林木覆盖率提高到 25%以上，市区绿化隔离地区建成 120 km^2 以上，形成三道绿色生态屏障。密云水库上游加强水源涵养林和水土保护林建设；官厅水库周围加快生态环境综合治理工程建设；深山区加强天然林、防护林建设，小流域综合治理和山洪泥石流防治；浅山区营造风景林，发展节水、高效生态农业，初步形成了以绿色生态走廊为骨架，点、线、面、带、网、片相结合的城市绿化体系。但是，城市人口的快速增长和人口密度的加大，使城市生态负荷进一步加剧，市区绿地总量不足，城市热岛效应日益突出。养殖业粗放式经营导致的畜禽粪便污染，以及农用化学品过量使用导致的面源污染仍未得到有效控制。

2006 年，国家环保总局发布《生态环境状况评价技术规范》（HJ/T 192—2006），规定了生态环境状况评价的指标体系和计算方法。同年，市环保监测中心根据规范，开展了生态环境质量监测。监测包括全市各功能区以及各区县生物丰度指数、植被覆盖指数、水网密度指数、土地退化指数、环境质量指数等指标，并据此计算生态环境质量指数。同时针对北京市生态特征增加了裸地以及典型区县的生态状况变化分析，作为生态评价的典型区域补充。监测方法利用卫星遥感影像技术，辅助其他基础地理数据，结合北京市的区域特征，在解译知识库的辅助下，通过人机交互遥感解译和自动解译相结合的方法解析北京市生态环境状况信息。近年来，陆续在自然保护区生态环境、湿地变化、裸地监管、矿山恢复等方面做了大量遥感调查工作。2012 年，市环保监测中心专门成立了遥感监测室，引进专业技术人员，开发生态环境遥感监测平台，强化遥感监测的软硬件建设。生态环境监测产品更加丰富和系统，能力建设均有长足发展和进步。

六、辐射环境质量监测

20 世纪 50 年代末和 60 年代初，国内第一座重水反应堆和第二座反应堆分别在中国原子能研究所和清华大学核能技术设计研究所建造。建造前对单位及周围环境进行了本底调查和监测，反应堆运行后，对周围环境水平进行了连续监测。

20 世纪 60 年代初，为监测大气层放射性沉降物情况，卫生部建立了放射卫生监测机构，北京市卫生防疫站作为一个站点，开始对北京市大气沉降物总β、^{90}锶及气溶胶总β等进行监测。

1964 年，建工部市政工程研究所与市卫生防疫站协作，对一些同位素应用单位排放废水中的放射性物质水平进行了调查和监测。

1973 年，中科院贵阳地化所对北京西郊长河和自来水中的铀、钍进行普查，市卫生防疫站、北京师范大学等单位对上述水中铀、钍、镭、总β等进行监测。1974—1975 年，中科院生物物理研究所对官厅水库的库水、底泥、鱼体中总β、铀、钍、镭、^{90}锶、^{137}铯等放射性水平及地表γ辐射进行综合调查和监测。与此同时，官厅水库水源保护领导小组办公室组织市卫生防疫站等单位，以密云水库为对照点对官厅水库进行了放射性调查。1975—1979 年，市环保所连续定点监测长河、北运河、通惠河、莲花河及地下水、自来水中的总β、铀、镭等放射性水平。1976—1978 年和 1980 年，市卫生防疫站对官厅、密云、怀柔、十三陵等水库和昆明湖、北海以及自来水三厂水中的镭和总β进行了年度监测。

1979 年中科院生物物理研究所对北京天然水中铀、镭的含量进行监测。

1978—1983 年，中国原子能研究所在北京全市范围开展原野外照射辐射水平测量。1982—1988 年，市卫生防疫站参加卫生部的调查工作，测量北京市γ辐射天然本底及所致公众剂量，并监测了大气、水源的人工放射性污染水平。

1985—1988 年，市环保所在《北京市环境辐射水平调查与评价》课题研究中，首次用网格布点法测量全市原野、道路、建筑物等天然辐射水平（含γ射线和宇宙射线水平），同步取土壤和各类水体样品分析铀、钍、镭等核素含量，并与北京三所协作，用汽车γ谱仪系统对核设施周围环境进行γ辐射强度测量。1986 年，卫生部工业卫生实验所对密云、官厅、怀柔等饮用水水源水中的氚进行监测。1989 年，市环保所参加了国家环保局《环境监测技术规范（放射性部分）》的编写工作。

为加强北京市环境放射性管理工作，1989 年市环保局决定由市环保所负责对北京地区环境γ辐射、土壤及水中的放射性水平进行定点例行监测。在人口相对集中、便于同步采样的地区设固定监测点，每年监测 2 次，并对重点污染源进行监督监测。

2005 年，北京市辐射环境管理中心委托清华同方威视技术股份有限公司，对国内外环境放射性监测网现状及发展趋势进行调研，开启了北京市辐射环境质量自动监测的序幕。

2009 年年初，北京市辐射环境自动监测系统建设基本完成，2010—2015 年开始平稳有序地运行，19 个固定式辐射环境自动站全天候连续户外工作，监测数据按时报送相关部门。该系统为辐射环境管理决策、辐射环境异常预警发挥了重要作用，尤其在北京奥运会、残奥会、国庆 60 周年庆典、朝鲜核试验、日本福岛核泄漏应急监测、2014 年 APEC 会议、2015 年“抗日战争胜利 70 周年纪念活动”等重要敏感时段，为辐射环境异常预警、保障社会平和稳定发挥了重要作用，圆满完成了期间现场应急执勤任务和应急备勤保障工作。

第二节 污染源监督性监测

污染源是指因生产、生活和其他活动向环境排放污染物或者对环境产生不良影响的场所、设施、装置以及其他污染发生源。污染源按排放污染物的空间分布方式，可分为点污染源（集中在一点或一个可当作一点的小范围排放污染物）、面污染源（在一个大面积范围排放污染物）；按人类社会活动功能分为工业污染源、农业污染源、交通运输污染源和生活污染源；按污染的主要对象，可分为废气污染源、废水污染源；在日常环境管理中，把污水集中处理设施、固废集中处理设施等因处置污染而产生废气、废水二次污染的设施也作为污染源；按照管理重点，也会将重金属污染源、挥发性有机物污染源等从其他废水废气污染源中单列出来。

污染源监督性监测，是指环境保护主管部门为监督排污单位的污染物排放状况和自行监测工作开展情况而组织开展的环境监测活动。污染源监督性监测包括重点污染源监督性监测和环境目标管理考核污染源监测，是开展环境执法和环境管理的重要依据。

北京市污染源监督性监测历经了 30 多年的发展，逐步由手工监测发展到手工监测和在线实时监测并存，而 20 t 以上燃煤锅炉、电厂、污水处理厂以及其他国家级重点监控污染源实现了以在线监测为主。截至 2010 年，污染源自动监测系统可对全市 90%的大型燃煤锅炉、50%的大型工业炉窑和 23 家污水处理厂实行在线监控，石景山区等 10 个区县环境监控中心建成并投入使用。监测项目有烟尘、二氧化硫、化学需氧量和氨氮等主要污染物，随着环境管理的需要增加了石油类、重金属、挥发性有机物等特征污染物项目。污染源监督性监测的形式由最初的“城镇污水处理设施监测”“工业园区污染源监测”“锅炉监测”“垃圾场监测”等多个专项监测，逐步发展为目前重点污染源废水、废气常规污染物例行监测、其他污染源污染物根据环境管理开展专项监测的格局。

一、固体污染源烟气、废气排放监测

废气污染源主要是指生产中的一些环节，如原料生产、加工过程、燃烧过程、加热和冷却过程、成品整理过程等排放二氧化硫、氮氧化物和烟粉尘、挥发性有机物（VOCs）等废气污染物的企业。北京市的废气污染源主要包括涉及锅炉废气、窑炉废气以及挥发性有机气体（VOCs）的企业，涉及火力发电、热力生产供应、石油化工、水泥建材、汽车制造、包装印刷等多个工业行业。

北京市废气污染源监测经历了一个由纯手工监测发展到目前以自动在线监测为主、手工监测为辅的过程。遥感技术是对传统的监测手段的有效补充，目前北京已经在尝试应用遥感技术对废气排放源，例如工地、农村原煤散烧情况等开展监测，取得了较好的效果。

目前，废气污染源常规监测项目包括：颗粒物（烟尘、粉尘）、二氧化硫、氮氧化物的排放浓度和排放速率，工艺废气排放的特征污染物如苯系物和非甲烷总烃，以及标态烟气量、烟气黑度、烟气流速、烟温、含氧量等。

（一）烟气、废气排放的手工采样监测

废气污染源手工监测的范围、项目和频次随着环境管理目标的变化和监测技术的发展，经历了很大的变化和发展，对不同时期环境管理目标的实现起到了至关重要的支撑作用。

1990 年以前，废气污染源监测的项目主要是烟气黑度和烟尘，“七五”至“十五”期间，对已建成的烟尘控制区的锅炉、窑炉、茶炉、大灶排放的烟气黑度和烟尘开展每年一次监测。20 世纪 90 年代开始对二氧化硫开展监测，最初采用的是现场采样滴定的方法，后来逐步发展到

便携式仪器现场测量方法。

1991—1998 年，每年的采暖期开展锅炉监测，监测项目开始时仅有烟气黑度和烟尘，后增加了二氧化硫和氮氧化物。1994 年，为改善采暖期大气质量，市环保局组织各区县环保部门和街、乡、镇环保员开展大规模烟尘检查，对城近郊区的 4 288 台锅炉进行了监测，有 77%达到了烟尘排放浓度标准，烟尘黑度达标率为 91%。1997 年起，为加强烟尘控制区的管理，市、区县环保局重点对燃煤锅炉（特别是采暖锅炉）进行监督检查，全市锅炉烟尘监测率不少于 60%。同时，开展重点污染源监测，1996 年市环保监测中心完成对 94 家重点企业排污总量的监督性监测。市、区县两级站完成排污收费监测、汽车尾气监测、固定源厂界噪声监测。

1998 年，为配合市政府推广低硫煤的工作，市环保监测中心建立了煤质分析实验室，配置了一批烟气二氧化硫监测仪，加强对锅炉房冬季采暖煤质及二氧化硫排放情况的监督监测。

1998 年 12 月，经国务院批准，市政府决定采取控制大气污染紧急措施。各级监测站立即开展锅炉排放二氧化硫污染物监测。到年底，纳入“两控区”（烟尘和二氧化硫控制区）的 13 个区县及市环保监测中心共监测锅炉房 2 273 个，对取暖锅炉用煤抽样监测 425 个，为政府管理部门了解低硫煤的推广使用提供了翔实的监督监测数据。为统一监测分析方法，减少二次污染，1999 年将人工测定二氧化硫的方法由四氯汞钾法改为甲醛法。

1999—2003 年，围绕大气污染防治目标，加强了对污染源的监督监测。在控制煤烟型污染方面，1999 年，全市各级监测站监督监测锅炉 7 500 台。市环保监测中心对使用低硫煤情况进行跟踪，协助环保管理部门对燃煤电厂和锅炉安装在线监测仪进行调研；2000 年，完成烟控区锅炉排放及除尘、脱硫效率监测。2001 年，对 149 台燃煤锅炉二氧化硫排放情况进行检查抽测，还对 3 家工业企业粉尘无组织排放和房山区 16

家小水泥厂粉尘排放进行抽查监测。2002 年，为落实市环保局发出的“关于加强锅炉污染物排放监测的通知”要求，结合城考任务还对 10 t 以上燃煤锅炉进行烟尘和黑度抽测，开始夜查二氧化硫工作。

2004—2005 年开始对重点源开展氮氧化物监测。废气污染源手工监测任务开始逐步纳入全市年度例行监测计划，监测频次为一年 1 次。

2007 年起，废气重点源的监测频次改为每月监测 1 次，监测任务逐步由市环保监测中心向各个区县站转移。2009 年对 9 家国控废气污染源增加挥发性有机物以及特征污染物的监测。2010 年开始对挥发性有机物重点监测单位开展挥发性有机物例行监测，监测频次为每年 1 次。

2011 年增加 30 万 kW 以上火电厂国控重点废气污染源监测。

2013 年增加国控重金属企业的废气监测。

2014 年除燃煤锅炉外，增加了对燃气锅炉的监测。

2015 年对燃煤锅炉的监测中增加了汞及其化合物的指标。

（二）烟气排放的自动监测

20 世纪 90 年代末，北京市的二氧化硫、可吸入颗粒物和总悬浮颗粒物浓度年日均值超过国家二级标准。根据《北京市“十五”时期环境保护规划》和《北京市实施〈中华人民共和国大气污染防治法〉办法》，为加强对燃煤污染源排放二氧化硫和烟尘的管理和控制，市政府从控制大气污染第三阶段开始，要求 20 t 以上燃煤锅炉安装在线连续监测设备。当时北京市 110 个企事业单位中共有 20 t 以上的锅炉 389 台，原有的手工监测方式主要为现场手工采样，实验室分析，北京市重点废气排放源的监测频次仅为一年 1～2 次，这导致一些违法企业利用监测和抽测频次低的监管漏洞，闲置污染治理设施、使用高硫煤等现象时有发生；环保执法部门不能快速捕捉污染事故和违法行为；重点解决现有污染源监控能力不能满足尽快改善首都空气环境质量的需求。1998 年，市环保局开始建设废气污染源自动监测系统，项目主要建设阶段如下。

第一阶段：示范和自愿阶段（1998 年 6 月—2000 年 9 月）。北京市从 1998 年 6 月开始在部分重点废气排放源安装烟尘在线监测系统，监测项目是烟尘的排放浓度和烟气流速。这个时期主要安装的产品是静电测尘仪。

1999 年，依据《北京市人民政府关于发布本市第三阶段控制大气污染措施的通告》要求，实施示范性烟尘在线监测系统建设，确定首先在北京城八区开展示范性实施，要求拥有 20 t 以上（含 20 t）燃煤锅炉的企事业单位“有责任自筹资金安装在线监测设备”，只监测烟尘排放浓度，其他污染物参数暂缓。具体实施方案为，由市环保局技术选型，确定生产销售厂商目录，污染源排放企事业单位在目录中选取厂商进行安装。由于技术不成熟、管理模式简单，该阶段安装的在线监测设备都达不到正常运行及联网要求。

第二阶段：规范和市场竞争阶段（2000 年 10 月—2002 年 9 月）。为规范锅炉烟气在线监测系统的监测技术要求和联网通讯要求，市环保局在国内率先制定了《北京市锅炉烟气排放在线连续监测技术要求》（市环保控字〔2000〕567 号）、《北京市锅炉烟气在线连续监测系统联网通讯的有关规定》（市环保控字〔2000〕610 号）和《固定污染源排放烟气连续监测系统验收技术规范（试行）》（京环保控字〔2001〕510 号）等重要文件。这些文件初步规范了锅炉烟气在线监控系统的建设。2000 年，市环保局发布了《关于加快安装烟气在线检测设备的通知》，推进北京市固定污染源烟气在线监测系统建设。当年，北京市初步完成了基于电话线（PSTN）的废气污染源在线监测系统建设，全市第一套与市环保局联网的烟气在线自动监测系统在北京邮电大学建成。在 5 座燃煤电厂，安装并联网 10 套在线监测设备，监测 22 台煤粉锅炉烟气排放状况；在其他燃煤锅炉房安装了 65 套在线监测设备，监测 147 台燃煤锅炉烟气排放状况，并对部分供热厂锅炉烟气在线监测系统进行了烟尘、二氧化硫排放浓度的手工采样监测和在线监测对比监测，编制了《燃煤锅炉烟气在线监测仪对比测试报告》。

第三阶段：整改和补助阶段（2002 年 10 月—2004 年 9 月）。2002 年 10 月，北京市为加快推进固定污染源排放在线监测系统的建设，对尚未安装在线监测设备和已安装但不符合技术要求需要整改的燃煤锅炉单位分别按照不同的标准，实施财政补贴，期限为 2 年。监测项目包括烟尘、二氧化硫、温度、压力、含氧量、烟气流速。2002 年 10 月—2003 年 12 月，292 台燃煤锅炉均安装了在线监测系统，占全市锅炉总台数的 75%，国内首先实验并建成了基于无线 DDN（GPRS）的污染源监测网络，与市环保监测中心联网的比例为 73%。

第四阶段：提高和运行管理阶段（2004 年 10 月—2012 年），2004 年 10 月后，废气污染源在线（自动）监测系统已基本建成，主要废气污染源包括燃煤电厂、工业/采暖锅炉、水泥厂、危险废物/生活垃圾焚烧厂。废气污染源自动监测从建设阶段逐步转向提高和运行管理阶段。2005 年，燃煤电厂开始安装氮氧化物在线监测系统。2006 年水泥厂开始安装氮氧化物在线监测系统。2007 年 20 座工业炉窑安装了废气在线监控系统。截至 2009 年 2 月，安装了 257 套 CEMS 设备，共监控 157 个污染源排放点，从而基本实现了重点大气污染源排放参数的实时监测，同期完成了污染源自动监测数据管理平台的升级改造，实现了市环保局与各区县环保局污染源自动监测数据的共享和统一管理（表 2-1）。

表 2-1　2009 年北京市 CEMS 安装联网情况

行业	单位/家	CEMS/套	监测污染物
电厂	6	15	烟尘、SO_2、烟气流速、O_2、NO_x
建材、冶金工艺废气	16	37	烟尘、SO_2、烟气流速、O_2
生活垃圾、危险废物焚烧	5	5	烟尘、SO_2、NO_x、HCl、CO、烟气流速、O_2 等
工业锅炉	130	200	烟尘、SO_2、烟气流速、O_2
合计	157	257	

二、工地扬尘环境监测

2005 年 11 月，北京市完成了 40 个施工工地扬尘视频监控点设备安装、1 个市级监控中心和 12 个分中心的设备安装以及相关联网工程建设。该项目于当年 12 月 1 日通过了专家评审验收。2006 年 2 月 17 日，北京市初步开发完成了“扬尘眼”远程高清晰无组织扬尘监控系统，并在燕山水泥厂、奥运会主会场建设完成两套示范工程。该系统基本解决了常规视频监控系统图像清晰度不高、网络带宽要求高、建设和运行成本高等问题。

三、工业废水污染源监测

废水污染源主要指排放工业废水的企业，即生产中的一些环节，如原料生产、加工过程、燃烧过程、加热和冷却过程、成品整理过程等排放化学需氧量、氨氮、动植物油、总磷、总氮以及重金属等废水污染物的企业。北京市的废水污染源主要包括石油化工、金属冶金、建材、发电、饮料制造、食品生产和加工、通信设备制造、交通运输设备制造等行业。废水污染源监测的项目包括废水日排放量、pH、化学需氧量、氨氮、悬浮物、总磷以及特征污染物。食品生产和加工企业加测生化需氧量和动植物油，饮料制造业加测生化需氧量，石油加工、器材制造、钢铁、汽车制造等行业加测石油类和挥发酚。

北京市的废水污染源监测目前是以手工监测为主，部分企业安装了自动监测设备。

废水污染源的手工监测主要围绕城市综合整治定量考核、重点污染源浓度和总量“双达标”、总量控制等管理目标开展。

1992 年，市环保监测中心对占全市废水排放总量 75%的重点污染源进行了监督监测，为加强重点污染源管理提供了依据。市各区县环保监测站开展了 100 余家重点污染源的监测工作，为贯彻污染物总量控制做好监测准备。

1994年，在城市综合整治定量考核中，市环保监测中心对42个工业废水重点污染源的70个监测点进行了监测。

1998年，市环保监测中心配合管理部门对1997年已达标排放的区县、乡镇污染源单位进行抽查监督。上半年抽查了61家废水污染源单位，监测28家，超标排放12家，占42.9%。

1999年，组织全市达标排放监测工作。根据北京市“双达标”工作方案，制定相应的工业污染源达标排放监测工作方案，明确任务、分工、监测队伍的组织、质量保证等，完成全市工业企业排放状况监测。

1999—2000年，根据海河流域治理规划，完成海河流域日排废水100 t以上污染源单位的监测月报和排污许可证年审报告。配合各级环保局，完成废水处理设施运行情况检查及监督监测。

2001年，完成173家重点污染源废水排放监督性监测。

2003年，污染源管理从浓度控制向浓度和总量相结合转变。开展了水环境功能区的污染源调查工作，调查对象是各水环境功能区内占污染负荷80%以上的污染源，通过申报登记，确定污染源性质、位置、排放特点，为进一步科学合理地划分水环境功能区、实施总量控制和属地管理提供依据。

2006年，废水污染源的监测频次为每年监测3次。

2007年，废水污染源的监测频次进一步增加，改为每月监测1次。

2009年，废水污染源的监测项目增加了悬浮物、氨氮2项，监测项目变为6项。

2013年，增加国控重金属企业的废水监测。

四、城镇污水处理厂污水排放监测

污水处理厂是指从污染源排出的污（废）水，因含污染物总量或浓度较高，达不到排放标准要求或不适应环境容量要求，从而降低水环境质量和功能目标时，必须经过人工强化处理的场所。

污水处理厂按照污水的来源可以分为城镇污水处理厂和工业污水处理厂。截至 2012 年，北京市设计能力超过 5 000 t/d 的污水处理厂共 52 家，除东城、西城和石景山没有分布外，其他各区县均有污水处理厂分布。

污水处理厂的水质监测项目包括 pH、水温、化学需氧量、氨氮、色度、生化需氧量、悬浮物、动植物油、石油类、阴离子表面活性剂、总氮、总磷、总汞、总镉、总铬、六价铬、总砷、总铅、粪大肠菌群、烷基汞共 20 项。

2004 年，对污水处理厂开展每季度 1 次的监督性监测，监测项目包括 pH、悬浮物、化学需氧量、五日生化需氧量、氨氮、总氮、总磷，其中中心城区污水处理厂由市环保监测中心负责采样监测，密云、大兴、怀柔、延庆、顺义、昌平、房山等监测站应对本区县内正常生产运行的城市生活污水处理设施展开监督性监测。

2005 年，污水处理厂监测项目增加了阴离子表面活性剂、动植物油、石油类、粪大肠菌群。

2006 年，完成酒仙桥等 4 个污水处理厂在线监测系统的调试工作，其他污水处理厂的监测频次改为每月监测 1 次。

2007 年，高碑店等大型污水处理厂共 9 套自动监测系统正常运行。

2009 年，增加对污水处理厂进口水质的例行监测。

2010 年，国控污水处理厂例行监测项目增加总汞、总镉、总铬、六价铬、总砷、总铅重金属项目。

2012 年，国控污水处理厂增加了污泥中重金属含量的监测，监测项目包括总汞、总镉、总铬、总砷、总铅、总铜、总锌和总镍。

2012 年，全市国控重点废水污染源已建成 40 套废水自动监测系统，市环保监测中心负责自动监测数据的采集和管理；全年废水自动监测数据采集率达到 99%以上，平均有效率达到 98%以上，审核报出 52 份周报。根据环保部相关文件的要求，2012 年 9 月 1 日将高碑店、酒仙桥、方庄和清河 4 家污水处理厂的 9 套自动监测系统（价值 740 余万元）固定资产移交至市排水集团。

2013 年，对 10 座市区国控污水处理厂（进出口）监测改为对高碑店、小红门、清河、酒仙桥 4 座日处理能力在 20 万 t 以上的国控污水处理厂（进出口）监测。

2015 年，全市污水处理厂重点源污泥监测为每年 1 次，市排水集团污水处理厂污泥监测为上下半年各 1 次。

五、固体废物集中处理设施排放监测

北京市的固体废物集中处理设施包括生活垃圾填埋场、危险废物填埋场、生活垃圾堆肥场、生活垃圾和危险废物焚烧厂以及电子废物处理企业。生活垃圾、危险废物填埋场监督性监测包括渗滤液监测、地下水观测井水质监测和场界大气环境质量监测。生活垃圾堆肥场监督性监测主要是场界大气环境质量监测。生活垃圾和危险废物焚烧厂监督性监测包括焚烧炉烟气和污水监测。

2000 年，市环保监测中心组织完成南宫、小武基、马家楼、安定、阿苏卫、大屯 6 个垃圾填埋场的监督监测，防止产生新的污染。组织完成“固废管理机制建立的方案研究”课题，积极探讨北京市固体废物污染防治管理机制的建立方式，做好北京市固废管理中心成立的前期工作。组织完成“北京市危险废物焚烧炉现状调查”“北京市医院污水防治对策研究”“北京市干洗设施污染情况调查及防治对策”和“北京市垃圾分类回收容器标识的管理规定的研究”等课题，并提出了相应的控制措施和建议。

2003 年，完成阿苏卫生活垃圾填埋场渗沥液、地下水观测井、周边自备井常规理化、重金属指标监测及有机污染物定性分析工作。

2004 年，对 4 个生活垃圾填埋场、1 个堆肥场进行监督监测。

2006 年前，固体废物集中处理设施监测频次为 1 年 1 次。

2007 年，13 座生活垃圾填埋场渗滤液和地下水观测井水质监测频次增加为每季度 1 次，4 座生活垃圾焚烧厂废气监测频次增加为 1 年 2 次。

2009 年，渗滤液和地下水观测井水质监测增加重金属项目。

2010 年，生活垃圾和危险废物焚烧厂增加了二噁英项目。

2011 年，生活垃圾和危险废物焚烧厂监测频次为隔月监测 1 次，监测时间为单月监测。

2012 年，生活垃圾和危险废物焚烧厂监测频次改为每季度监测 1 次。高安屯二噁英每季度监测 1 次，其他二噁英每半年监测 1 次。

2013 年，高安屯二噁英每季度监测 1 次，其他二噁英每年监测 1 次。

六、重点医院污水监控

2003 年，为加强对“非典”治疗医院废水消毒状况的监管，减少医院污水携带病毒，避免监测人员被感染，市环保监测中心在胸科医院、宣武医院、小汤山医院等 5 个治疗“非典”的医院建成了医院污水总余氯自动监测系统，该系统能够远程监控医院的加氯消毒情况，有效完成了上级下达的监测任务，得到了各级领导的高度评价。丰台、朝阳等区县也建成了辖区重点医院污水监控系统，监测项目为 pH、总余氯/活性氯、化学需氧量和流量等。

根据有关规定和管理要求，从 2012 年 7 月起北京市重点传染病医院污水总余氯在线监测系统停止运行。

七、辐射污染源监测

（一）电离辐射污染源监督监测

1991—2015 年，电离辐射污染源监督监测对象主要包括核设施、大型辐照装置、密封放射源、开放型放射性工作场所、射线装置和城市放射性废物库。主要监测项目为放射性污染源单位周围环境γ辐射剂量率，空气放射性水平，地下水、饮用水、废水中总α和总β活度浓度，生物样品放射性水平，辐照装置贮源井水γ核素浓度和土壤中放射性核素含量。

2009 年，在核设施及重点污染源、核技术利用等监督单位周边共建设了 13 个辐射环境自动监测站，2013 年，根据北京市核设施周边辐射环境自动监测系统建设规划，启动在中国原子能科学研究院和清华大学核能与新能源技术研究院周边增设 1 个超大流量辐射环境自动监测综合站和 12 个γ辐射自动监测站的工作。其中，4 个γ辐射自动监测站为迁移的已有 AGS421 γ辐射自动监测站，8 个为新购置的 SARA γ辐射自动监测站。11 月中旬，完成了 4 个 AGS421 γ辐射自动监测站的迁移工作，实现了辐射污染源的预警功能。

污染源周围辐射环境监测布点的原则为：在反应堆所在单位内及周围选取监测点，监测周围辐射环境的变化；在辐照装置贮源水井及非密封放射源利用单位的废水总排放口、衰变池等设置监测点，监测辐照装置和非密封放射源的利用过程中产生的辐射污染；在北京市城市放射性废物库库区附近设置监测点，监测周围辐射环境的变化。其他一些核技术利用单位，根据具体情况，实施单项或多项联合监测。

2000 年开始，北京市开展电磁辐射污染源监测。2000 年重点对移动通信台站（移动电话基站、寻呼台站、集群通信基站）进行电磁辐射污染源监测。2001—2010 年，除对移动通信基站周围环境进行电磁辐射污染源监测外，还对广播电视发射台（中央电视塔、542 中波台、572 短波台）、卫星地球站、高压输变电工程（110 kV、220 kV 和 500 kV 高压变电站和输电线）周围环境进行电磁辐射污染源监测。2011—2013 年，建设了含 4 个自动站的望京变电站示范工程以及 5 个电磁设施监督自动站，实现了重点设施的自动监测。

目前上述情况大体运行稳定无变化。

（二）放射性物品运输监测

放射性物品，是指含有放射性核素，并且其活度和比活度均高于国家规定的豁免值的物品。根据放射性物品的特性及其对人体健康和环境的潜在危害程度，放射性物品分为一类、二类和三类。其中，一类放射性物品是指Ⅰ类放射源、高水平放射性废物、乏燃料等释放到环境后对人体健康和环境产生重大辐射影响的放射性物品；二类放射性物品是指Ⅱ类和Ⅲ类放射源、中等水平放射性废物等释放到环境后对人体健康和环境产生一般辐射影响的放射性物品；三类放射性物品是指Ⅳ类和Ⅴ类放射源、低水平放射性废物、放射性药品等释放到环境后对人体健康和环境产生较小辐射影响的放射性物品。

2009 年 9 月 7 日，国务院第 80 次常务会议通过《放射性物品运输安全管理条例》，并于 2010 年 1 月 1 日起施行。运输放射性物品应当使用专用的放射性物品运输包装容器，并进行监测，监测结果符合条例规定的剂量才可以进行运输，以保证人员安全。

2006 年，北京市辐射安全技术中心开始承担放射性运输货包的检测工作。

2006 年 1 月 1 日—2010 年 12 月 31 日，总计运输货包的数量为 148 389 件，其中到京货包运输 14 789 件，离京货包运输 115 910 件，市内货包运输 17 690 件；共输检放射性物质（源）运输 3 265 884 个，其中到京运输 21 248 个，离京运输 3 136 133 个，市内运输 108 503 个。

2011 年 1 月 1 日—2012 年 12 月 31 日，总计运输货包的数量为 34 843 件，其中到京货包运输 8 048 件，离京货包运输 24 236 件，市内货包运输 2 559 件；共输检放射性物质（源）运输 170 288 个，其中到京运输 16 953 个，离京运输 101 166 个，市内运输 52 169 个。

2013 年 1 月 1 日—2015 年 12 月 31 日，总计运输货包的数量为 26 082 件，其中到京货包运输 17 147 件，离京货包运输 8 447 件，市内货包运输 488 件；共输检放射性物质（源）运输 1 074 807 个，其中到京运输 550 069 个，离京运输 524 075 个，市内运输 663 个。

（三）验收监测

验收监测是指对已建环保设施进行验收，主要目的是确保环保设施的有效运行。包括电离辐射验收监测和电磁辐射验收监测。

电离辐射验收监测。电离辐射验收监测的依据主要有《中华人民共和国环境保护法》《中华人民共和国放射性污染防治法》、国家环境保护总局第 13 号令《建设项目竣工环境保护验收管理办法》、中华人民共和国国务院令 253 号《建设项目环境保护管理条例》、建设项目环境影响评价文件及环境保护主管部门对环境影响评价文件的批复等。电离辐射验收监测遵循的标准主要有《电离辐射防护与辐射源安全基本标准》（GB 18871—2002）、《辐射环境监测技术规范》（HJ/T 61—2001）、《环境核辐射监测规定》（GB 12379—1990）、《电离辐射监测质量保证一般规定》（GB 8999—1988）、《核辐射环境质量评价的一般规定》（GB 11215—1989）《全国辐射环境监测方案（暂行）》等。

电磁辐射验收监测。电磁辐射环境监测主要针对射频电磁场和工频电磁场的监测。目前，电磁辐射环境射频监测依据的技术标准主要有《电磁辐射防护规定》（GB 8702—1988）、《辐射环境保护管理导则　电磁辐射监测仪器和方法》（HJ/T 10.2—1996）、《辐射环境保护管理导则　电磁辐射环境影响评级方法与标准》（HJ/T 10.3—1996）、《移动通信基站电磁辐射环境监测方法》（环发〔2007〕114 号）。电磁辐射环境工频监测依据的主要技术标准有《500 kV 超高压送变电工程电磁辐射环境影响评价技术规范》（HJ/T 24—1998）、《高压交流架空送电线路、变电站工频电场和磁场测量方法》（DL/T 988—2005）。

根据国家环保总局《建设项目环境保护设施竣工验收监测技术要求（试行）》（2000 年 2 月）的要求，北京市辐射安全技术中心制定了《辐射类建设项目验收监测任务管理办法（试行）》。验收监测的工作程序主要包括现场勘察（比较简单的项目可不进行现场勘察）、编制验收监测方案、进行现场监测、编写验收监测报告等。北京市辐射安全技术中心从 2002 年 3 月 1 日起开始对北京市核与辐射项目进行环境保护验收监测，2002—2010 年 12 月 31 日共完成建设项目竣工环境保护验收监测 359 项，2011—2015 年共完成辐射验收监测项目 498 项（不含全市所有的移动基站验收项目）。

北京市辐射安全技术中心对电磁辐射的验收监测始于 2000 年。2000—2001 年对中国移动通信集团北京有限公司共 320 余个基站进行电磁辐射环境验收监测，其中 2001 年还对中国联通北京分公司 15 个 GSM 基站进行电磁辐射环境验收监测。

2002—2003 年对中国移动通信集团北京有限公司共 49 个基站进行电磁辐射环境验收监测。

2003—2004 年对中国联通北京分公司共 270 余个 C 网一期基站进行电磁辐射环境验收监测。其中，2004 年还对北京正通网络通信有限公司 10 个基站进行电磁辐射环境验收监测。

2006—2007 年对北京正通网络通信有限公司 20 个基站进行电磁辐射环境验收监测。其中，2006 年还对中国移动通信集团北京有限公司 8 个基站进行电磁辐射环境验收监测。

2007—2008 年对中国联通北京分公司 50 多个基站进行电磁辐射环境验收监测。

2008—2009 年对中国移动通信集团北京有限公司 1 300 多个 GSM 基站进行电磁辐射环境验收监测。

2008—2010 年对中国移动通信集团北京有限公司 2 200 多个 TD-SCDMA 基站进行电磁辐射环境验收监测。

2011—2012 年对中国电信移动网络建设北京市无线网络工程建设项目移动通信基站和中国联通 GSM、WCDMA 6 600 多个基站进行电磁辐射环境验收监测。

2013—2015 年对北京电信和北京移动 GSM、TD-SCDMA 3 400 多个基站进行电磁辐射环境验收监测。

（四）伴生放射性污染源监测

“十一五”期间，为了做好第一次全国污染源普查，切实完成伴生放射性污染源普查监测工作，按照《放射性污染源普查监测技术规定》和《伴生放射性污染源普查监测有关问题的说明》的要求，2007 年，市环保局成立了北京市伴生放射性污染源普查监测工作领导小组，编制了《北京市伴生放射性污染源普查监测方案》。确定北京市伴生放射性污染源普查监测的范围，完成了应初测的 71 个污染源单位的调查。完成了 48 个污染源单位主要原材料、产品和废石、废渣表面 1 m 处的γ辐射剂量率的初测及样品取样工作，编制并发放了企业基本信息统计表。2008 年 4 月，完成了γ剂量率超出“当地本底水平＋50 nGy/h”水平的 10 个单位的γ剂量率复测和取样工作，并按照规范要求进行总 U、^{232}Th、^{226}Ra 放射性活度浓度分析测量工作。同年 5 月，完成《放射性污染源普查表》（G113 表）的填报工作，6 月完成了监测数据的录入、汇总及上报工作，11 月根据市环保局普查办的审核意见修改并上报了伴生放射性污染源普查监测表（G113 表）。

第三节　环境应急监测

随着北京市国民经济的迅速发展，工农业生产节奏明显加快，社会生产活动日益频繁，突发环境污染事故发生的可能性大大增加。突发性环境污染事故不仅直接对生态环境造成了极大破坏，往往还对人体健康造成重大危害，给社会带来严重影响。

1990—1999 年，北京市对突发环境污染事故的处理按照一般事故或常规事件处理，缺乏应急管理机制和应急监测能力。从突发环境事件的特点看，这一时期主要以沙尘和扬沙等大气污染、水资源匮乏引起的水质恶化以及固体废物处置不当引起的土壤污染等。

1999 年 9 月 30 日，延庆氰化物污染事故发生后，北京市应急处理机制和监测能力建设开始受到重视。同时由于经济的飞速发展，由生产企业或城市建设引起的突发环境事件日益复杂，根据《中华人民共和国环境保护法》的相关要求，北京市环保应急监测从 2003 年开始启动，2004 年完成初步能力建设，2005 年颁发了应急监测预案等一系列制度和规定，标志着应急监测正式纳入日常业务。在此期间，处理的典型事件有：2005 年地铁 5 号线宋家庄站建设期间，土壤中残存的农药挥发，对周边环境造成的污染；2007 年通州区京津二高速建设期间，异味对周边居民造成的影响等。

随着 2007 年 11 月 1 日《中华人民共和国突发事件应对法》的实施，环境应急工作的地位和重要性得到进一步提升。市环保监测中心于 2008 年 5 月编写了《北京市突发环境事件应急监测预案》和《突发环境事件应急监测操作指南》，并印发给全市环保监测系统。市环保局集中采购了一批应急监测车辆和监测仪器设备配发到各区县环保局，基本形成了分工负责、配套合理的应急监测能力体系。

2005 年以来，北京市突发环境事件应急管理机构共接到事件 200 余起，市环保监测中心参加奥运会、国庆六十周年等重大活动应急值守 67 次，圆满完成了宋家庄地铁站土壤污染事件、马家湾不明气体泄漏等重大突发环境污染事件的应急监测工作，为保障群众的生命安全和环境安全，为政府管理部门的应急处理提供了良好的技术支持。

此外，为提高突发环境事件管理和应急监测人员的责任意识，熟练掌握应急工作程序和监测仪器设备，提高处置突发环境事件的实战能力，确保应急监测的响应性、及时性和可靠性，根据《北京市突发环境事件应急监测预案》的要求，全市各监测中心、监测站自行组织或参加市、区政府或环保局举行的应急演练，每年 2～4 次。2008 年北京奥运会是万众瞩目的盛事，为确保奥运盛会的顺利召开，环保应急作为北京市奥运安全与应急保障体系的一部分，参加了紫禁城 2 号反恐演习、城市道路交通事件综合演习、长城 5 号反恐演习等，成为北京市应急体系的重要组成部分。

2008 年，北京市政府成立了突发事件应急委员会，2013 年重新修订并印发了《北京市突发环境事件应急预案（2013 年修订）》，明确了组织机构及职责、应急监测与预警、应急响应与处置等重要事项，市环保局成立环境应急与事故调查中心，各相关部门对引发突发环境事件的安全隐患采取了有效的管理和治理措施，降低了环境事件的事发率，扭转了突发环境事件频发的态势。市环保局重视应急监测能力的建设，经过持续不断的努力，北京市的应急监测能力已基本能够满足应急管理的需要。

2014 年 12 月 29 日《国家突发环境事件应急预案》颁布，市环保监测中心对照要求进一步补充完善了《北京市突发环境事件应急监测预案》的相关内容，形成了不同事件区别对待、属地管理中心支持的合理高效的应对方式，促进了应急监测的整体发展。

2014 年和 2015 年，我国连续举办了多次举世瞩目的重要活动。2014 年 11 月 APEC 会议在北京怀柔召开，2015 年 10 月抗日战争胜利 70 周年阅兵在天安门广场举行，为保障这些重大活动的环境安全，市环保监测中心克服诸多困难，加班加点进行应急保障，圆满地完成了重要活动期间的环境安全应急保障任务（表 2-2）。

表 2-2　2005—2015 年突发环境事件应急监测与应急值守统计

时间	处置应急事件/起	应急职守/次	典型事件
2005 年	10	4	宋家庄地铁站土壤污染
2006 年	45	6	京广桥道路塌陷事故

时间	处置应急事件/起	应急职守/次	典型事件
2007 年	43	7	马家湾不明气体泄漏
2008 年	37	10	紫禁城 2 号反恐演习
2009 年	33	9	央视北配楼火灾事件
2010 年	30	10	重大节假日应急职守
2011 年	53	10	全国环境应急监测演练
2012 年	49	11	突发环境事件应急处置联合演练
2013 年	37	12	平谷应急水源地应急事件
2014 年	32	14	APEC 会议保障
2015 年	28	15	田联世锦赛和抗日战争胜利 70 周年阅兵保障

突发环境事件的应急监测，是在北京市环保局应急调查和处置中心的统一领导下，各业务部门根据职责完成相应的技术工作。市环保监测中心应急工作采取全员参与的方式，即每个科室在进行日常业务工作的同时，根据职能分工完成相应的应急工作。市环保监测中心应急队伍分为应急领导小组、现场监测组、质量控制组、技术支持组、后勤保障组等，根据突发环境事件的级别启动相应等级的应对措施。当发生特别重大的应急事件时，中心干部职工全员在岗应对。

市环保监测中心的应急能力已由初始的“现场采样—实验室分析”发展为“采样分析同步、全要素覆盖”。中心应急监测可对未知气体、未知液体、土壤等进行定性定量或定性半定量监测，监测项目多达数百种，仪器包括便携气相色谱质谱联用仪（GC-MS）、傅立叶红外、重金属检测仪、水质多参数分析仪等 30 余套先进的专用设备。

近年来，典型的环境应急监测事件如下：

地铁 5 号线宋家庄站应急事件　2005 年 4 月，市政府重点工程——地铁 5 号线宋家庄站施工现场，两名工人发生中毒症状，工程停止。经调查，宋家庄站存在 3 个土壤污染区，分别是以六六六和滴滴涕为主的农药污染区、铵盐类污染区、烯烃类污染区。为快速清理污染土壤，保证工程顺利复工，环保应急队伍对土壤污染及清理区域展开应急监测。土壤清理工作在夜间进行，应急监测随土壤清理同步进行，每清理一层土壤，监测人员都要进行一次测试，直到受污染的土壤全部清理。同时考虑到周边地区广大群众的环境安全，在周边的居民区设立了多个环境敏感区域监测点，实时监控环境空气的变化。监测数据表明，此次清理行动未对周边环境造成明显影响，工程可以正常进行。

北京矿冶研究院火灾应急事件 2008年，北京矿冶研究院当升材料科技有限公司玉泉工厂车间发生火灾，车间内存放有煤油、204萃取剂、PVC板以及其他生产材料，事故中有两名该单位的工作人员遇难。市、区两级环境应急监测队伍工作瞬即启动，互相配合、分工协作。丰台监测站在火灾现场采集气样、水样，立即送往市环保监测中心分析，市环保监测中心应急小组迅速赶往火灾现场，在下风方向的居民小区内设置4个监测点，进行实时监控。通过现场监测，及时准确地掌握了火灾对周边环境的影响状况，为现场指挥部作出相关决策提供了科学的依据。

中央电视台新址北配楼失火应急监测 2009年，中央电视台新址北配楼发生火灾，影响巨大。为了迅速消除影响，保障中央电视台主楼的安全，环保应急队伍对北配楼火灾现场实施应急监测。此次应急监测与以往有所不同，一是由于事故现场过火面积较大，大楼燃烧后现场尚未处理，墙面镶嵌物及其他构件过火后多已松动，不时出现脱落现象，现场十分危险。二是火灾当日疏散的周边居民尚有一千余人等待返回家中，急需环保部门摸清环境状况。经过应急人员现场勘查，制定了可行的监测方案。在楼体内两个平面设置了6个监测点，在楼体外分3组对居民住宅周边实时连续监测。监测结果表明，北配楼内空气中未见高浓度污染气体，后续清理工作可以展开，居住区环境空气质量符合相关国家要求，可以安排居民返回。由于本次监测迅速，结果上报及时，为朝阳区政府做好周边群众稳定工作提供了有力的帮助。

第四节 委托监测

环境监测专业技术服务是指环境监测机构或社会实验室根据委托方要求和所支付费用，利用其自身所拥有的人员、技术和设施，对外开展环境监测和技术服务活动，并提供环境监测数据或报告。委托监测是环境监测专业技术服务内容中的主要工作。

北京市的委托监测服务工作正式开展始于1990年。1990—2010年，是北京市经济的快速增长期。为了更好地服务北京经济建设，实现经济持续快速健康发展，市环保监测中心主动作为、转变观念，在北京市尚无环境监测市场的情况下，在确保完成上级下达的指令性环境监测、科研任务的前提下，利用现有人员、仪器设备和技术力量，开展对外监测和技术服务工作，内挖潜力努力满足社会各界需求，将环境监测专业技术服务工作体现到为人民服务的宗旨上来。

北京市开展的委托监测服务工作涉及环境空气和废气、水质、土壤、固体废弃物、生物、噪声、振动、辐射、室内空气共九大类环境要素，可分为两大类：一是北京市建设项目竣工环境保护验收监测（以下简称验收监测）；二是面向公众服务，承接社会各行各业委托监测。

为了做好、加强北京市环境监测专业技术服务工作，统一收费标准，根据国家环保局、国家物价局、财政部《关于颁布〈环境监测站开展专业服务收费暂行规定〉的通知》（〔88〕环监字第85号）精神，市环保局组织市环保监测中心等相关部门经过反复研究、认真核算，并汲取了兄弟省市的经验，制定了《北京市环境监测专业服务收费暂行规定实施细则》（〔1989〕京环保计财字第202号）（以下简称202号文）。该文件由市环保局与市物价局、市财政局联合发布，于1989年12月15日实施，一直沿用至今。

随着监测工作范围不断扩大、监测能力不断提升，1993年11月18

日，市物价局批复了市环保局《关于环境放射性和电磁波监测项目收费标准的批复》[京价（收）字〔1993〕第309号]；2003年1月市物价局与市财政局联合发布了《关于市环境保护局培训收费标准（试行）的函》[京价（收）字〔2003〕60号]，该文件试行一年。

根据北京市“七五”至“十一五”时期环境保护和生态建设规划的工作重点，北京市委托监测服务工作在不同时期具有不同的时代特点：从为环境管理服务、服务社会到为政府履行职责、为宏观决策提供依据和技术支持。

“七五”期间（1986—1990年）：“七五”期间的环保规划突出城市环境综合整治和工业污染防治工作，强调不同地区和行业要有针对性地提出各自的环保目标。这个时期北京市的区县环境监测机构完成了从建站到开展环境监测工作的历程，社会需要环境监测专业技术服务工作，各级环境监测站面临资金不足的财政问题。而1989年北京市发布的202号文明确规定了“监测部门按规定收取费用所得的净收入，80%纳入预算内用于弥补专项拨付购置监测手段（设备、仪器、药品等）所需资金和国家拨付的预算事业费不足”，解决了这2个问题，也使得北京市的环境监测专业技术服务工作正式开展起来。

“八五”期间（1991—1995年）：“八五”期间的环保规划注重将环境保护从各层次纳入国民经济和社会发展计划中。强调环保计划指标的可分解性和可操作性，突出城市环境综合整治和工业污染防治工作，充分考虑强化环境管理和依靠科技进步的重要作用。在此期间，北京市的“城市环境综合整治定量考核”“环境统计”“排污收费”等工作的开展，使得企业、社会团体在“排污申报”“环境统计”和了解污染治理设施效果等方面迫切需要环境监测专业技术服务项目，这也是北京市各级环境监测机构开展委托监测工作的主要内容，主要涉及环境空气和废气、水质、噪声三个方面。

“九五”期间（1996—2000年）：随着我国国民经济和社会发展计划

的变化，国家“九五”计划提出了实行两个具有全局意义的根本性转变和两大战略：经济体制从传统的计划经济体制向社会主义市场经济体制转变和经济增长方式从粗放型向集约型转变，实行科教兴国战略和可持续发展战略。国家“九五”计划重申了第二次全国环境保护会议提出的经济建设、城乡建设与环境建设同步规划、同步实施、同步发展的战略方针，并提出所有建设项目都要有环境保护的规划和要求，创造条件实施污染物排放总量控制等方面的内容。随着环境保护工作的深入开展，企业开始认识到 ISO 14001 环境管理体系认证工作的重要性，在委托监测目的方面增加了为申请 ISO 14001 认证做准备的申请。1998 年，北京市的污染防治工作列为国家重点环保工作以后，北京市环境监测专业技术服务工作也从简单的污染源排放、提供监测数据增加了环境影响评价和建设项目竣工环保验收监测内容。

“十五”期间（2001—2005 年）：“十五”期间北京市环境保护工作的指导思想是，汲取“九五”环境工作经验并抓住申奥成功的契机，以改善环境质量和生态状况为根本任务，以控制污染物排放总量为基本策略，以防治城市地区大气污染为工作重点，加强综合决策和统一监督管理，提高全社会环境意识，改善城市管理，实行综合防治措施，不断提高生态建设和污染控制水平，创造人与自然和谐的环境，努力建设空气清新、环境优美、生态良好的新北京，为成功举办 2008 年夏季奥运会奠定基础。围绕这一中心指导思想，结合北京市行业、社会化实验室的发展情况，市环保监测中心将服务社会的职能逐步转到为政府部门执行各项环境法规、标准以及全面开展环境管理工作提供准确、可靠的监测数据和资料，为社会服务职能逐步转移到以建设项目竣工环保验收为主的专业技术服务。随着 2003 年“全国环境优美乡镇”评选工作的开展，各区县环境监测站配合评选工作开始开展乡镇环境质量监测工作。

“十一五”期间（2006—2010 年）：“十一五”期间北京市环境保护工作的指导思想是，正确处理“十一五”时期经济建设、人口增长、资源利用与环境保护的关系，努力在发展中解决环境问题，提高资源环境承载力，为早日建成“宜居城市”奠定基础。为满足环境管理需求，环境监测机构在做好各级政府下达的各类监测、科研任务的同时，进一步提升监测能力，市环保监测中心努力保证建设项目竣工环保验收监测工作的完成，逐步减少社会委托监测工作。

根据市环保监测中心历年工作总结记载，1994—2010 年，每年完成验收监测类项目 20～270 项；1994—2003 年，每年完成环境影响评价类项目约 10 项；1996 年为 97 家单位提供排污许可类检测服务；1999 年和 2003 年面向社会提供的检测服务约 700 家/年，2010 年为 45 家。

第三章　环境监测质量管理

为避免监测工作由于数据错误而导致决策失误，使监测数据具有法律辩护能力，有代表性、完整性、准确性、精密性和可比性，加强监测质量管理成为环境监测工作的重要内容。监测质量管理包括监测方法、标准、程序的建立和选择，质量保证系统的建立和完善等。

中华人民共和国成立后，卫生、地质矿产及环保部门为执行各自的环境质量标准，组织有关单位，经过试验、引进、研究等工作，陆续建立各自的水质监测方法，在全国各系统中采用，但缺乏统一的环境监测质量管理规定。北京市自 20 世纪 70 年代初开展环境监测工作以来，即将统一监测方法和质量保证作为监测工作的重点。

为使环境监测方法规范化、标准化，1979 年，受城乡建设环境保护部环境保护局的委托，市环保监测中心与中科院环化所、市环保所等单位组织编写了《环境标准分析方法（试行）》一书。1983 年，市环保监测中心和中科院环化所负责，组织了 66 个监测、科研单位，组成方法验证协作组，用了近 3 年时间，完成了环境监测分析方法的标准化研究，出版了《环境监测分析方法》作为全国环境监测统一分析方法使用。

环境监测质量保证是对环境监测过程的全面质量管理，要保证监测数据的质量，就要建立与之相适应的分析测量系统，并进行质量控制。1979 年，北京市在全国率先开展监测质量保证的探索工作，实施监测过程全程序质量保证。同时，开展环境标准物质研究，1982 年，研制成带有基体的混合标准水样、生物和土壤等标样，供全国使用；1984 年，实施实验室间质量控制，以减少系统误差；陆续编写出版了《环境水质监测质量保证手册》和《环境空气监测质量保证手册》。

1991—2010 年，市环保监测中心从组织管理、实验室环境、仪器设备、量值溯源、人员素质、质量体系的运行等方面入手，强化环境监测质量管理，并在不同时期得到国家计量认证环保评审组的认可，认为能满足向社会提供公正数据的要求，符合认证评审准则的规定，具备按相应标准开展认证项目的检测能力，具有承担第三方公证检验的地位。同时，市环保监测中心结合实际监测工作需要，对区县环境监测站和不同行业的环境监测技术人员开展多次监测技术培训及考核。

2005 年，北京市辐射安全技术中心获得计量认证合格证书，2009 年，获得实验室认可证书。2010—2015 年，该中心强化环境监测质量管理，陆续通过国家级计量认证和实验室认可的“二合一”复评审及扩项评审，质量管理体系的运行持续有效，能够满足向社会提供公正数据的要求。

第一节　监测质量保证与质量控制

一、统一标准分析方法

1954 年，中国医科院卫研所出版国内第一部水质分析方法《水的物理与化学分析法》，包括 50 个水质分析项目。1973 年该书第四版改名为《水质分析法》，包括饮用水监测 65 个项目、116 个方法，生活污水 32 个项目、34 个方法，工业废水 52 个项目、63 个方法，以及水生生物检定法。1976 年，中国医科院卫研所出版的《地面水、工业废水监测检验方法》，是与国家《工业“三废”排放试行标准》（GBJ 4—1973）和《工业企业设计卫生标准》（TJ 36—1979）相配套的推荐监测方法。

1977 年，中国医科院卫研所组织市环保所及市卫生防疫站等全国

11个协作单位，通过实验研究建立了生活饮用水水质检验方法，编辑出版《生活饮用水水质检验方法》，作为与1976年12月1日国家颁布试行的《生活饮用水卫生标准》（TJ 20—76）配套的监测方法，其中包括30个监测项目、39个方法。1983年2月《生活饮用水水质检验方法》第二版出版，包括31个监测项目、53个方法，市环保所、市卫生防疫站及市环保监测中心等全国21个协作单位参加了方法验证的实验研究。

1979年，中国医科院卫研所出版《地面水水质监测检验方法》，包括59个项目、114个方法，参加此书编写的有市环保所、市环保监测中心及市卫生防疫站等全国16个协作单位。

1979年，国环办委托市环保监测中心与中科院环化所共同主持统一监测分析方法工作，并组成专家技术委员会，负责筛选分析方法，确定准确度、精密度和检测限的指标，于1980年5月出版《环境监测标准分析方法（试行）》。

1980—1983年，受城乡建设环境保护部环境保护局委托，市环保监测中心与中科院环化所负责开展了“全国环境监测分析方法标准化研究”，在国内首次采用了先进的标准化程序，在方法优选的基础上，设计了《验证与估价》方案，组织全国66个监测、科研单位进行协同实验，将验证后的方法编入1983年出版的《环境监测分析方法》中。全书列有水、大气、土壤、农作物及噪声等72项、127个统一分析方法，由国家环保局颁布作为环境监测统一分析方法在全国使用，《全国环境监测分析方法标准化研究》获1986年国家环保局科技进步二等奖。

1983年，中国环境监测总站组织全国卫生、工业及各省市环保监测单位编写《污染源统一监测分析方法（废水部分）》，由国家环保局颁布，作为国内第一部统一的污染源分析方法使用，该项目1987年获国家环保局科技进步二等奖。1987年，市环保监测中心等单位完成的《北京市水污染物监测方法标准研究》，是为地方法规配套的方法标准，共31个项目、38个方法，适用于北京市各区县、工业局、工矿企业环境监测部门进行废水监测，也为全国污染源监测提供可借鉴的、经标准化程序建立起来的废水监测方法，为仲裁监测、污染源监测的质量控制和质量保证工作提供可靠依据。该研究获 1988 年北京市科技进步二等奖。同年 11 月，地质矿产部颁发《地下水标准检验方法》，包括 69 个方法，参加方法建立的有市水文地质公司等单位。

1986—1988 年，中国环境监测总站组织全国环境保护和各部门环境监测、科研机构以及大专院校等 100 多个单位、数百位科技人员，对原《环境监测分析方法》及《污染源统一监测分析方法》进行补充、修订，1988 年 5 月出版了《水和废水监测分析方法》，书中推荐的 200 多个方法中，包括了 60 多个国家水质标准分析方法和百余个统一分析方法，其中由北京市参加起草的监测分析方法有 pH、总铬、六价铬、铜、锌、铅、镉、六六六、滴滴涕、高锰酸盐指数、苯并[*a*]芘、五日生化需氧量、溶解氧、苯胺类化合物、化学需氧量等 20 个测定项目。

1990 年 4 月，中国环境监测总站组织中国医科院卫研所、市环保监测中心、上海市环境监测中心等 30 个监测和科研单位、百余名科技人员，经过 4 年多的努力，共同完成了《空气和废气监测分析方法》一书的出版。书中包括 80 个项目、149 个监测分析方法。

为帮助从事水质科研和监测的工作者更好地理解与掌握《水和废水监测分析方法》中所列的各种分析测试技术与方法，1990 年 12 月，由中国环境监测总站组织中科院生态环境中心、市环保监测中心、杭州市环境监测中心部分有丰富实践经验和一定理论基础的专家，编写出版了《水和废水监测分析方法指南（上册）》。

1991—2010 年，市环保监测中心重点在仪器设备引进和检测能力创新上开展工作，形成检测技术手段的多样化，增强检测技术的互补性，实验室分析基本能够覆盖常量、痕量、超痕量检测范围，并且具备相互校验的能力。

2011 年以来，市环保监测中心积极开展环保标准制修订工作。2012

年完成了 12 项国家监测方法标准制修订工作。2014 年，新立项环保标准制修订项目 4 项，申报环保标准制修订项目 4 项，在研环保标准制修订项目 16 项。2014 年，市环保监测中心积极参与中国环境监测总站组织的《国家颗粒物来源解析技术指南》的编写，全书共收录 13 种化学分析方法，其中 6 种为市环保监测中心提供。2015 年，市环保监测中心在研环保标准制修订项目 19 项、北京市地方标准项目 1 项，新立项环保标准制修订项目 3 项，申报环保部国家标准制修订项目 3 项，北京市地方标准制修订项目 5 项。

二、监测质量保证和质量控制

（一）监测全程序质量保证

1976 年 9 月，市环保办公室派人参加了中科院组织的环境科学考察组，访问美国考察了解美国国家环保局开展环境监测质量保证工作的情况，北京市遂于 1977 年开始研究环境监测质量管理，并于 1979 年开展了监测质量保证的探索工作。

监测全程序质量保证主要包括布点、样品的采集与保存，实验室内质量控制，实验室间质量控制，监测数据的计算与处理等。监测点位的布设以及采样的频次、时间和方法是根据监测的目的、对象、污染物性质、分析方法等因素，按照国家环保局颁布的《环境监测技术规范》《污染源监测技术规定》有关内容确定的，要求采样人员严格遵守操作规程，填写采样记录，对采样的设备、仪器做定期维护和校准。实验室内质量控制包括对仪器设备的定期标定与校准、全程序空白试验及检验、校准曲线的绘制与检验、平行双样的测定和检验、加标回收的测定与检验，或用标准物质进行对照分析以检验分析结果的准确度等，使分析结果控制在预期的误差范围内。

自 1984 年起，实施全市监测网络中各实验室间的质量控制，以减少各实验室的系统误差，使所得数据具有可比性。网络各实验室在监测中严格采用国家规定的统一分析方法；各实验室配制的标准样品与质控样品要与标准物质进行对比试验，以进行量值追踪；各实验室均以所选定的统一分析方法中规定的检测限、精密度、准确度为依据，控制、评价实验室内和实验室间的分析质量。市环保监测中心每年对网络各实验室进行常规监测项目未知样分析和理论考核。

监测数据的计算与处理按照国家《环境监测技术规范》和监测质量保证手册规定的方法进行。1984 年 12 月，受城乡建设环境保护部环境保护局委托，中国环境监测总站组织市环保监测中心、湖南、浙江等 10 个环境监测单位协作完成的《环境水质监测质量保证手册》出版。1989 年 2 月，市环保监测中心组织编写的国家《环境空气监测质量保证手册》出版。

1991—1995 年，市环保监测中心和 18 个区县的环保监测站分别通过了国家和北京市的计量认证，进一步健全了环境监测网络，为科学、准确地提供监测数据打下了基础。

1996—2000 年，市环保监测中心定期对各监测部门进行质量保证的监督检查和考核，检查实验室的采样记录、原始记录、测试报告及实验室的质控措施，进行不同监测项目的未知样考核。大气自动监测系统按规定定期进行标准气体和仪器的校准，对仪器的零点漂移和跨度漂移进行定期检查和校准。

2001—2010 年，监测质量保证和质量控制逐渐走向规范化，质量保证和质量控制是在环境监测的全过程中为保证监测数据和信息的代表性、准确性、精密性、可比性和完整性所实施的全部活动和措施，以确保监测数据和信息的准确可靠。具体实施过程中，各监测站从人员、仪器设备和标准物质、检测方法、采样点位、样品采集、实验室分析、数据审核、全程序监督检查、质控考核等各个环节均开展了切实可行的质量保证和质量控制措施。

2011—2015 年，市环保监测中心充分发挥质量中心作用，贯彻全市质量管理要求，成立北京市环境监测网络技术组，为市环保监测中心与各区县环保监测站之间提供了一个良好的技术交流平台，对于今后加强市区两级技术交流、更好地依靠集体智慧来解决技术难题发挥了积极作用。采取质量控制、质量监督、监测全程序质量保证监督检查、质控考核、实验室间比对、能力考核、能力验证、交叉检查、专项检查、报告核查等有效质量管理方式，监督并引导市区两级质量水平不断提升。

（二）监测质量保证管理制度及组织

1983 年，全国统一环境监测分析方法后，北京市于 1984 年制订《北京市环境监测质量管理制度》，在全市各区县环保监测站实施，并要求各部门、各行业的监测站参照执行。管理制度包括：环境监测网质量保证管理体系，分析人员的素质要求，采样、样品运输和保存，实验室管理，监测分析的质量控制，常规分析数据的审核程序以及质量保证汇报制度等。

1984 年，城乡建设环境保护部环境保护局明确环境监测质量保证工作实行分级管理。要求各级监测站设置质量保证专门机构并配备专用实验室。据此，市环保局成立北京市环境监测二级质量保证管理组，由市环保局主管副局长、市环保监测中心主管副站长、市环保监测中心及区县有关专家和技术人员组成。市环保监测中心是北京市监测网络质量保证的牵头单位，并配备专用实验室，负责质量保证工作的日常管理。

1985—1990 年，为保证亚运会期间环境质量，全市建立由监督管理、自我保证、环境监测 3 个体系组成的环境质量组织保证体系，形成纵横交错的环境管理网络，各级环保部门加强检查指导，依法严格管理。

20 世纪 90 年代，全市开始有组织地推动环境监测质量保证和质量控制工作，以普及质量保证和质量控制基本知识、制定环境监测技术规范、建立监测方法、研制和生产环境标准样品与质控样品为依托，以质量控制考核和技术培训为主线，逐步探索出了一条适合北京市的质量保证工作路线。

2000—2008 年，计量认证对于北京市环境监测质量体系建设起着十分重要的作用，管理开始从单一、简单的规章制度管理模式逐渐向全面、系统的质量体系建设发展，将原本单一、独立的质量控制充分地结合在一起，形成了包括组织机构、工作程序、人员、职责、资源和信息等在内的、全程序控制的、有自我监督和自我完善功能的管理体系，从而使质量管理水平得到了有效的提升。

2009 年 10 月，北京市环保局建立了一系列环境监测管理制度，发布实施了《北京市环境监测管理办法（试行）》《北京市区县环境监测人员持证上岗考核办法》《北京市社会化环境监测机构能力认定管理办法（试行）》。其中《北京市环境监测管理办法（试行）》是依照《环境监测管理办法》（环境保护总局令　第 39 号　2007 年 7 月印发）制定，进一步明确了市区环保局和环境监测机构的职责，按环境监测活动、监测管理两个章节规定了环境监测的工作和任务，在能力建设、监测方法、监测点位、数据管理、质量管理、信息管理和人员管理等方面提出了具体的管理规定。《北京市区县环境监测人员持证上岗考核办法》是在市环保监测中心组织开展对区县持证上岗考核工作的基础上，依据 2006 年 7 月印发的国家环保总局《环境监测人员持证上岗考核制度》制定的，规定了有关区县监测站持证上岗考核的工作职责、考核内容方法、结果评定和程序，规定有关考核组合格证管理要求，建立了由市环保局组织和审批颁证、市环保监测中心技术负责、考核组具体执行的考核管理机制。

为适应环境管理对环境监测不断增长的需求，充分发挥北京市的地域优势，合理引导社会化环境监测机构行为，缓解环保监测机构间任务繁重、众多有能力的社会化监测机构没事干的矛盾，培育和规范监测市场，扩大和完善北京市环境监测网络，依据国家《环境监测管理办法》

第二十一条中提出的“不具备环境监测能力的排污者，应当委托环境保护部门所属环境监测机构或者经省级环境保护部门认定的环境监测机构进行监测；接受委托的环境监测机构所从事的监测活动，所需经费由委托方承担，收费标准按照国家有关规定执行。”制定了《北京市社会化环境监测机构能力认定管理办法（试行）》，按照依申请对有资质的在京社会化环境监测机构进行能力认定的原则，对能力认定、运行管理等方面进行了规定，对超资质、超范围开展监测活动等 7 种违规行为实行了自动退出机制。在全国率先开展了社会化环境监测机构能力认定工作。

随着各项监测工作的开展，市环保局建立了工作计划和总结报告、数据上报等管理制度，每年在下达全市年度环境监测要点和监测方案（计划）中具体提出相关要求。2012 年建立了数据接快报制度，每月月底前将当月市区（县）两级环境质量和污染源监测数据分发至相关处室，次月再编制相关监测月报，提高数据应用效率；建立数据报送会商机制，报出数据提前通报相关处室，提高环境管理与监测数据管理的协调性；加强监测部门与执法部门的配合，建立了监察、监测部门联动机制，促进了监督性监测数据在环境执法中的应用，提高了工作绩效；建立了质量管理机制，将质量管理作为一项重要工作纳入年度工作计划中，监督检查。

2013—2015 年，根据环保工作的新形势，为统一环境监测质量管理要求、推动全市环境监测系统规范环境监测质量管理行为、进一步为环境监测管理部门提供管理依据，市环保监测中心启动了《北京市环境监测质量管理准则和技术要求》编写项目。内容包括编写质量管理准则、质量管理质量保证与质量控制要求、质量监督要求等内容。同时，加强对区县监测站的质量管理，建立了质控报表制度。自 2013 年起，要求各区县监测站每月上报地表水例行监测质控报表及质量管理工作完成情况月报。

（三）监测技术培训与考核

1977—1984 年，北京市各区县环保监测站陆续建立，形成覆盖全市的纵向监测网络，成为环境监测的重要力量。当时，“十年动乱”刚结束不久，年轻的监测人员大多没有受过专业训练。为给监测工作打好基础，每建一个监测站，市环保监测中心都要派出技术骨干下到基层，面对面地辅导监测人员进行样品测试，学习正规的实验分析操作。对于实践中发现的问题除及时纠正外，典型问题还写出教案，结合理论知识进行讲解，使大家对监测分析操作不仅能知其然，还能知其所以然。同时不断组织区县监测骨干到市环保监测中心跟班工作，学习监测全过程。对即将开始工作的新建成站，要进行监测能力验收才能正式报出监测数据。新知识、新领域及科学的工作氛围极大地激发了这些刚刚从上山下乡、部队转业来的年轻人学习的热情，很多同志放弃休息时间练习称量、溶解、移液、定容等实验室基本操作技能和监测分析理论知识。

在第三次全国环境监测会议“集中主要精力、提高监测质量”精神指导下，为进一步提高监测人员技术业务素质、促进学习交流，1984 年北京市组织了第一届环境监测技术竞赛。区县监测站异军突起，密云县环保监测站代表分别荣获水、气监测技术第一名。

1985 年，举办了北京市第二届环境监测技术竞赛。参赛单位由市环保系统 20 个监测站扩大到北京市各工业局、总公司环境监测站，监测质量保证从纵向扩展到横向网络站。竞赛内容增加了环境监测和污染源监测的基本理论、基本知识、基本技能及环保法等各项标准和法规，使质量保证范围更加扩大。经过一番鏖战，市环保监测中心获得全市第一名，第二名为密云县环保监测站（图 3-1）。

图 3-1　为 1985 年“北京市第二届环境监测技术竞赛”第一名成员单位代表颁奖

为加强监测队伍的建设和管理，1986 年，市环保监测中心增设质量控制网络室，主要负责对区县监测站的任务、计划、检查、评比等监测业务管理和人员培训考核，同时负责辅导解决区县监测工作中出现的大量技术问题。1987 年年初，召开了北京市第一次环境监测质控工作会议，会上做了关于《北京市环境监测质量管理制度》《北京市环境监测实验室质量控制实施细则》《北京市优质文明实验室评比制度》《北京市优质文明实验室评比细则》4 个文件的解释说明，经过热烈讨论和修改补充，以市环保局文件的形式下发各区县环保局、监测中心各科室，成为 20 世纪 80 年代环境监测质量保证的指导文件。

在进行分析监测技术辅导的过程中，针对环境监测中出现的大量技术问题，如检测分析中的异常反应、疑难问题的解析，监测分析方法及原理，以及实验操作中的关键环节，市环保监测中心编写了与实际紧密结合的理论试题、论文、课件及质控样品。这些为监测人员技术考核持证上岗创造了条件。

1987 年，受国家环保局监测处委托，北京市在全国率先进行了监测人员合格证考核。考核由基本理论、基本操作技能和实际样品分析三部分组成。为配合考核工作，市环保监测中心组织编写了水和废水、气和废气、噪声、土壤等环境要素中以检测项目为基本单元的理论试题，并陆续配制了水质中氨氮、亚硝酸盐氮、硝酸盐氮、钙镁硬度、氟化物、挥发酚、砷、化学需氧量、高锰酸盐指数、氯化物、总磷、总氮、油及空气中二氧化硫、氮氧化物、降尘、硫酸盐化速率等 10 余种标准溶液及质控样品。这些试题和样品，在市环境监测系统的质量管理及能力提高活动中发挥了巨大作用。20 世纪八九十年代编写的理论试题大部分被选入《环境监测机构计量认证与创建优质实验室指南》（中国环境科学出版社）和《环境监测技术基本理论（参考）试题集》（中国环境科学出版社），作为计量认证、实验室水平考察、合格证考核的重要内容在全国应用；十多种质控样品上升为国家级标准物质（详见《中华人民共和国国家标准物质目录》），这些标准物质成为量值传递的载体被广泛应用于环境监测系统的质量保证工作中。

从以区县新建站为单元的整体验收到以监测个人为单元的合格证考核，得到了监测人员的热烈响应。1987 年第一次合格证考核进行了二氧化硫、氮氧化物、硫酸盐化速率 3 项空气污染物及 pH、化学需氧量、铬、氨氮及氟化物 5 项水污染物共 8 个项目的监测技能考核，监测人员除个人所承担的项目外，对其他有能力承担的项目也积极踊跃报名。据统计，平均每人报考 5 项，最高达到 8 项。1988 年，对一氧化碳、降尘、油类、溶解氧、氰化物、硬度等项目进行考核；1990 年，对砷及硝酸盐氮等项目进行考核。随着合格证考核工作的深入，考核逐步形成了“计划内”与“计划外”两种形式。其中“计划内”考核是根据多年的考核情况形成的能保证各监测站在“五年一换证”中持续保持其检测能力的周期性考核，即对五年已到期的分析项目进行复查换证考核；“计划外”是针对新增人员的持证要求临时增加的考核项目，这类考核的特点是人数少、项目多、不成规模，在准备考核样品与试题时比较繁杂。但由于这些人员是初入监测队伍的，因此除进行未知样测试与理论考试外，还要进行现场的实际操作技能的辅导和考核。基本操作技能包括现场采样、实验室分析测试技术、玻璃器皿的正确使用、分析仪器操作的规范程度等，由质控人员进行现场指导和考查。经过培训考核，大大提高了监测人员素质，使质量保证成为监测人员的自觉要求，使监测队伍成为一支训练有素的正规军。

根据国家环保局和中国环境监测总站的要求，1993 年相继完成了北京市大气、地面水点位认证工作，同时完成了北京市内 18 个区（县）大气、地面水点位及噪声监测方案的认定工作。为加强各级监测站的质量保证与质量控制，每年不仅组织考核 1～2 次，并选择不同项目深入各区县进行现场抽查，考核结果予以通报。经过 5 年的努力，监测人员合格证考核达 2 000 人次，人员持证上岗率达 100%。

为了使北京市各系统环境监测数据更具可比性，在纵向网络深入的同时，进行了环境监测横向网络建设和质量保证工作。1997 年对各工业局、总公司监测站进行了基础设施及人员情况调查；1998 年拟定出对重点行业、企业监测站资质认证考核的内容及办法，决定优先完成与总量控制有关的监测项目人员培训考核，确保持证上岗。为此市环保监测中心依据总量控制 12 个指标举办监测技术学习班，项目有化学需氧量、氰化物、挥发酚、烟尘、粉尘、污染源二氧化硫、油、汞、镉、铬、铅、噪声。全市 20 个工业局、总公司环保监测站参加了培训。经过理论考试与现场测试，共计培训考核 544 人，为实施污染物总量控制、组织全市环境监测网奠定技术与质量保证基础。

1996—2000 年，全市监测人员共有 2 800 余人次参加了近 200 个项次的合格证考核。

2005 年，市环保监测中心完成了国家监测总站下达的酸雨普查质控考核、重点城市空气自动站二氧化硫、PM_{10}工作质控考核，考核结果全部合格。

2007年，采用发放盲样、样品比对、现场内部质量控制检查等方式对城市污染处理场水质自动监测系统、地表水水质自动监测系统、医院污水在线监测系统、锅炉在线监测系统等进行质量监督管理，确保监测数据准确可靠。

为贯彻落实环境保护部《环境监测质量管理三年行动计划（2009—2011年）》，2009年12月北京市环境保护局印发文件，确定在全市环保监测系统组织开展环境监测专业技术人员比武活动；2010年6月，根据环保部、人力社保部、全国总工会《关于举办第一届全国环境监测专业技术人员大比武的通知》（环办〔2010〕72号）要求，北京市环境保护局、北京市人力资源和社会保障局、北京市总工会联合印发《关于举办第一届北京市环境监测专业技术人员大比武的通知》，决定共同举办北京市环境监测专业技术人员大比武活动，要求各区县组织开展环境监测专业技术人员比武，并通过比武、竞赛及培训等形式完成参加市级决赛选手的选拔工作。2010年7月20—23日，从全市18个区县、北京市经济技术开发区环保局和市环保监测中心近500名环境监测专业技术人员中选拔出21个代表队63名选手参加了由北京市环境保护局、北京市人力资源和社会保障局、北京市总工会共同举办的北京市环境监测专业技术人员大比武决赛。决赛包括环境监测理论考试和操作技能考试，其中理论考试为120分钟，操作技能考试在半天时间内完成氯化物、磷酸盐和砷的测定。经过3天的紧张角逐，在专家委员会评委和工作人员忘我的工作及监督委员会成员全程的监督下，选手们顽强拼搏，完成了大比武全部比赛项目，朝阳等6个区县环保局分别获得团体一、二、三等奖，刘保献等15人分别荣获个人一、二、三等奖，丰台等3个区环保局获得优秀组织奖。8月26日北京市环境保护局、北京市人力资源和社会保障局、北京市总工会联合发文通报了大比武获奖情况。

在成功举办全市环境监测专业技术人员大比武活动的基础上，8—9月，对获得全市大比武个人总分和专项前5名的选手进行了集中培训，按照优中选优的原则，通过考试选拔，确定了刘保献、郑辉、杨懂艳、穆志斌、王小菊 5 名选手代表北京市参加全国大比武决赛。2010 年 9 月 24—26 日，由环境保护部、人力资源和社会保障部、全国总工会共同主办的“第一届全国环境监测技术人员大比武”决赛在北京举行，来自全国各省、自治区、直辖市环境保护厅（局）、新疆生产建设兵团环境保护局、解放军绿化委员会办公室的 33 支参赛队、132 名专业技术人员参加决赛。按比赛要求前 4 名选手上场参加决赛，决赛分一场理论考试、四场操作技能考试（磷酸盐、氯化物、有机物、砷汞测试）进行，每场 3 小时，要求选手有全面的技术知识水平和熟练的操作技能，并有良好的身体和心理素质。11 月 16 日环境保护部、人力资源和社会保障部、全国总工会联合印发关于“第一届全国环境监测专业技术人员大比武获奖集体和个人的通知”，对在现场大比武活动中取得优异成绩的集体和个人予以了表彰，北京市参赛选手刘保献同志获得个人三等奖。

2011 年 5 月环保部印发文件，组织各省、自治区、直辖市分地区同时在 8 月 16 日举办 2011 年全国环境应急监测演练活动，按照环保部的统一部署，北京市环保局成立应急监测演练领导小组，精心准备，以“实战”的要求和标准，组织开展了多次应急监测预演，于 8 月 16 日，在门头沟区开展全国环境应急监测（北京地区）演练，市环保局、市环保监测中心、门头沟区环保局和监测站参加了演练，环保部观摩检查组进行了全程序跟踪检查，针对化学品运输车翻车泄漏污染河道的事故模拟场景重点演练了应急监测的启动、准备、采样、分写、报告和终止等程序中各个环节的应对情况，得到国家和专家组的认可。

2010—2011 年先后有 12 个区县按照全国监测能力标准化建设要求，使用中央主要污染物减排专项资金开展环境监测站标准化建设。2010 年，市环保监测中心通过了环保部对省级监测站进行的标准化验收。为推进区县环境监测站标准化建设，市环保局在 2011 年组织开展了北京市区县环境监测站建设标准的研究编制工作。根据 2011 年 11 月环保部印发的《关于开展全国环境监测标准化建设达标验收工作的通知》要求，结合北京市的实际情况，2012 年 3 月，市环保局印发了《北京市环保局关于开展区县环境监测站标准化建设工作通知》，组织各区县环保局开展辖区环境监测站标准化建设工作，同时印发了《北京市区县环境监测站建设标准》和《北京市区县环境监测站标准化建设达标验收办法》，指导区县开展工作。2012 年年底、2013 年 6 月市财政局分两批共安排补助资金 4 776 万元，专款用于 16 个区县监测站配置监测仪器设备，各区县大力开展标准化建设，努力增加人员编制和实验室用房，购置专业仪器设备，增加监测能力项目，监测站能力得到大幅提升。2013 年年底，有 4 个区县通过标准化达标验收。

2013 年，为贯彻落实环保部《关于加强环境监测培训工作的意见》精神，按照 2012 年环保部印发的《国家环境监测培训三年规划（2013—2015 年）》的要求，市环保局制定并印发了《北京市环境监测培训方案（2013—2015 年）》，明确了今后 3 年全市环境监测培训工作的目标和任务，由市环保局统筹协调并负责组织分级实施，培训对象以基层单位人员为主体，培训内容注重“三个结合”原则，即管理与技术、理论与实操、专项与综合等相结合，培训方式以主体班次为重点，兼顾其他方式，多渠道、多层次、多方式开展培训工作，从大力开展环境监测人员培训和通过多种方式提高监测队伍综合素质两个方面加强对北京市环境监测人员的能力培养。一年中，全市共举办环境监测人员培训班 187 期，累计培训 3 446 人次，其中市级培训班 14 期，累计培训 1 075 人次，各级环保监测站共举办各类培训班 173 期，累计培训 2 371 人次。首次与大学联手组织开展环境监测综合能力培训，力争用 3 年时间使各区县每个在岗环境监测人员能够轮训一遍；同时，通过组织市环保监测中心人员到市环境管理部门工作、区县监测站技术人员到市环保监测中心跟班学习等活动，加强对监测机构业务骨干的培养；通过组织区县监测机构参加市环保监测中心科研工作，带动区县环境监测机构提升科研能力；

通过举办专题研讨会，促进各级环境监测技术人员技术交流。

2011 年在环保部《环境监测行政管理软件》的基础上，市环保监测中心组织开发北京市的监测管理系统软件，开展了环境监测管理信息化建设，系统包括持证上岗考核、社会化监测机构能力认定网上申报和审批、行政管理软件升级、整体框架和法规标准库 5 个模块。2013 年年底，社会化环境监测能力认定系统、持证上岗考核系统已投入使用。组织开发了市区两级的环境监测管理系统，促进了环境监测管理系统信息化建设工作。

2014 年，市环保监测中心以集中授课、操作实训、跟班学习等方式对 16 个区县监测站开展环境监测技术 8 期共 750 人次的培训。通过这些有针对性的培训，切实提高了市级监测站对区县监测站的指导力度，提升了各区县监测站监测人员对环境监测技术的掌握水平，为区县监测站标准化建设达标验收工作夯实了基础。2014—2015 年，市环保监测中心对 16 个区县监测站以人员持证上岗考核、密码质控样考核、质量监督检查、监测报告规范性抽查、能力验证等方式进行考核，全面规范了区县监测站的监测行为。

2015 年，根据新颁布的《北京市区县环境监测人员持证上岗考核办法》，市环保监测中心制订了《北京区县环境监测人员持证上岗考核实施细则》，确保了持证工作由市环保局向市环保监测中心的稳步过渡和规范开展，并启动了持证上岗考核标准化试题库的编写工作。2015 年，结合北京市监测工作及区县标准化达标验收的需求，市环保监测中心对区县新增及重点检测项目进行了有针对性的技术培训，并通过深入走访区县和召开网络组会议对培训工作进行调研，听取关于培训的建议。全年以集中授课、操作实训、跟班学习等方式对 16 个区县监测站开展环境监测技术 8 期（北京市叶绿素 a 和微生物操作技能培训班 2 期、固定源废气监测理论与操作技能培训、大气无组织排放监测理论与操作技能培训、电感耦合等离子发射光谱培训、实验室资质认定评审准则培训、跟班学习 2 期）共 750 人次的培训。通过这些有针对性的培训，切实提高了市级监测站对区县监测站的指导力度，提升了各区县监测站监测人员对环境监测技术的掌握水平，为区县监测站标准化建设达标验收工作夯实了基础。

三、计量基准与标准物质研制

（一）工作计量基准的控制

为保证测量数据准确，首先要保证作为工作基准参照物的量值准确，而环境测量数据的基准参照物就是该项目的标准溶液（或标准气体）。标准溶液必须经由量值传递或溯源，使其统一在国家标准物质所承载的量值上，才能保证不同单位、不同实验室监测数据的准确性与可比性。

20 世纪 70—80 年代初期，中国尚无环境标准物质。为保证工作基准的准确，每年市环保监测中心都要组织全市各区县监测站进行标准溶液比较。各站将自行配制的标准溶液绘制成工作标准曲线，报至市环保监测中心，监测中心通过标准曲线的斜率、截距与相关系数，与中心配制的标准溶液进行比较，而后发布比较结果。超出标准允许范围的则要弃之重配，经再次检验后方可使用，以此保证作为测量标准的准确性。该方法繁琐且工作量很大，每个实验室都要参与配制和测试，不仅占用时间，还会造成浪费和不必要的污染。

1985 年，市环保监测中心借鉴美国 EPA 质控样品，在质控室主任严文凯的领导下开始制备用安瓿瓶封装的标准溶液和质控样品，市环保监测中心将准确配制并经过校验后的各种标准溶液分装在安瓿瓶中经火焰封口，分发到各区县监测站使用。因安瓿瓶的密闭性好且封存量较小，一次性使用不会出现交叉污染，可以长期保存不必再反复配制，大大提高了量值传递的准确性，减少了不必要的工作量。从此，统一制备标准溶液代替了各站自行制备标准溶液的工作。

（二）标准物质研制

1979 年，北京市城乡建设环境保护部环境保护局委托市环保监测中心等部门进行监测方法标准化和标准物质的研究。

20 世纪 80 年代，市环保监测中心陆续研制成功“污染农田土壤成分分析标准物质”“大米中汞成分分析标准物质”“大米粉成分分析标准物质”。成为我国第一批固体环境标准物质。

1989 年，研制成功“甲醇中苯并[*a*]芘标准物质”。苯并[*a*]芘是强致癌物质，为准确地测定环境有机物中的特种有害物质提供了依据和标准。

1991 年，研制成功“含有干扰基体的 COD 标准物质”。这是我国第一次在水环境标准样品中引入干扰物质，使标准样品更接近环境实际，有利于提高监测人员对复杂水体的应变能力，可以更准确地考查和保证监测数据质量。鉴定认为“该标准物质研制技术路线合理、研制方法严谨，解决了污染水中 COD 测不准的问题，为国内水质监测填补了空白，达到了国内先进和国际水平”。

1994 年，甲醇中苯并[*a*]芘标准物质，汽车尾气监测系统，大米粉、含汞大米粉、污染农田土壤成分分析标准物质 3 项技术产品被列为北京市高新技术产品；含有干扰基体的 COD 标准物质等 3 项课题获市级科技成果奖。

1996 年，针对环境监测中的薄弱环节，研制了含有氨氮、钙、镁、硬度、氟化物 5 个监测项目的“多成分可混合标准物质”，其中“氨氮”“钙、镁、硬度”“氟化物”各为一独立单元，既可以单独使用，又可以混合在一起形成在测定中互为干扰的多成分混合标准物质。它们就像一个个组合柜，填补了一般标准物质无法检验和考查分析人员对复杂水体进行前处理能力的空白。鉴定会认为，“该成果从强化质量保证角度进行研制，对于监测技术人员全面掌握分析方法，提高识别和排除干扰能力，有效地保证监测数据质量起到了重要作用”，“该标准物质研制在国内外尚属首次，具有创新性。在同类标准物质研制方面达到了国内先进水平和国际水平”。

1998 年，“水中多成分可混合标准物质”研究成果被评为“北京市科技进步三等奖”，获奖代表被邀请到人民大会堂，与获国家级和市级科技成果奖代表一起，受到北京市政府领导的接见。

截至 2003 年，市环保监测中心研制的国家级标准物质共有 9 项，其中一级标准物质 5 项，二级标准物质 4 项，每种标准物质都有不同的浓度（故有不同的标准号 19 个）。9 项标准物质中，固体标准物质 3 项；水标准物质 5 项；有机标准物质 1 项（表 3-1）。

表 3-1　市环保监测中心研制的国家级标准物质

国标号	标准物质名称	等级
GBW 08303	污染农田土壤成分分析标准物质	国家一级标准物质
GBW 08508	大米中汞成分分析标准物质	国家一级标准物质
GBW 08624	化学需氧量标准物质	国家一级标准物质
GBW 08625	化学需氧量标准物质	国家一级标准物质
GBW 08626	化学需氧量标准物质	国家一级标准物质
GBW 08701	甲醇中苯并[*a*]芘标准物质	国家一级标准物质
GBW 08702	甲醇中苯并[*a*]芘标准物质	国家一级标准物质
GBW 08502	大米粉成分分析标准物质	国家一级标准物质
GBW（E）080332	水中氨氮成分分析标准物质	国家二级标准物质
GBW（E）080333	水中氨氮成分分析标准物质	国家二级标准物质
GBW（E）080334	水中氨氮成分分析标准物质	国家二级标准物质
GBW（E）080335	水中钙、镁成分分析及硬度标准物质	国家二级标准物质
GBW（E）080336	水中钙、镁成分分析及硬度标准物质	国家二级标准物质
GBW（E）080337	水中钙、镁成分分析及硬度标准物质	国家二级标准物质
GBW（E）080338	水中氟化物成分分析标准物质	国家二级标准物质
GBW（E）080339	水中氟化物成分分析标准物质	国家二级标准物质
GBW（E）080340	水中氟化物成分分析标准物质	国家二级标准物质
GBW（E）080445	全盐量标准物质	国家二级标准物质
GBW（E）080446	全盐量标准物质	国家二级标准物质

资料来源：2003 年《中华人民共和国标准物质目录》。

以上标准物质作为量值传递的载体，在全国范围内的计量认证、监测人员技术培训和考核、评价检测过程、解决检测纠纷、进行技术仲裁等领域广泛使用，发挥了重要作用。

能够研制国家一级标准物质的实验室是权威实验室，能够制造计量器具的单位是统帅全国该项目量值的源头。但是随着环境监测工作的日益繁重、后续乏人，市环保监测中心无力再继续研究和向社会提供标准物质。2000 年后逐步减少并于 2011 年最终放弃了所持有的国家级标准物质称号和《制造计量器具》许可证的资格。

四、质量保证体系研究

1984 年，市环保监测中心参照国外环境监测管理经验，研究开展了环境监测质量保证工作，制定了北京市环境监测质量管理制度，并组织和参与国家环境空气和水质监测质量保证手册的编写工作。1977 年开始，各区县陆续建立环保监测站，市环保监测中心组织区县监测站和有关部门，开展了大气、水、噪声等环境要素的例行监测。为提高监测队伍的业务素质和技术水平，市环保监测中心加强技术指导、组织业务培训、统一监测方法、规范监测技术、完善规章制度、建立质量保证程序，提高了监测质量。

1991—1995 年，北京市的环境监测在网络化、规范化和系统化方面往前迈了一大步。在环境监测方面，已形成包括 8 个子站的空气质量自动监测系统、78 个测点的手工采样空气质量监测网、28 个测点的交通大气环境监测网、180 个测点的地面水水质监测网、280 个测点的地下水质监测网，还有覆盖 287 km^2 含 2 400 个测点的区域环境噪声监测网、含 720 个测点的道路交通环境噪声监测网以及含 38 个测点的环境辐射监测网。在污染源监测方面，大气、机动车排放、水、噪声的污染源监测网也初具规模。为了确保监测数据的“五性”（即代表性、完整性、精密性、准确性和可比性）要求，在网络建设中，始终突出了监测的规范化和质量保证，做到网络有质量保证程序，单位有质量保证部门，监测人员定期培训、考核、持证上岗等。这些监测网络为改善首都的环境质量做出了积极的贡献。

1996 年，市环保监测中心完成了市科委下达的《污染源监测技术及质量保证体系研究》项目。该项目结合我国污染源监测实际，对监测质量保证中的质量目标、性能审核及系统审核、校正活动、样品的监管链及采样误差等薄弱环节提出了定性、定量的控制措施，首次系统研究并建立了污染源监测全过程的质量保证程序。同时，建立了北京市废水、废气和固体废弃物的污染源监测技术规定，对保证污染源监测技术的规范化并纳入法制轨道打下了坚实的基础。

截至 2010 年，北京市环境监测系统建立了由监测工作基础质量保证和监测过程质量保证两大部分组成的、涵盖环境质量常规监测和污染源监测多方面的较为完善的质量保证体系。

2011—2015 年，市环保监测中心不断严格规范质量管理工作，每年均组织开展全面的质量管理自查，有效组织落实监测计划中质控考核、能力验证、能力考核、协作定值、实验室间比对、质量监督、手工及自动监测全程序检查、地表水及土壤专项质控等百余项中心质量管理活动，采用多种检查方式进行现场检查和专项检查，实施全过程的质量保证和质量控制。组织开展废气、水质监测全程序质量监督指标体系及评价方法研究，努力探索质量监督新模式，不断探索和改进质量管理方式，进一步增强了质量意识，保证了质量体系和检测各环节受控的有效性。

五、计量认证与质量管理体系

1993 年，全市开展环境监测的计量认证工作。1993 年 12 月，市环保监测中心通过国家技术监督局组织的计量认证，成为首批获得国家级计量认证合格证书的专业化环境检测机构，并得到较高评价；各区县、局、总公司监测站也积极开展计量认证，有 30 多家单位提出申请，密云、房山、平谷、丰台、海淀 5 个区县监测站通过了计量认证。

市环保监测中心继首次评审后，1999 年、2004 年、2009 年、2012 年和 2015 年分别通过了计量认证复查评审。

1999 年，受国家技术监督局和国家环保总局的委托，国家计量认证环保评审组对市环保监测中心的计量认证工作进行了考核。评审组认为，监测中心机构设置能满足向社会提供公证数据的需要，有必要的质量管理、质量保证措施和健全的规章制度，人员素质高，仪器设备和实验室基本条件均为国内环境监测系统一流水平。

2006 年 2 月，国家质量监督检验检疫总局发布了《实验室和检查机构资质认定管理办法》，同年 7 月国家认证认可监督管理委员会发布了新的《实验室资质认定评审准则》，并要求各实验室按照新准则在 2007 年 12 月 31 日前完成质量体系文件的转版工作。2007 年 1—3 月，市环保监测中心按照新准则的要求对《质量手册》和《程序文件》重新进行了修订，新增程序文件 3 个，整理程序文件附表 95 种，整理、修订了各类作业指导书 233 份，顺利完成了质量体系文件的转版工作。2007 年 4 月 21—22 日，国家计量认证环保评审组依据国家《产品质量检验机构计量认证/审查认可（验收）评审准则》，对市环保监测中心质量体系各要素的运行情况进行了计量认证监督评审，对市环保监测中心申请的 3 类 4 项扩项项目进行了扩项评审，同时对市环保监测人员进行了持证上岗考核。市环保监测中心共有 51 人参加了此次监督和扩项评审以及持证上岗考核。

2009 年 6 月 2—3 日，国家计量认证环保评审组依据《实验室资质认定评审准则》，对市环保监测中心质量体系各要素的运行情况进行了计量认证扩项、复查评审，同时对监测人员进行了持证上岗考核。评审组一致认为，市环保监测中心的组织管理、实验室环境、仪器设备、量值溯源、人员素质、质量体系的运行，能满足向社会提供公正数据的要求，符合认证评审准则的规定，具备按相应标准开展认证项目的检测能力，具有承担第三方公证检验的地位，建议通过计量认证扩项、复查评审项目共 7 类 132 项，并有 68 人参加了此次授权签字人、持证上岗以及计量认证知识考核。其中，5 人参加了授权签字人考核，48 人参加了专业知识理论考核，15 人参加了计量认证理论考试，46 人参加了 46 项 93 项次现场实际操作考核，15 人参加了 21 项 30 项次未知样品考核，考核结果全部合格。

2012 年 5 月 23—25 日，国家计量认证环保评审组对市环保监测中心进行了计量认证复查和扩项评审，同时持证上岗考核组对监测人员进行了持证上岗考核。评审组一致认为，市环保监测中心依据《实验室资质认定评审准则》要求，建立了较完善的质量管理体系，技术文件齐全，原始记录清楚整齐，资料归档完整，技术报告内容及格式均符合质量体系文件的规定，质量体系得到有效运行，能满足向社会提供公正数据的要求。通过此次计量认证复查扩项评审，市环保监测中心检测能力由 7 大类 132 项提升为 9 大类 186 项。

2015 年 4 月 19—22 日，国家计量认证环保行业评审组依据《实验室资质认定评审准则》，对照管理和技术两个方面 19 个要素 178 个条款，采取理论考试、现场检查、现场提问、盲样测试、实际样品检测、召开座谈会及授权签字人考核等多种形式，对市环保监测中心进行了全面评审和认定。经评审，市环保监测中心取得 9 大类 195 个项目、287 个方法的检测能力，包括扩项 14 项、扩方法 30 个、方法变更 12 个。

北京市各区县的计量认证工作开始于 20 世纪 90 年代，经过数次的复评审和扩项评审，各区县建立了较完整的质量管理体系，包括质量手册、程序文件、作业指导书、质量及技术记录表格等，2009 年的计量认证，16 个区县大多具备了空气质量、污染源废气、水质、土壤、噪声、振动等类别约 100 项常规监测能力。

第二节 辐射环境质量管理与控制

2005年北京市辐射安全技术中心（以下简称辐射中心）通过中国国家认证认可监督管理委员会的计量认证初次评审，获得了中华人民共和国计量认证合格证书。经过4年的质量体系运作及技术能力的不断完善，2009年通过中国合格评定国家认可委员会的实验室认可初次评审，获得实验室认可证书。同年，通过了国家级计量认证的复评审，并进行了扩项，检测范围由原先的2类9个检测项目扩大到4类30个检测项目。2012年，通过了实验室认可和计量认证“二合一”复评审、扩项评审，检测项目由原来的30个增加到31个。2015年8月辐射中心通过了国家级计量认证和实验室认可的“二合一”复评审及扩项评审。此次评审检测范围由原先的31个检测项目扩大到44个，新增13项。这标志着辐射中心能为北京市辐射环境安全管理工作提供更加有力的技术支持，为今后更为广泛地开展国内和国际间技术交流与比对奠定了坚实的基础。

2005—2015年，辐射中心不断完善质量管理体系文件，共进行了6次体系文件的改版。第六版的体系文件包括：《质量手册》《程序文件》《质量记录》和《作业指导书》。其中《程序文件》中共有41个程序，《质量记录》中有93个记录，《作业指导书》中包含34个原始记录、16个操作规范、6个期间核查规程、24个实施细则。

为保证监测能力，对监测技术人员进行持证上岗考核。辐射中心共有近100人次获得环保部辐射环境监测技术中心颁发的《辐射环境监测人员技术考核合格证》。

辐射中心每年年初制订仪器检定计划，所有参与监测的强制检定监测仪器按照计划定期送国家计量部门检定；每年对低本底α、β测量装置进行一次本底计数是否满足泊松分布的检验，共检验11台次，检验结果均为满足泊松分布；每年对高纯锗谱仪以绘制质控图的形式进行一次可靠性检验，共检验 6 台次，检验结果均为仪器受控可靠；每年随机抽取 10%～20%的水样进行平行双样测定，来判断样品分析的精密度，所有测量项目的放化平行双样考核结果均符合要求；每年随机抽取 10%～20%的水样进行加标回收率测定，判定样品分析的准确度，所测项目的加标样考核结果均符合要求。

自 2005 年以来，辐射中心共参加过两次国家认证认可监督管理委员会组织的能力验证活动，分别是 2006 年国家环保局辐射环境监测技术中心负责实施的“CNAS T0319 土壤中放射性比活度检测能力验证比对”和 2011 年国家建筑材料测试中心负责实施的“CNCA-11-B05 建筑材料放射性测试能力验证”。两次活动验证的项目分别为土壤中 ^{214}Bi、^{208}Tl、^{40}K、^{137}Cs 活度浓度以及建筑材料中 ^{226}Ra、^{232}Th、^{40}K 活度浓度，所有项目验证结果均为满意。

2010—2012 年，辐射中心参加 5 次共 16 个项目的实验室比对活动，分别是：2010 年 2 月由环保部辐射环境监测技术中心组织的土壤中 ^{90}Sr、生物灰 ^{137}Cs 的比对，2010 年 4 月由中国计量科学研究院组织的γ核素分析（^{226}Ra）、γ核素分析（Th232）、总α、总β的比对，2011 年 9 月由环保部辐射环境监测技术中心组织的射频电场、射频磁场的比对，2012 年 6 月由辐射中心组织的土壤中 ^{90}Sr 的比对，2012 年 10 月由环保部辐射环境监测技术中心组织的生物灰（茶叶灰）中 ^{Sr}90、土壤中 ^{228}Ac、^{208}Tl、^{214}Pb、^{214}Bi、^{40}K、^{137}Cs 的比对。

2013 年辐射中心参加环保部辐射环境监测技术中心组织的盲样考核 5 项，分别是土壤中 ^{90}Sr、水样中 ^{226}Ra、累积剂量（TLD）、水中 ^{14}碳、水中氚，考核结果均为合格。2014 年 8—10 月，环保部组织在全国范围内开展了水中铀、水中钍、水中 ^{137}铯、活性炭盒中γ核素和应急监测项目的质控考核，辐射中心参加了全部 5 个项目的质控考核工作。考核结果为：水中钍单项第二名（二等奖），活性炭盒γ核素单项第三名（二等奖），水中 ^{137}铯单项第六名（三等奖），所有项目综合排名第八。2013

年辐射中心定期组织和参加实验室间的比对，项目为生物灰中 ^{137}Cs、土壤 ^{137}Cs、环境地表γ剂量率、水中 ^{90}Sr、工频电磁场、噪声、射频综合场强。

2014 年，辐射中心参加了北京、四川、甘肃、陕西四省市间的实验室间比对，比对项目为水中 ^{137}Cs、水中 ^{90}Sr、水中 ^{40}K、工频电磁场、射频综合场强。2015 年，辐射中心参加或组织的实验室间比对项目为水中 ^{226}Ra、水中 Th、水中 ^{90}Sr、水中 ^{137}Cs、水中 ^{3}H、水中总α和总β、水中铀、直流合成场强、离子流密度、静磁场、工频电场强度、磁感应强度等，所有参加比对的项目结果均为满意。

第四章 环境质量报告

北京市环保局自1995年开始编制上年度《北京市环境状况公报》，1997年8月首次公开发布《1996年北京市环境状况公报》，到2010年共发布14期。《北京市环境状况公报》对各环境要素环境质量的达标、超标情况进行评价，分析环境质量的时空变化规律及趋势，准确认识全市环境质量状况及污染变化特征。

1991—2010年，每年编制环境质量报告书，共20期，5年编制汇编本，共4本。其中，“九五”“十五”“十一五”环境质量报告书均获得全国优秀环境质量报告书二等奖。“十二五”环境质量报告书获得优秀奖（一等奖），这也是北京市首次在此项评比中获得全国一等奖。

按照国家环保总局统一要求，北京市自1997年开始，通过媒体先后向社会公布空气质量周报、日报和预报。

第一节 环境状况公报

根据《中华人民共和国环境保护法》的规定，自1995年起，北京市环保局开始编制《北京市环境状况公报》，首次编制的是《1994年北京市环境状况公报》。1997年7月市长碰头会决定在全市发布环境状况公报，8月20日在市环保局召开新闻发布会，首次公开发布了《1996年北京市环境状况公报》。自此每年在“六·五”环境日前后，市环保局都召开新闻发布会，公开发布上一年度环境状况公报。

《1994年北京市环境状况公报》内容分为环境污染状况、环境质量、污染治理和环境建设、环境保护工作4个部分。环境污染状况内容包括废水、废气、固体废物排放情况；环境质量包括大气环境质量、水环境质量和声环境质量；污染治理和环境建设内容包括保护饮用水、烟尘和噪声治理、搬迁和治理工业污染源、保护和改善生态环境、城市基础设施建设、野生动物保护等；环境保护工作内容有城市环境综合整治、环境保护法治建设、排污收费、环境保护宣传教育、环境监测、科研与国际合作以及来信来访等。

1995—1998年编制的环境状况公报在结构上做了适当调整，将环境质量和环境污染状况合并为环境状况一个部分，从河流污染、城市污水、固体废物和工业污染4个方面反映全市环境污染情况，1997年、1998年编制的环境状况公报增加了交通环境污染情况。

1999—2004年，环境状况公报按照环境要素即大气环境、水环境、声环境、固体废物、生态环境、气候与自然灾害等方面介绍北京市年度环境状况。自2001年起，每年编制的环境状况公报均在之前内容的基础上增加了辐射环境，并从环境保护投资、环境保护立法与执法、工业污染防治、环境保护宣传教育、环境科研与监测和环境信访等方面介绍北京市环境保护工作情况。同时，相比以往报告增加了图片，更生动地记载了北京市的环境状况和环保工作情况。

2005—2009年，环境状况公报结构调整为环境质量、污染物排放、环境监管三大部分，其中2006年、2007年编制的公报中还增加了环保知识部分。

《2010年北京市环境状况公报》将污染物排放改为污染减排，在“环境质量”章节中发布年度大气、水、噪声、辐射等环境要素以及污染源排放状况等方面的监测结果，同时进一步丰富了表征与展示形式，通过对各环境要素环境质量的达标情况进行评价，对环境质量的时空变化规律及趋势作出科学分析和详细说明，引导公众全面、准确认识全市环境质量状况及污染特征。

第二节　环境质量报告书

1981—1985 年，环境质量报告书主要分为概况、环境质量、污染危害、环境保护主要对策和总结五部分。其中环境质量部分包括空气质量、水质、土壤、噪声等内容，对各年度污染物达标情况进行统计与描述，并分析了环境质量的变化趋势。

1986—1990 年，环境质量报告书较“六五”期间，减少了总结部分，总体框架变为四部分。污染危害内容调整为污染事故和人民来信来访情况，内容也更好地服务于管理部门，并为其决策提供科学依据。

截至 1990 年，市环保局已组织编写北京市环境质量报告书 10 册。1991 年的环境质量报告书分为概况、环境质量、污染事故和人民来信、环境保护对策和总结共四部分十二个章节，其中环境质量部分包含大气质量、水质（地表水和地下水）、环境噪声、环境放射性等内容，对当年度环境状况、污染物达标情况及分布特征进行系统描述与分析。此后，随着全市环境监测网络的不断扩充完善，以及环境管理的不断深入，环境质量报告书的内容也在发生变化。

1996—2000 年，由于环境质量与城市发展水平和污染排放密切相关，《环境质量报告书（1996—2000 年）》的概况部分增加了城市发展概况内容，对北京市的人口数量、房屋建设、工农业发展等情况进行描述；在环境质量部分增加废气和废水污染源排放状况，并将污灌区土壤专项监测结果和生态环境相关工作纳入报告书，并首次较为系统地对所有环境要素的环境质量状况进行分析与评价。

自 2001 年起，环境质量报告书开始增加环境保护工作概况和环境监测工作概况，总结梳理当年环境保护工作开展与完成情况，并对监测站点设置、监测频次与方法等进行描述。2004年环境质量报告书由原来的四部分内容扩充至五部分，分别为概况、环境监测工作概况、污染源、环境质量、总结。在《环境质量报告（2001—2005年）》中，除延续之前内容外，还对各环境要素5年间环境质量变化趋势进行分析，明确存在的污染问题，并对未来5年发展趋势进行初步预测，同时提出“十一五”环境保护工作的基本思路与对策，为环境管理提供技术支持。

2006—2010年，各年度环境质量报告书的内容与架构相对固定，但由于监测网络覆盖范围的扩大，各环境要素所描述的内容不断丰富，逐步增加了集中式饮用水水源地水质、生态环境状况等内容，并在“十一五”报告书中将土壤环境质量和农村环境质量以单独章节进行描述，还对奥运会、残奥会期间空气质量保障监测、环境空气中挥发性有机物监测、重金属监测等专项监测工作开展情况进行总结，是历史上内容最为丰富的一本环境质量报告书。“九五”“十五”“十一五”环境质量报告书均获得全国优秀环境质量报告书二等奖。

2011—2015年，各年度环境质量报告书的内容与框架基本保持不变，在“十二五”报告书中，第一部分对全市环境保护和环境监测工作概况进行了总结；第二部分描述了废气、废水和固体废物等污染源的排放状况和变化趋势；第三部分分析了空气、水、噪声、土壤、生态、农村、辐射等环境要素的质量现状和变化规律；第四部分预测了“十三五”时期空气和水的环境质量变化趋势；第五部分总结概括了全市的环境质量状况，指出存在的主要环境问题，并提出相应的对策和建议；附录部分介绍了各环境要素的监测点位、分析方法、监测频次以及质量保证措施。此外，增加了“两大活动”保障期间空气质量分析、环境空气中细颗粒物来源解析、臭氧污染特征分析、黑臭水体的监测与评价、北京市城市轨道交通噪声排放规律与特征、春节期间烟花爆竹燃放噪声水平及特征、APEC会议期间北京市实时交通保障措施对道路交通噪声的影响分析7个专题内容，并结合“十二五”历史数据分析环境质量变化趋势与影响因素，报告书完整性、科学性、规范性、逻辑性和创新性等得到全面提升。这也是环境质量报告书在内容编排上第一次以专题的形式反映日常监测工作。在“十二五”环境质量报告书评比中获得优秀奖（一等奖），这也是北京市首次在此项评比中获得全国一等奖。

第三节　空气质量周报、日报和预报

1997 年 3 月 25 日，国家环保局印发《关于在重要城市开展空气质量周报工作有关问题的通知》，将北京市纳入首批开展空气质量周报的重点城市。3 月 28 日，按照统一要求，北京市环保局向国家环保局报出首个空气质量周报数据（3 月 21—27 日），“北京，第一周，空气污染指数 208，主要污染物 TSP，空气质量分级为很不健康”。12 月 9 日，国家环保局在北京召开了全国重点城市空气质量周报工作会议，要求北京、太原、苏州等 10 个城市从 1999 年年初开始进行空气质量日报。

1998 年 2 月 27 日，北京市人民政府召开空气质量周报新闻发布会。发布会公布北京市将自 2 月 28 日起，每周在《北京日报》、北京电视台、北京人民广播电台、《北京晚报》公布北京市空气质量。公布的监测点位为定陵、车公庄、前门、东四、天坛、奥体中心、农展馆、古城，监测项目为二氧化硫、氮氧化物、总悬浮颗粒物，空气质量评价方法采用空气污染指数（API），公布内容是各监测点的首要污染物、空气污染指数和空气质量级别，并适当描述气象情况。2 月 28 日，《北京日报》《北京晚报》、北京电视台、北京人民广播电台等 10 家新闻媒体向社会正式发布《北京市空气质量周报》，《北京日报》发表评论员文章《保护环境人人有责》。国务院总理李鹏到北京代表驻地参加讨论时指出：“北京的空气环境不理想，但最近市政府也通过新闻媒体向市民公布空气质量周报，这是有勇气、有决心的表现，有利于人民群众的监督，有利于动员大家共同努力，改善自己的工作生活环境。”

根据市长办公会决定，1999 年 3 月 1 日，《北京日报》《北京晚报》、北京电视台、北京人民广播电台 4 家新闻媒体向社会公布《市区空气质量日报》。与周报相比，日报的内容更加丰富，将各个监测点位的所有污染物的空气质量级别全部公布，每日公布的污染物为二氧化硫、氮氧化物、一氧化碳和臭氧。监测周期为前日的 12:00 至当日 12:00。由于监测能力所限，总悬浮颗粒物每周报告 1 次。同日，市环保局印发《北京市城市空气质量日报技术规定（暂行）》，并抄报国家环保总局监督管理司、中国环境监测总站。自 1999 年 4 月 26 日起，北京市开始以可吸入颗粒物代替总悬浮颗粒物进行空气质量日报。自 6 月 1 日起，开始以二氧化氮代替氮氧化物进行空气质量日报。至此，北京市公布的大气污染物指标基本与国际接轨。

1999 年 6 月 5 日，市环保局开通“首都之窗”环保网站，空气质量日报可随时上网查询。8 月 1 日，市委党校、望京、东坝、玉泉路 4 个新增监测子站空气质量数据向社会公布。2000 年 6 月 5 日，市环保局“首都之窗”环保网站推出英文版。

1999 年 9 月 21—30 日，为保证国庆 50 周年庆祝活动的顺利进行，市环保局与市气象局共同进行空气质量预报，主要采用统计预报模式，对市区二氧化硫、一氧化碳、臭氧、二氧化氮 4 种污染物的浓度及污染级别进行未来 24 小时的预测。从预报结果看，效果较好。

2000 年 2 月 15 日，中国环境监测总站印发《关于空气质量周报、日报和环境质量季报中氮氧化物监测指标有关事项的通知》，要求从 2000 年 2 月 18 日起监测指标由氮氧化物改为二氧化氮，同时公布空气污染指数分级对应的二氧化氮浓度限值。北京市按文件要求自 2 月 18 日执行二氧化氮浓度限值新标准。

2000 年 6 月 5 日，重点城市空气质量日报在中央电视台第二套节目 22:30 播出。日报按照中国环境监测总站的技术规定，必测项目为可吸入颗粒物、二氧化氮和二氧化硫，选测项目为臭氧和一氧化碳；

监测周期为前日的 12:00 至当日 12:00。北京市空气质量日报按五项技术指标公布。

2001 年 2 月 15—24 日，为迎接国际奥委会委员来京视察，市环保监测中心与市气象台合作，共同预报空气质量，并启动空气质量预报电视会商系统。空气质量专报每日下午报送贾庆林书记、刘淇市长、汪光焘副市长、刘敬民副市长。按照市政府办公厅要求，市环保局自 3 月 1 日起，每日通过专线向市政府报送当日《空气质量日报》。

2001 年 4 月 27 日，市环保局、市气象局联合召开空气质量预报新闻发布会。5 月 1 日，市空气质量预报通过北京电视台正式向社会公布。

2001 年 8 月 17 日，市环保局与市气象局签订协议。双方决定，自 2001 年 8 月 1 日起，到 2002 年 7 月 31 日，在密云县古北口上甸子气象观测站，设立颗粒物采样监测点。协议还明确监测仪器设备安装、日常运转、数据交换、数据使用范围等问题。

经北京市政府同意，市环保局与北京电视台商议决定，在北京电视台增加《北京空气质量播报》节目。自 2003 年 1 月 1 日起，每晚 21:23 在北京电视台公共频道，向社会公布全市 8 个国控点的空气质量状况，并播报空气质量日报、预报及环保科普知识。自 6 月 1 日起，《北京空气质量播报》在公布 8 个国控大气自动监测站空气质量的基础上，再公布 16 个市控大气自动监测站的空气质量。

2008 年 3 月 18 日，由北京市环保局与北京人民广播电台城市服务管理广播联合制作并开播《北京空气质量播报》节目。每天播出 3 次，播出时间分别为 7:27、13:57、17:27，全天共 3 档，每档 3 分钟，内容以空气质量播报、预报、环保新闻和科普知识为主。

2012 年为适应《环境空气质量标准》的新要求，在推动建设 $PM_{2.5}$ 监测站的同时，着力研究完善发布机制，对监测网络功能进行了完善提升。将每日发布数据改为每小时滚动发布，将发布全市一个平均数据改为发布各个监测子站的数据，将发布一个首要污染物的指数数据改为发布各项污染物浓度数据，将用空气污染指数（API）改为空气质量指数（AQI）评价空气质量，做到按国家要求，2013 年 1 月 1 日全部 35 个监测子站都按新标准规定发布 6 项污染物实时监测数据和 AQI 评价结果。为应对 1 月、2 月的大雾天气，及时做出了重污染预报和健康防护提醒。6 月再度升级手机版，使广大市民可通过手机、网站、微博、电视、广播等多种渠道了解空气质量状况。

第五章　科研机构

1973 年 4 月，我国第一家环境保护科学研究机构——北京市环境保护科学研究所（以下简称市环保所）诞生，它接受了历史赋予的光荣而艰巨的环境保护科学技术的研究任务。随着我国将环境保护确定为一项基本国策，为推动环保事业的蓬勃发展，全国各地涌现出了上万个环保科研机构，特别是在北京，拥有全国顶级的环境科学与工程的科研单位和高等院校百余家，成为我国环保科研的中坚力量。

第一节　市属环保科研机构

一、北京市环境保护科学研究院

北京市环境保护科学研究院（以下简称市环科院）是中国环境保护科研事业的发源地（图 5-1）。其前身是 1957 年成立的建工部市政研究所，1970 年更名为北京市给排水研究所，1973 年更名为北京市环境保护科学研究所，1994 年更名为北京市环境保护科学研究院，是我国第一个环境保护科学研究机构，科研业务从最初的水污染治理逐步拓展到整个环保领域。

图 5-1　北京市环境保护科学研究院

截至 2016 年，市环科院拥有职工 300 余人，其中，研究员及教授级高级工程师 12 人、副研究员及高级工程师 59 人；研究人员中博士 57 人、硕士 114 人；享受国务院政府津贴 16 人，获国家级、市级突出贡献专家 8 人。

市环科院是我国首批环境工程硕士学位授予单位，累计培养硕士研究生 130 余人。2013 年经批准设立博士后科研工作站。

以市环科院为依托单位的工程中心和重点实验室有：国家城市环境污染控制工程技术研究中心（科技部）、国家环境保护工业废水污染控制工程技术（北京）中心（环保部）、污染场地风险模拟与修复北京市重点实验室（市科委）、北京水环境技术与设备研究中心（市科委）。市环科院拥有实验室及中试基地面积为 6 670 m^2，拥有先进的仪器、设备 2 000 余台（套）。

市环科院具有国家发改委颁发的工程咨询甲级资质证书。市环科院所属的北京市环科环境工程设计所，具有市政行业排水工程专业甲级设计资质、环境工程（水污染防治工程）专项甲级设计资质、固体废物处理处置工程专项乙级设计资质。

市环科院下设有：生态保护与环境规划研究所（环境政策研究所）、大气环境与污染防治研究所、水环境与水资源保护研究所、土壤环境与污染场地修复研究所（固体废物污染防治研究所）、污染源研究中心、环境分析测试中心、环境工程设计所、环境技术咨询所等专业部门。

市环科院始终致力于解决国家及北京市重点、热点和难点环境问题，主要业务集中在大气污染防治、水污染防治、土壤和固废污染防治、环境规划政策研究、城市生态建设等领域，是北京市环境管理和决策的核心技术支撑单位，也为国家环境管理和污染治理做出了重要贡献，创造了我国环保科研领域多个第一，具体如下：

1956 年，建工部市政研究所完成我国第一个环保科研项目“石油工业污水处理”；1959 年建工部市政研究所成立了污水综合利用研究专题中心组，开展我国首个污水资源化利用研究课题；1961 年完成的“从城市污泥中提取畜用维生素 B_{12}”项目，是我国第一项污泥综合利用的科研成果；1964 年参加了我国第一颗原子弹爆炸现场测试；1965 年建成我国第一个自主研究设计的北京维尼纶厂废水处理站；1972 年承担我国第一个流域水环境研究项目“官厅水库污染调查和水源保护研究”；1973 年与中科院贵阳地化所共同负责，组织 34 个科研院所和高校开展“北京西郊环境质量评价研究”，系国内首次开展的环境评价研究；1973 年参加第一次全国环境保护大会，负责制订了我国第一个环境保护标准《工业“三废”排放试行标准》（GBJ 4—73）；1973 年编辑出版的《环境保护》双月刊杂志创刊，是中国最早的环境保护专业性科技刊物；1975 年牵头完成我国第一台大气污染监测车样车试制；1981 年国务院批准北京市环科所为首批环境工程硕士学位授予单位；1981 年完成我国第一个环境影响评价报告《北京煤制气厂环境影响评价初评报告》；1984 年开始实施“科研责任制试点”改革，是我国最早开展科技体制改革尝试的单位之一；1984 年在北京留民营建立世界首个生态农业示范项目；1984 年建成了我国第一个建筑中水回用设施；1985 年组织编写《大气污染防治手册》和《水污染防治手册》，系我国首部系统介绍大气和水污染防治技术的工具书；1986 年主持承担“七五”国家科技攻关项目“城市污水土地处理系统研究”，是国内最早开展的污水土地处理研究；1987 年完成的“北京航空遥感综合调查与研究”荣获国家科学技术进步奖一等奖；1988 年主持的“留民营生态农业系统的建设与研究”课题成果获国家科技进步一等奖，是环保领域第一个国家一等奖；2000 年完成我国第一部污染场地评价报告《北京化工集团七厂及北京市第一建筑构件厂等用地性质改变的环境风险调查与分析》；2002 年承担编制的国家标准《城镇污水处理厂污染物排放标准》（GB 18918—2002），系我国第一个专门针对城镇污水处理厂污染物排放的国家标准；2004 年联合国秘书长科菲·安南及其随行人员访问了市环科院生态示范基地、中国生态农业第一村留民营村；2004 年承担科技部项目“北京市工业无组织源可吸入颗粒物排放清单研究”，系国内首次对工业无组织可吸入颗粒物的排放进行系统研究；2004 年牵头起草的《奥运工程环保指南》《奥运场馆环保设计标准》等绿色奥运保障标准颁布施行；2004 年出版国内第一部污染场地环境评价专著《场地环境评价指南》；2005 年主持制订了国家标准《城市污水再生利用地下水回灌水质标准》（GB/T 19772—2005），为我国首个再生水回灌地下的水质标准；2007 年主持承担“北京市 VOCs 污染源普查”项目，是全国首次开展的大气 VOCs 污染源清单研究编制工作。

经过环保领域近 60 年的发展、建设，市环科院在技术研究、法规标准制定、污染控制工程设计、生态工程建设、环境影响评价、区域规划、产品开发等方面完成各类环境科学与技术研究项目 900 余项，包括多项国家科技攻关项目、国家科技支撑计划项目、国家“863”计划项目、国家重大科技专项、国家环保公益性行业科研专项、北京市科技重大项目等重要项目。在全国近 30 个省、自治区、直辖市完成治理工程 1 500 余项，环境影响评价 3 700 余项。其中，获得国家级各种科技奖励

30 余项，省、部级科技奖励 140 余项，取得国家重点环境保护实用技术与专利 70 余项，多次在北京市科研院所“改革与发展”考评中获得一、二等奖励。

二、北京市环境保护监测中心

北京市环境保护监测中心（以下简称市环保监测中心）成立于 1974 年，是全国环保系统最早成立的专业化的环境监测机构之一，首批通过国家级计量认证和国家环境监测标准化一级验收，隶属于北京市环境保护局，是公益一类事业单位，具有较强的环境科研能力。

截至 2015 年，市环保监测中心在职在册人员 186 人，其中专业技术人员 167 人，占职工总人数的 90%。具有副高级以上职称人员 44 人，中级职称人员 65 人。共设置 15 个科室，包括党委办公室、办公室、人事科、财务科、总务科、技术质量管理室、综合计划室、现场监测室、分析实验室、遥感监测室、自动监测室、大气室、水室、物理室、污染源室。市环保监测中心具有国内领先、国际一流的监测科研仪器设备 6 000 余台（套），具备 9 大类、195 项、287 个方法、1 400 余个参数的全要素检测能力。

40 多年来，市环保监测中心在环境质量、污染源排放、环境监测等方面开展了大量科学研究，先后制修订国家环境标准百余项，获国家级科技进步奖 4 项，省部级 70 余项，申请专利 200 余项，获得专利授权 100 余项。在空气质量监测、空气质量预测预报、大气环境空间立体遥感、$PM_{2.5}$ 基准实验和 $PM_{2.5}$ 组分分析等监测技术研究方面全国领先。2015 年 5 月成立了以市环保监测中心为依托单位，清华大学为共建单位的大气颗粒物监测技术北京市重点实验室。2018 年 10 月经批准设立博士后科研工作站。

在大气污染防治方面，早在 20 世纪八九十年代，市环保监测中心就开展了“北京市空气质量监测系统的引进与消化吸收”“北京市大气污染预测预报及其应用”“北京市空气中颗粒物污染的优化监测及控制途径研究”“北京市温室气体排放及减排对策研究”等工作。进入21世纪，主持或参与了“北京市城近郊区空气污染预测预报研究”“北京市大气污染控制对策研究”“北京及周边区域大气污染控制研究与示范应用”“北京市大气环境污染现状和污染源研究”“北京市空气质量集成预报系统研究”的研究。近年来，承担了“大气细颗粒物手工基准监测研究与应用”“北京市空气重污染预报预警技术研究及应用”“基于在线多组分集成观测的源解析技术体系研究”“基于大数据技术的北京地区大气污染特征规律研究”“基于小型传感器的$PM_{2.5}$监测方法性能评估体系研究”“基于物联网及大数据分析的重型柴油车排放跟踪技术研究及应用示范”等研究。2014年年初完成了“北京市大气环境$PM_{2.5}$污染现状及成因研究”的课题，研究结果通过环保部、中国科学院及中国工程院论证，$PM_{2.5}$来源解析结果对社会公布，为北京市大气污染防治提供了坚实的技术支持。2017年承担了“基于示踪物和同位素技术的北京地区$PM_{2.5}$精细化来源研究”，弥补了传统源解析技术在大气细颗粒物解析过程中源共线性、准确性等方面的不足，细化了污染来源的种类，对大气污染防治实施计划的制定和执行起到了技术指导作用。

在饮用水水源保护方面，市环保监测中心在20世纪90年代先后主持开展和参加了“密云水库水源保护区农、林、牧业发展与非点源污染相关关系研究”“密云水库水质保护管理技术研究”“密云、怀柔水库水质现状评价及旅游对水库水质的影响”“官厅水库水质现状监测评价——官厅水库水质富营养化程度的研究”“密云水库网箱养鱼对水质影响”等研究，对水库水环境的监测和管理措施的制定提供了重要的科学依据。

在环境噪声污染防治方面，市环保监测中心先后开展了“城市区域环境噪声标准和测量”“北京高架道桥交通噪声状况调查与污染防治对策研究”“北京城市道路交通噪声污染控制对策研究”“北京市环境噪声监测优化布点研究”等，为北京市的噪声监测和防控打下了坚实的技术基础。

在土壤污染防治方面，参加了“北京市土壤环境质量评价及预测研究”“北京市土壤环境背景值及其应用研究”“北京市土壤污染状况调查”等工作，为北京市土壤污染防治提供了科学翔实的数据基础。

在污染源管理方面，进行了“北京市重点污灌区饮水井中有机污染物研究”“北京市工业污染源调查与评价研究”“北京市水环境非点源污染研究”“北京市污染源监控方案研究”等项目的研究，为北京市的污染源防治工作提供了有力的技术支撑。

在遥感环境监测方面，开展了“北京市环境监测一张图系统建设”“北京地区空气质量遥感监测技术与工程化应用”“北京市大气污染面源遥感监测关键技术研究与应用”等研究，率先建成了特大城市 $PM_{2.5}$ 监测网络及预测预报平台，为北京市和国内多次重大活动提供了技术支持。

三、北京市水科学技术研究院

北京市水科学技术研究院（以下简称市水科学院）隶属于北京市水务局，是从事应用型公益科研和综合咨询的差额拨款事业单位。

市水科学院原名为北京市水利科学研究所，成立于 1963 年 8 月，前身为 1962 年经北京市人民委员会批准的永乐店旱涝碱综合治理试验站。2012 年 9 月，更名为北京市水科学技术研究院。

截至 2016 年，拥有 8 个业务部门、4 个职能部门、2 个试验基地和 2 个重点实验室。单位编制人数为 139 人，研究生学历占总人数一半以上，具有正高级职称 17 人，副高级职称 51 人。享受国务院政府特殊津贴专家 2 人，入选百千万人才工程国家级人选 1 人、北京市级人选 4 人，水利部 5151 人才 3 人，北京市突出贡献专家 2 人。

历经 50 多年的发展，市水科学院已由起初单一的盐碱地改良、农田节水灌溉试验研究发展成为综合性水利科研和咨询机构。主要业务领域涵盖了农业节水、水资源、水环境、生态、防灾减灾、工程质量与环境监测、水务发展战略研究、智慧城市建设等多个研究方向。具有工程咨询乙级和丙级资质证书、水资源论证甲级资质证书、规划水资源论证甲级资质证书、水资源调查评价甲级资质证书、水平衡测试乙级资质证书、生产建设项目水土保持监测单位水平评价甲级资质证书、生产建设项目水土保持方案编制单位水平评价证书（4 星）、水利工程质量检测甲级资质（岩土类、混凝土工程类、量测类）证书等，通过了北京市试验室计量认证、ISO 9001 质量管理体系认证等。

多年以来，市水科学院始终以解决制约首都社会经济发展的涉水领域中的热点、难点问题为己任，依托重大科研项目，开展公益科研、公共服务和技术咨询。累计获得国家级奖励 6 项，省部级奖励 62 项，厅局级奖励 119 项，出版专著 28 部、标准 2 本，发表论文 540 余篇，获得专利 75 项。在盐碱地治理、都市农业综合节水、流域水环境综合治理、人工湿地建设、雨洪管理与利用、再生水综合利用等方面形成了明显的技术优势。

四、北京市环境卫生设计科学研究所

北京市环境卫生设计科学研究所（以下简称市环卫所）成立于 1979 年，是北京市市政管理委员会（以下简称市市政管委）直属公益型科研事业单位；是中国城市环境卫生协会科学技术部、信息管理部、《中国城市环境卫生》期刊编辑部、北京市环境卫生协会技术部及北京市环境卫生监测站、中国城市环境卫生协会环境卫生监测总站所在地；是建设部环境卫生工程技术研究中心副主任单位、中国城市环境卫生协会常务理事单位及北京市环境卫生协会副理事长单位、建设部城镇环境卫生标准技术骨干单位。具备市政公用工程（环卫）咨询甲级资质、北京市质量技术监督局计量认证资质。

市环卫所主要从事垃圾粪便理化特性调查研究，城市生活垃圾、粪便减量化、资源化、无害化和产业化技术研究，道路清扫、道路除雪等领域的技术、工艺、设备研究，环境卫生规划，环卫标准制定，环境卫生设施的环境监测，环卫工程设计，环卫产品与设备研制，环卫信息收集研究和出版发行，环卫设施技术改造等。

五、北京市劳动保护科学研究所

北京市劳动保护科学研究所（以下简称市劳保所）成立于1956年，为市属公益性科研事业单位，是我国第一家经国务院批准成立的从事安全、环境与职业卫生领域研究的综合性科研机构。作为国务院学位委员会批准的全国第一批硕士学位授予单位，拥有安全科学与工程、公共卫生与预防医学两个一级学科硕士学位点，并设有博士后工作分站。

截至2015年，市劳保所拥有职工300余人，其中博士34人、硕士101人。具有高级技术职称及以上研究人员51人，1人入选“科技北京百名领军人才培养工程”，2人为“享受政府特殊津贴专家”，2人入选“北京市新世纪百千万人才工程”。

市劳保所不断提高科研开发和自主创新能力，共取得科研成果600多项，获得国家、省（市）、部级科技成果和科技进步奖200多项，为国家制定了100余项有关劳保、环保及安全生产方面的标准。在安全生产与劳动保护、环境保护、城市公共安全三个重点领域建立了6个省部级专业技术研究机构和检测中心，为开展基础性、应用性、前瞻性的研发工作奠定了坚实基础。

2008年奥运期间，市劳保所先后承担了科技部“科技奥运专项”——化学品相关紧急事故处理及决策支持信息系统研究、北京市重点科技计划大型场馆人员疏散仿真模拟和应急预案、城市地铁安全及其计算机仿真模拟研究等多项攻关科研项目，部分项目成果在实际中得到应用，取得了非常好的示范效果。

2011—2015年，市劳保所先后在人群风险预测预警、基于动态数据的安全生产形势统计分析、职业危害检测与防治关键技术、地铁隔振、轨道安全健康监测、城市区域安全风险评估等重要专业领域和关键环节上取得了重大成果，在原有国家劳动保护用品质量监督检验中心、北京危险化学品应急技术中心、北京人居室内环境监测中心、安全环境职业卫生评价中心、北京市环境噪声与振动控制技术中心基础上，先后申报并获批国家环境保护城市噪声与振动控制工程技术中心、城市有毒有害易燃易爆危险源控制技术北京市重点实验室、职业安全健康北京市重点实验室、环境噪声与振动北京市重点实验室，其工业卫生实验室在全国率先通过了美国工业卫生协会认证。

市劳保所结合中关村“1+6”鼓励科技创新和产业化系列先行先试改革政策，通过科技成果入股和引入外部投资的方式，先后成立了北京九州一轨隔振技术有限公司及北京图声天地科技有限公司，开展了国内地铁隔振、噪声地图技术的研发和推广。

市劳保所积极搭建科研交流平台，与德国、英国、美国、瑞士、法国、加拿大以及我国香港、台湾等多个国家和地区的科研院所、大学、企业开展了长期合作和技术交流。成功举办了第一届和第二届国际环境噪声管理技术发展研讨会、德中合作“安全中国”培训、大陆与台湾地区职业健康风险控制技术管理经验交流会等大型国际会议及培训。

六、轻工业环境保护研究所

轻工业环境保护研究所（以下简称轻工环保所）成立于1979年，拥有环境影响评价甲级证书、土地规划甲级证书、工程咨询乙级证书、水土保持方案编制资格证书（丙级）、CMA计量认证证书，是立足行业、依托首都、面向全国，开展节能减排、污染防治和生态修复技术研发，提供环境监测、环境咨询服务的公益型研究所，是教育部批准的硕士研究生学位授予单位。1999年由原国家轻工业部转制到北京市，现隶属于北京市科学技术研究院，2002年成立“中国轻工业清洁生产中心”，2008年经北京市编办批准，加挂“北京北科土地修复工程技术研究中心”牌子，2016年被工信部授予“轻工行业工业节能与绿色发展评价中心”称号。

截至2017年，轻工环保所拥有职工118人，其中科研人员113人。在职人员中，高级职称26人、中级职称52人，中高级以上职称占职工总数的66%；博士12人、硕士58人，硕士以上学历人员占职工总数的59%，初步建立了一支具有较高科研创新能力的环境技术研发队伍。

轻工环保所确立了五大发展方向：场地环境评价及土地修复技术研究、水资源环境安全与水污染控制技术研究、城乡固废资源综合利用技术研究、清洁生产和节能减排技术研究、环境咨询与监测服务；完成了一系列实验室和平台建设，包括工业场地污染与修复北京市重点实验室、北京市科学技术研究院环境修复重点实验室、北京市科学技术研究院废水资源化实验室、中轻环境实验中心、北京北科能环能源环境科技有限公司。

自建所以来，轻工环保所完成科研项目数百项，获得国家科技进步奖、省部级以上的科技大奖40余项，已应用的成熟技术60余项。作为我国首批环境工程硕士学位授予单位，轻工环保所已培养硕士研究生38名，每年都有优秀的青年科技人员申报、承担国家和北京市重点科技计划课题，并有科研带头人和青年骨干科技人员入选北京市级百千万人才资助工程、优秀青年知识分子、科技新星计划、萌芽计划等人才计划。该所和中科院建立了长期院地合作关系，与联合国开发计划署（UNDP）和美国、日本、韩国、英国、瑞典、意大利、德国等国家的有关机构建立了良好的科研、人才交流合作关系。

七、北京节能环保中心

北京节能环保中心是由中国政府、法国政府和联合国开发计划署（UNDP）为促进地区能源节约和环境保护，于1982年在北京设立的具有独立法人资格的全额拨款正局级事业单位，由北京市发展和改革委员会（以下简称市发改委）归口管理，是北京市唯一从事节能环保综合性工作和承担政府委托职能的专业机构。

北京节能环保中心的主要职能是承担节能规划、政策、法规及管理制度等研究工作；受政府有关部门委托，承担固定资产投资项目节能评估论证、重点用能单位用能报告审核、节能监测、电力需求侧管理等技术性、辅助性、事务性工作；开展环保产业发展促进、新能源发展促进相关工作；开展节能环保宣传培训、技术产品示范推广和对外交流合作。北京节能环保中心拥有工程咨询（甲级）、计量认证（CMA/CAL）、国家节能量奖励审核、清洁生产审核、工业锅炉能效测试等多种资质和资格。

八、北京工业大学环境与能源工程学院

北京工业大学环境与能源工程学院（以下简称北工大环能学院）是在原化学与环境工程学系和热能工程学系的基础上，于 1999 年 1 月组建而成的，目的是应对环境与能源严峻的形势，满足国家和首都经济可持续发展的需要，更加有效地为北京市培养经济建设所急需的环境与能源和化学化工方面的高级复合型人才。

截至 2017 年，北工大环能学院拥有教职工 131 人，其中专任教师 90 人，博士生导师 39 人，正高职称 40 人，副高职称 37 人，具有博士学位的教师 89 人；在校生 1 503 人，其中研究生 704 人（博士研究生 109 人，硕士研究生 472 人，工程硕士 123 人），本科生 799 人。

北工大环能学院含有环境科学与工程、动力工程与工程热物理、化学与化工等多个学科。设有能源科学与工程系、环境工程研究所、化学化工系、环境科学系、汽车工程系、制冷与低温工程系及北京市化学实验教学示范中心 7 个教学与科研机构。

北工大环能学院拥有环境科学、环境工程、应用化学、新能源科学与工程和能源与动力工程 5 个本科专业，环境科学与工程、动力工程及

工程热物理2个一级学科博士及硕士学位授权，应用化学二级学科博士学位授权，环境科学与工程、动力工程与工程热物理及化学工程与技术3个博士后流动站，化学工程与技术一级学科硕士学位授权点和物理化学二级学科硕士学位授权，以及环境工程、动力工程和化学工程3个全日制硕士专业学位授权；拥有化学实验教学示范中心和热能与动力工程实验教学中心北京高等学校实验教学示范中心2个。拥有教育部“传热强化与过程节能”重点实验室（同时也是北京市“传热与能源利用”重点实验室）、北京市“区域大气复合污染防治”重点实验室、北京市“绿色催化与分离”重点实验室、北京市“水质科学与水环境恢复工程”重点实验室（与建筑工程学院联合建设）、北京市“污水脱氮除磷处理与过程控制工程技术”研究中心、北京市“污水生物处理与过程控制技术”国际科研合作基地、新能源汽车北京实验室（与北京理工大学联合建设）。环境科学与工程和热能工程是北京市重点学科，化学工程与技术是北京市重点建设学科。

2014—2016年，学院获批国家自然科学基金50项，发表SCI论文445篇，授权发明专利235项，荣获国家科技进步奖二等奖3项，北京市科学技术进步奖三等奖1项，高等学校科学技术进步一等奖1项。

九、北京建筑大学环境与能源工程学院

北京建筑大学环境与能源工程学院（以下简称北建工环能学院）成立于1984年，前身为城建系，2006年6月正式更名为环境与能源工程学院。

截至2016年，北建工环能学院有5个本科专业：建筑环境与能源应用工程（国家级特色专业）、给排水科学与工程（北京市特色专业、教育部“卓越工程师教育培养计划”试点专业、中美合作“2+2”项目专业）、环境工程（创新人才培养试点专业）、环境科学（创新人才培养试点专业）、能源与动力工程（教育部“卓越工程师教育培养计划”试

点专业），其中建筑环境与能源应用工程专业和给排水科学与工程专业于 2005 年、2010 年、2015 年三次通过了住建部高等教育专业评估；5 个硕士学位授予点：供热供燃气通风及空调工程、市政工程、环境科学和环境工程、建筑科学技术、建筑遗产保护。同时授予建筑与土木工程、环境工程领域专业硕士学位，并招收“建筑遗产保护理论与技术”博士研究生。

北建工环能学院拥有 11 个国家级或省部级教学与科研基地：国家级水环境实验教学示范中心、国家级建筑用能虚拟仿真实验教学示范中心、城市雨水系统与水环境教育部重点实验室、供热供燃气通风及空调工程北京市重点实验室、北京市应对气候变化研究及人才培养基地、北京市可持续城市排水系统构建与风险控制工程技术研究中心、北京市建筑能源高效综合利用工程技术研究中心、电子废弃物资源化国际合作基地、绿色建筑北京市重点实验室（共建）、热力过程节能技术北京市重点实验室和具有国际先进水平的中法能源培训中心。拥有包括国家级工程实践教育基地在内的 40 余个校外实践教学基地。此外还有北京学者工作室、工业余热利用与节能研究所、城市燃气中心、瑞士万通水质分析实验室等研究机构。

北建工环能学院在能源利用转换、燃气燃烧、供热空调系统节能、建筑节能技术和室内环境质量监控、纳米冷冻机油、空调制冷设备、雨水综合利用与污染控制、环境规划与管理、环境景观设计、污水脱氮除磷、中水回用技术、城市节水与需水量预测等方面已形成明显的学科专业特色和优势。近年来先后承担 60 余项国家重大科技专项、国际合作和国家自然科学基金等项目。

十、首都师范大学资源环境与旅游学院

首都师范大学资源环境与旅游学院（以下简称首师大资源与旅游学院）是在 1954 年建立地理专业、1957 年建立地理系的基础上，于 2001

年 7 月正式更名为资源环境与旅游学院。该学院设有地理系、旅游系、地理信息系、遥感科学与技术系和环境系。

截至 2016 年，首师大资源与旅游学院有在编教师 93 人，其中北京市特聘教授 3 人。团队中有中国工程院院士、俄罗斯工程院院士、长江学者、“万人计划”“千人计划”“国家杰青”、国务院学位委员会学科评议组成员、教育部高等学校地理科学类专业教学指导委员会委员等高层次人才；博士生导师 26 人、硕士生导师 64 人、正副教授 65 人。

首师大资源与旅游学院拥有“211 工程”重点建设学科“首都圈环境过程与数字模拟”、北京市重点学科“地图学与地理信息系统”、北京市重点建设学科“自然地理学”“旅游管理”“地图制图与地理信息工程”；拥有地理学一级学科博士授权点、地理学博士后流动站；有自然地理学、地图学与地理信息系统、人文地理学和地理教育学 4 个博士点，以及自然地理学、人文地理学、地图学与地理信息系统、环境科学、环境工程、地理教育学、地图制图学与地理信息工程、旅游管理、第四纪地质学、水文学及水资源、环境工程专业共 11 个硕士学位授权点，同时招收在职教育硕士。

首师大资源与旅游学院有 7 个地学类重点实验室和 1 个工程中心：教育部三维信息获取与应用重点实验室（2003 年）、教育部空间信息技术应用工程研究中心（2007 年）、国家城市环境污染控制工程技术研究中心环境生态过程分中心（2005 年）、北京市资源环境与 GIS 重点实验室（2001 年）、灾害评估与风险防范民政部重点实验室（2009 年）、城市环境过程和数字模拟国家重点实验室培育基地（2010 年）、与滑铁卢大学联合成立的环境空间信息联合研究中心（2013 年）、水资源安全北京实验室（2014 年）。2012—2016 年，首师大资源与旅游学院主持和参加国家“863”项目、“973”项目、科技支撑项目 10 余项，主持国家自然科学基金 60 项，主持省部级以上科研项目 140 余项。获国家科技进步二等奖 1 项，省部级科技进步一等奖 4 项、二等奖 4 项、三等奖 5 项。

十一、首都经济贸易大学安全与环境工程学院

首都经济贸易大学安全与环境工程学院是 1994 年在原北京经济学院劳动保护工程系工业卫生技术教研室的基础上建立起来的。经过 20 多年的发展，既保留了原专业防尘防毒、噪声控制、辐射防护等工程科学技术课程的专业特色，又加强了大气污染控制技术、水污染控制技术、给排水与环境工程设计、环境经济、环境质量管理和环境评价等环境工程专业的课程建设。

该学院环境工程系先后开展了多项国家自然科学基金、国家科技支撑项目、“九五”“十五”“十一五” 安全生产科技攻关项目以及原国家安全生产监督管理总局、原国家经贸委、北京市等省、部级科研课题的研究工作，曾获国家级、省部级奖多项。

十二、北京工商大学食品学院环境科学与工程系

北京工商大学食品学院环境科学与工程系本科专业设立于1979年，是全国最早成立的环境工程专业之一，具有环境科学与工程一级学科硕士授予权，该学科是原轻工总会部级重点学科和部级重点实验室，现为北京市重点建设学科。

截至 2016 年，该系有教师 13 人，其中教授 3 人，副教授 6 人，讲师 4 人，具有博士学位的教师 10 人。目前拥有北京市学术创新团队 1 支——城市污染控制团队，北京市青年拔尖人才 1 人，多人担任国家级和省级学术团体理事长、副理事长、理事、委员，国内学术期刊主编、编委和国际学术期刊审稿人。在现代废水生物处理技术、城市典型固体废物资源化处理技术、清洁生产与资源化技术、城市大气污染控制技术、机动车排放及控制、城市污染生态治理等方面形成了鲜明的特色和优势。

其主要研究方向包括水污染控制工程、大气污染控制工程、固体废

物处理处置工程、环境化学和环境生态学、清洁生产与资源综合利用、环境规划与管理等。承担多项国家科技支撑计划、国家自然科学基金、省部级科研课题，曾获国家级重大科研成果奖，省部级科技进步二、三等奖和省部级发明奖。

第二节　国家在京环保科研机构

一、中国环境科学研究院

中国环境科学研究院（以下简称中国环科院）于 1978 年 12 月 31 日正式成立，隶属生态环境部。作为国家级社会公益非营利性环境保护科研机构，中国环科院围绕国家可持续发展战略，开展创新性、基础性重大环境保护科学研究，致力于为国家经济社会发展和环境决策提供战略性、前瞻性和全局性的科技支撑，服务于经济社会发展中重大环境问题的工程技术与咨询需要，为国家可持续发展战略和环境保护事业发挥了重要作用。

截至 2016 年，中国环科院有职工近 400 人，有 5 名中国工程院院士，有 1 个国家重点实验室、7 个国家环境保护重点实验室。有 5 个硕士学位授予点、与北京师范大学联合共建的环境科学与工程博士点、1 个博士后工作站。获得国家科技进步奖、技术发明奖近 20 项，省部级科技进步奖一百余项。

通过实施“人才、科技创新、环境标准”三大战略，中国环科院形成了以大气环境、水环境、生态环境、环境工程技术、环境安全、环境标准、化学品管理、清洁生产和循环经济研究为主的环境科学创新体系。中国环科院在环境科学基础理论、应用基础理论和高新技术研发等方面取得了一大批重大国家科技成果，为国家解决重大环境问题、建立环境管理制度、制定环境保护技术法规和标准、开发污染防治技术、制定生态保护对策措施，以及促进经济增长方式和建设环境友好型社会等方面做出了重要贡献。

多年来，中国环科院以环境容量总量控制为指导，在流域水环境、区域大气环境等重点领域的研究成果有力支撑了我国环境管理八项基本制度的形成；经过多年的科学研究，在酸雨项目上取得开拓性成果，为国家酸沉降调控提出科学的控制指标和对策方案；坚持以源削减和全过程污染控制的全新环保战略，完成中国第一批清洁生产技术标准，为我国清洁生产标准的方法体系和结构框架的建立奠定了坚实基础；在国务院批准实施的水体污染控制与治理技术重大专项中发挥重要作用，承担 5 个项目 19 个课题；牵头开展全国重点湖库生态安全调查与评估，提出基于生态安全的“一湖一策”调控措施；依托“973”“863”等重大项目开展基准研究，提升环境标准科技水平，大力推进我国环境标准体系建设。

二、生态环境部环境规划院

生态环境部环境规划院（以下简称环境规划院）原为人事部 1987 年批准设立的中国环境规划院，于 2001 年独立运行。

截至 2016 年，环境规划院有工作人员 216 人，其中博士 39 人、硕士 117 人，研究员 17 人、副研究员 30 人。设有 15 个二级部门，其中业务部门包括：战略规划部、环境政策部、水环境规划部、大气环境规划部、生态与农村环境规划部、公共财政与投资研究部、综合业务部、环境风险与损害鉴定评估研究中心、污染物总量控制研究中心及科技发展与国际合作处、总工程师办公室，并设有环境工程部 1 个企业化管理机构、环境规划与政策模拟重点实验室 1 个生态环境部部重点实验室，以及气候变化与环境政策研究中心、环境数据分析与应用中心、环境区划中心、重金属污染防治中心、环境保护投资绩效管理中心 5 个研究中心。

其主要职责是：承担国家中长期环境战略规划、全国环境保护中长期规划与年度计划、污染防治和生态保护等专项规划、流域区域和城市环境保护规划等理论方法研究、模拟预测分析、研究编制拟订、实施评估考核等技术性工作；承担中央财政专项资金项目技术咨询、技术服务和绩效评估等工作；承担全国污染物排放总量控制计划、规划及其实施方案等方面的研究拟订工作；承担污染物排放数据分析及环境统计方法、总量控制制度政策、环境容量测算、排污许可、排污交易及气候变化等方面研究及技术支持工作；承担环境风险评估与管理、污染损害鉴定、经济损失评估等方面研究及技术支持工作；承担农村环境保护和农业源环境管理等与规划相关的技术支持工作；承担环境功能区划、生态功能区划等方面研究及技术支持工作；开展环境经济核算及与环境保护相关的财政经济政策、生态补偿政策、环境审计等方面研究工作；完成生态环境部交办的其他工作。自成立以来，环境规划院始终以为环境管理部门提供优质的决策服务为建院宗旨，在国家环保规划编制、环境政策研究与制定、项目评估等方面取得了显著成绩。

2001—2016 年，承担了 130 余项国家级重点规划和科研课题、90 余项流域和区域级环保规划、40 余项重大国际项目。其中多项规划、评估报告、环境政策为中国政府批复、采纳，为相关部门的决策管理提供了重要的技术支持。

三、中国环境监测总站

中国环境监测总站（以下简称总站）成立于 1980 年，是生态环境部直属事业单位，为生态环境部实施环境监测管理提供技术支持、技术监督和技术服务。作为全国环境监测的网络中心、技术中心、信息中心和培训中心，对全国环境监测系统进行业务管理和指导。

截至 2017 年，总站在编 187 人，其中中国工程院院士 1 名，研究生学历以上人员占 78%，45 岁以下年轻职工占 78%。内设 18 个处室，其中业务部门 11 个（业务室、综合室、统计室、大气室、水室、生态室、海洋室、物理室、分析室、验收室、预报中心）、技术部门 2 个（质管室、质检室），形成了由业务、技术、质控、管理四个模块合理搭配的工作布局。

总站凭借优良的仪器设备，运用先进的科研手段，实行严格的科学管理，及时准确地收集和汇总全国环境监测数据，综合分析评价全国环境质量状况，不断开展环境监测科学研究，开发推广环境监测新技术和新方法。作为环境监测系统的技术排头兵，总站还负责拟定全国环境监测技术标准、全国环境监测系统的质量保证和质量控制，对全国环境监测网络进行技术指导和技术协调。

总站从无到有，从弱到强，在实践中不断开拓。总站的办公条件不断得到改善，监测技术手段日益现代化，人才队伍不断壮大，业务领域不断拓展，综合与管理技术水平不断提高，国际合作与交流不断发展，监测科研不断深入，为生态环境部环境管理服务效能的增强提供技术支撑。

30 多年来，总站充分发挥全国环境监测的技术中心、信息中心、网络中心和培训中心的作用，始终坚持“环境监测为环境管理服务”的原则，为生态环境部实施环境管理和环境决策提供优质高效的技术支持。

四、中日友好环境保护中心

中日友好环境保护中心（生态环境部环境发展中心）是生态环境部直属综合性科研事业单位，是生态环境部环境管理的支持服务机构，以及对外开展环境交流与合作的窗口。该中心是利用日本政府无偿援助资金 105 亿日元和中国政府资金 6 630 万元合作建设的国家重点环境保护项目，于 1996 年 5 月 5 日建成投入使用。该中心的主要业务领域包括环境宣传教育、环境分析测试技术研究服务、环境信息管理、环境标准样品研制、环境认证、环境影响评价、国际环境问题研究与交流等。中心拥有高素质的人才队伍和先进的科研手段，以其为生态环境部提供的高水平技术支持和为社会提供的优质高效服务，和“中日环境合作的平台、国际环境交流的平台、对社会开放交流与培训的平台”的重要地位，在中国环境保护事业的发展中发挥着越来越重要的作用。

该中心下设 5 个中心、2 个研究所、3 个公司、7 个职能处（室）：信息中心、环境分析测试中心、科技发展中心、宣传教育中心、环境认证中心；标准样品研究所、环境管理研究所；北京环标科创环境科技发展有限责任公司、北京国寰天地环境技术发展中心有限公司、中环联合（北京）认证中心有限公司；办公室、党委办公室、人事处、财务处、内审处（翻译室）、国际合作处、环境保护部中日合作项目办公室。

该中心拥有一流的环境分析测试仪器、收集处理环境信息的计算机系统、防治大气水质废弃物污染的模拟实验装置、开展宣传教育的音像制作与培训设施等，还是中国亚太经济合作组织环境保护中心的重要组成单位，在地区环境合作和国际交流中发挥窗口、桥梁和纽带作用，是开展国内外环境科学研究、技术开发、信息交流、人才培训的重要场所。

五、中国科学院生态环境研究中心

中国科学院生态环境研究中心（以下简称生态环境中心）始建于 1975 年，其前身为经国务院批准成立的中国科学院环境化学研究所（以下简称中科院环化所）。经国家科委和中国科学院（以下简称中科院）批准，1986 年与中科院生态学研究中心（筹）合并，改为现名。中科院国情研究中心设在该中心。该中心是农业部批准的农药登记残留试验认证单位之一。

截至 2016 年，生态环境中心有在职职工 473 人，包括中国科学院院士 2 人、中国工程院院士 2 人、发展中国家科学院院士 3 人，研究员 105 人、副研究员和高级工程师 125 人、中级研究人员 108 人。

生态环境中心设有11个研究室（机构）：环境化学与生态毒理学国家重点实验室、环境水质学国家重点实验室、城市与区域生态国家重点实验室、中国科学院环境生物技术重点实验室、中国科学院饮用水科学与技术重点实验室、大气环境科学实验室、水污染控制实验室、土壤环境科学实验室、环境纳米材料实验室、固体废物处理与资源化实验室、大气污染控制中心。

生态环境中心主要研究领域包括环境化学、环境工程学、环境生物学和系统生态学。研究内容涉及环境化学、环境工程、生态学、生物学、地学等学科的互相渗透。可发挥综合性、多学科优势，研究地区性、全国性以及全球性的重大生态与环境问题。

生态环境中心在环境污染化学、环境水质学和环境分析化学的应用基础研究方面具有相当的积累和明显的优势，已取得过多项科研成果；在典型化学污染物和生命必需元素在环境中的行为、水化学基础理论、大气臭氧耗损的化学反应过程、形态分析方法研究、分离富集技术发展、缩水内醚糖的合成和制备多糖、大骨节病因机理等方面取得了突破性进展；在环境污染控制、废弃物资源化、饮用水质净化等方面已有多项较为成熟的技术，获国家发明专利，具有推广应用的前景，如膜技术、汽车尾气净化技术、造纸黑液资源化技术、柠檬酸菌种和后提取技术、生物农药等；在水处理技术方面，已具备多种高效、可组装的单元技术，如高效絮凝剂、饮用水净化技术、超滤膜等。

六、中国科学院大气物理研究所

中国科学院大气物理研究所的前身是1928年成立的原国立中央研究院气象研究所。1950年1月，中科院将气象、地磁和地震等部分科研机构合并组建成立中科院地球物理研究所。1966年1月，根据我国气象事业发展的需要，中科院决定将气象研究室从地球物理研究所分出，正式成立中科院大气物理研究所。该所是中国现代史上第一个研究气象科学的最高学术机构，目前已发展成为涵盖大气科学领域各分支学科的大气科学综合研究机构。

该所设有 2 个国家重点实验室，3 个中科院重点实验室，4 个所级实验室和研究中心。国家重点实验室包括：大气科学和地球流体力学数值模拟国家重点实验室、大气边界层物理与大气化学国家重点实验室。中科院重点实验室包括：中科院东亚区域气候-环境重点实验室（全球变化东亚区域研究中心）、中科院中层大气和全球环境探测重点实验室、中科院云降水物理与强风暴重点实验室。所级实验室和研究中心包括：国际气候与环境科学中心、竺可桢-南森国际研究中心、季风系统研究中心、中国生态系统研究网络大气分中心。另外还设有公共技术服务中心和低层大气探测部。在河北香河和兴隆、安徽淮南、吉林通榆、甘肃敦煌等地设有野外观测站。中科院气候变化研究中心和中科院减灾中心挂靠在该所。1979—2017 年，该所拥有 SGI-F 4200、曙光、惠普、浪潮 4 套高性能计算集群，MST 雷达、325 m 气象观测铁塔、风廓线雷达、高分辨飞行时间气溶胶质谱仪等设备。

该所主要研究大气中各种运动和物理化学过程的基本规律及其与周围环境的相互作用，特别是研究在青藏高原、热带太平洋和我国复杂陆面作用下东亚天气气候和环境的变化机理、预测理论及其探测方法，以建立“东亚气候系统”和“季风环境系统”理论体系及遥感观测体系，发展新的探测和试验手段，为天气、气候和环境的监测、预测和控制提供理论和方法。

该所是中国科学探险协会、中国气象学会动力气象学委员会、大气环境学委员会、统计气象学委员会的挂靠单位，主办的刊物有：《大气科学》（中文版）、《大气科学进展》（英文版）（SCI 收录）、《气候与环境研究》（中文版）、《大气和海洋科学快报》（英文版）。

七、北京大学

北京大学是我国最早开展环境学科教学和科研的机构之一，经过40余年的快速发展，形成了在国内环境学科领域的整体优势地位，成为国际环境科学与工程领域具有一定影响的教学与科研机构。根据 U.S. News & World Report 与 QS World University Rankings 的数据，北京大学环境科学在全球2015年排名第28。按基本科学指标（ESI）的数据，北京大学环境/生态学科已跻身全球前0.2%。

环境科学与工程学院依托北京大学在自然科学、社会科学、医学方面的学科基础，在“985”和“211”工程支持下，该学院在基础设施、学科体系和人才队伍建设方面取得了一系列有重要国际影响的科技成果，同时为中国政府提供了重要的环境决策支持，多项建议被政府采纳，并有效参与到国际环境协议的国际决策支持过程中。

城市与环境学院以地理学为主体，包含环境科学、生态学、城乡规划等多个相关学科，具有理、工、文多学科交叉的综合优势。学院拥有地理学国家一级重点学科，自然地理和人文地理两个国家二级重点学科，2011年与校内其他学院联合建设了首批生态学一级学科。该学院有地理学国家理科基础科学人才培养基地和地表过程分析与模拟教育部重点实验室。该学院下设4个系和1个研究所，即城市与区域规划系、城市与经济地理系、资源与环境地理系、生态学系和历史地理研究所。另有地理科学研究中心、城市规划设计中心等10多个研究中心。美国林肯基金会支持的北京大学—林肯研究院城市发展与土地政策研究中心挂靠该学院。

八、清华大学

清华大学环境学院源于1928年设立的市政工程系，建立了以环境工程、环境科学、环境管理、市政工程、辐射防护与环境保护、生态学为重点的学科体系；建立了环境模拟与污染控制国家重点联合实验室、联合国环境规划署巴塞尔公约亚太地区协调中心等高水平的开放式研究机构，长期担任教育部高等学校环境科学与工程教学指导委员会和环境工程专业教学指导分委员会的主任单位，为国家重大环境问题的解决和可持续发展战略的实施提供了技术服务、理论支持和决策支撑，成为我国重要的环境保护高层次人才培养基地和高水平科学研究中心。

主要研究机构包括：环境模拟与污染控制国家重点联合实验室、国家新能源与环境国际研发中心（科技部）、联合国环境规划署巴塞尔公约亚太地区协调中心、联合国环境规划署 POPs 公约区域中心、固体废物处理与环境安全教育部重点实验室、国家环境保护环境微生物利用与安全控制重点实验室、清华大学环境科学与工程研究院、清华大学全球环境研究中心、清华大学持久性有机污染物研究中心、清华大学循环经济研究院、清华大学战略环境评价研究中心、清华大学环境质量检测中心、清华大学环境影响评价室、清华大学污染物总量与环境质量控制技术政策研究中心。

九、北京师范大学

北京师范大学从事环境科学研究的学院包括环境学院和水科学研究院。

环境学院于 2003 年正式成立，目前下设有“四系”和“四中心”，包括：环境科学系、环境规划与管理系、环境生态工程系和环境系统工程系，以及环境影响评价中心、湿地生态与工程研究中心、全球环境政策研究中心和大气环境研究中心。同时，还拥有水环境模拟国家重点实验室和教育部水沙科学重点实验室，以及环境科学与工程博士后流动站。2010 年以来，该学院已承担和完成国家级、省部级科研项目 200 余项，其中“973”项目 2 项，国家杰出青年科学基金项目 1 项，“973”课题 13 项，“863”课题 5 项，国家科技支撑项目 8 项，国家自然科学基金重点项目 6 项，国家自然科学基金面上项目 100 余项，环保公益项目 1 项，国际合作项目 10 项，国家科技攻关及其他横向项目 150 余项；获得国家和省部级科研奖励 10 余项，发表论文 1 600 余篇，其中 1 200 余篇 SCI 论文，211 篇 EI 论文。出版专著、教材 24 部。经过 20 多年的发展，在学科上已形成了以自然科学与社会科学、宏观研究与微观研究、环境预测与污染控制相结合的环境科学与工程学科发展体系，其中，环境科学为国家重点学科，环境工程为北京市重点学科，环境科学与工程为国家授权一级学科。主要研究方向包括：环境评价、规划与管理，流域水环境过程，土壤污染诊断与修复，湿地生态系统模拟，水污染治理工程，水生态修复技术，环境经济分析与生态价值评估，城市生态规划与管理，废物处置与资源化技术，环境教育与可持续发展教育等。

水科学研究院成立于 2005 年 1 月，是全国教育系统第一家专门从事水科学前沿领域研究的机构。该研究院下设水文水资源系、地下水科学与工程系、水生态与环境研究所。拥有地下水污染控制与修复教育部工程研究中心、水沙科学教育部重点实验室、北京师范大学地下水科学与工程研究中心、北京师范大学环境应急管理技术研究中心、土壤—地下水修复实验室及数字流域校级重点实验室，在北京通州、福建泉州以及河北易县、滦县、冉庄等地建有野外实习基地，为开展各类复杂、综合性的科学实验与教学研究提供了重要支撑和保障。该研究院在水科学研究方面的学科设立较为完备、学科层次结构合理。在人才培养方面，拥有 5 个硕士学位授予点（水文学与水资源、地下水科学与工程、环境科学、环境工程、水力学及河流动力学）、3 个博士学位授予点（地下水科学与工程、环境科学、环境工程）。经教育部批准，该院与中科院共建环境科学与工程博士授予点。学院还设有环境科学与工程以及地理学博士后流动站。

十、中国人民大学

中国人民大学环境学院成立于 2001 年 11 月，在整合相关优势学科的基础上，形成了我国第一家经济、管理、科学、工程并重的多学科综合型环境教育与科研机构。

学院下设环境与资源经济学系、环境与资源管理系、环境科学系、环境工程系、环境经济研究所、环境政策与环境规划研究所、低碳水环境技术研究中心、环境科学与工程综合实验中心等教学研究单位，形成了经济学、管理学、理学和工学多学科融合的环境学科群。目前具有从本科到硕士、博士研究生和博士后科研流动站的完整的人才培养体系，拥有人口、资源与环境经济学和自然资源管理 2 个博士点；人口、资源与环境经济学以及自然资源管理、环境政策与管理、环境工程、环境科学、生态学、地图学与地理信息系统 7 个硕士点；公共事业管理（环境与资源管理方向）、环境科学、环境工程、资源与环境经济学 4 个本科专业；设有人口、资源与环境经济学博士后科研流动站。其中人口、资源与环境经济学是国家级重点学科，是国内资源与环境经济学领域成立最早、规模最大、培养层次最为齐全的学科点，也是全国首批“双一流”重点建设学科。

学院长期致力于资源与环境经济、自然资源管理与环境治理等理论与现实问题的研究，是我国环境领域综合应用型复合人才的重要培养基地，同时也是我国环境经济与管理学科的重要学术研究中心。

十一、其他科研机构

其他国家在京科研机构名称及网址见表 5-1。

表 5-1　其他科研机构名称及网址

机构名称	网址
中国气象科学研究院	http：//www.cams.cma.gov.cn/
国家环境分析测试中心	http：//www.cneac.com/
中国疾病预防控制中心环境与健康相关产品安全所	http：//www.hygiene.net.cn/index.html
农业部规划设计研究院农村能源与环保研究所	http：//www.caae.com.cn/ywbm/ncnyyhbyjs/
中国铁道科学研究院节能环保劳卫研究所	http：//www.rails.com.cn/index.php？id=1
中国城市规划设计研究院城镇水务与工程专业研究院	中国城市规划设计研究院： http：//www.caupd.com/index.asp
中科院过程工程研究所	http：//www.ipe.ac.cn/
北京航空航天大学化学与环境学院	http：//sce.buaa.edu.cn/
北京理工大学化工与环境学院	http：//www.bit.edu.cn/xxgk/xysz/hgyhjxy/index.htm
北京科技大学土木与环境工程学院	http：//ces.ustb.edu.cn/
北京化工大学化学工程学院	http：//chem.buct.edu.cn/
中国农业大学资源与环境学院	http：//zihuan1.cau.edu.cn/
北京林业大学环境科学与工程学院	http：//hjxy.bjfu.edu.cn/
中央民族大学生命与环境科学学院	http：//cles.muc.edu.cn/
华北电力大学可再生能源学院	http：//kzsxy.ncepu.edu.cn/
中国矿业大学（北京）化学与环境工程学院	http：//scee.cumtb.edu.cn/
中国石油大学（北京）化学工程学院	http：//www.cup.edu.cn/chem/
中国石油大学（北京）地球科学学院	http：//www.cup.edu.cn/geosci/
中国地质大学（北京）水资源与环境学院	中国地质大学（北京）： http：//www.cugb.edu.cn/index.action
中国科学院大学资源与环境学院	中国科学院大学： http：//www.gucas.ac.cn/

第六章　科学研究与技术应用

20世纪五六十年代，北京市的环境科研工作存在很大的局限性，主要是在工业“三废”污染调查、污水灌溉、工业固体废物综合利用等方面开展了一些研究工作。20世纪70年代，对全市的环境质量和污染源情况进行了深入调查研究，初步掌握了环境污染发生发展的过程和规律，有针对性地开展了区域环境及污染控制技术研究，取得了一系列重要研究成果。20世纪80年代，科研工作从局部地区向全市及京津渤等更大的环境单元进一步发展深化，开展了环境预测、规划、管理、环境影响评价、城市生态、环境法学等研究，其中水污染控制研究逐步转移到有机污染的防治，大气污染控制研究从锅炉、窑炉的单项治理转向大气污染扩散规律、煤烟型污染和机动车污染防治，以及各种消烟除尘和工业废气治理技术的筛选、推广。

20世纪90年代，1992—1996年完成的《北京环境总体规划研究》，从水、大气、固体废物等方面，通过现状及问题分析、发展趋势分析，提出了未来一段时间的发展目标和治理任务措施，为北京市的环境管理工作提供了支撑。大气方面，主要针对城市层面开展二氧化硫、总悬浮颗粒物以及氮氧化物污染规律及控制对策研究，控制技术研究以燃煤锅炉、工业源治理技术为主。水方面，开展了一系列针对密云水库、官厅水库污染防治和水质保障技术研究，以及地下水污染防治研究；针对日益凸显的水资源短缺问题，宏观上开展了保护生态环境合理利用水资源的研究，微观上借鉴国外经验在国内率先开展了建筑中水净化回用技术的研究和应用；重点开展了城市污水土地处理、曝气生物滤池、快速拼装污水处理反应器、污泥生产有机肥等技术的研究和应用。

21 世纪，环境科学研究持续深入，在环境政策与规划、生态保护、大气污染防治、水污染防治和水资源保护、固体废物污染防治和资源化利用、环境噪声污染防治、放射性和电磁污染防治等领域取得了一批研究成果。2002 年完成了《北京市大气污染控制对策研究》，2008 年完成了《北京市水环境非点源污染研究》，开展了《生活垃圾焚烧飞灰资源化研究》《北京焦化厂搬迁场地环境风险管理技术研究》《北京市应对气候变化方案研究》，2010 年开展了《北京市实施国Ⅴ机动车排放标准相关技术和问题研究》、完成了《北京道路交通噪声综合防治研究》，2011 年完成了《北京市大气污染源排放清单编制指南》《再生水作为永定河生态用水的水质强化处理技术及总体方案设计》，2012 年完成了《北京及近周边区域大气复合污染形成机制及防控措施研究示范》，2013 年完成了《北京市水环境质量与流域生态健康状况研究》，2014 年完成了《建设工程施工扬尘排污收费研究》和《轨道交通工地全封闭施工环境评估》等重点研究项目。这些科研项目成果，为加强污染源治理、提高环境决策和管理水平提供了科学支撑。特别是在大气污染防治科学研究领域，在污染机理及宏观控制对策研究方面，研究尺度逐渐从城市尺度扩展到区域尺度，以 2008 年奥运会空气质量保障为目标开展的区域层面的污染机理及控制策略研究，提出了北京及周边地区空气质量保障技术方案，随着细颗粒物、臭氧等污染问题的突出，区域层面的大气污染机理及控制对策研究更加深入，成为大气领域研究的重点；为了给污染防治措施落实和排放标准的实施提供支撑，开展了污染防治技术的筛选和评估研究，2007 年之前以各类扬尘源控制技术研究为主，2007 年之后重点转向电厂烟气综合治理、挥发性有机物污染控制、机动车污染控制及油品储、运、销过程的污染控制。在水污染防治科学研究领域，尽管工业排放占比逐渐减小，但居民生活和农业排放的水污染物总量居高不下，水环境污染趋势未能根本扭转，资源型缺水和水质型缺水同时存在。为此，利用北京奥运保障、南水北调工程建设、国家水专项等契机，开展了一系列水环境问题诊断、水污染治理对策研究课题，为持续有效开展污染治理奠定了较好的基础。同时，在北运河、永定河、昆明湖、什刹海等重要地表水体开展了一系列水环境治理修复的工程技术研究与示范。

新技术应用方面，在1991—2010年火电、燃煤锅炉、建材、钢铁、石化、污水处理等重点行业污染治理中，采用了大量先进的污染防治新技术，并通过制定实施大气污染治理阶段措施和地方污染物排放标准从而得到推广应用。

火电行业，2005—2007年完成燃煤机组烟气脱硫和除尘技术改造，2008年在全国率先完成烟气脱硝治理；2008年太阳宫燃气热电厂率先完成了燃气轮机组烟气脱硝和电厂噪声综合治理。

建材行业，1994年在全国率先采用水泥窑尾高效布袋除尘技术，使窑尾烟尘排放浓度大幅降低。

钢铁行业，1994年实施焦炉焦侧除尘技术，1996年实施了炼钢电炉除尘改造、建成国际上第一台220蒸吨全燃高炉煤气电站锅炉，1999年在全国率先实施了焦炉干熄焦技术。2007年顺义西区集中供热中心在全市率先完成燃煤锅炉烟尘、二氧化硫深度治理。

石化行业，燕山石化1998—2003年实施装油站台油气回收技术改造，2004年开始实施清洁燃料炼油技术，2007年对一苯酚装置的氧化尾气进行治理，2002年和2004年先后实施了西区炼油污水和东区化工污水回用装置，使燕山石化的回用水质和水量均居国内领先水平。

移动源方面，1999年开展在用轻型化油器轿车排放治理，2005—2008年开展在用柴油车颗粒物排放治理。在城市生活污水处理领域完成的多项先进技术示范应用处于北京市或全国领先水平。1998—2002年污泥中温两级消化技术在高碑店污水处理厂得到应用；生活污水处理空气曝气活性污泥法处理工艺在 1993—1999 年建成的高碑店污水处理厂得到应用；2008 年膜生物反应池处理工艺在北小河再生水厂应用，超滤膜过滤处理工艺在清河再生水厂得到应用；2010 年建成首条城市污水处理厂污泥共处置线。

危险废物处置领域，2004 年北京在全国率先建成利用水泥窑协同处置危险废物生产线，2008 年建成全国首例飞灰水洗预处理和水泥窑协同处置项目。

第一节　大气污染防治

在 1987 年之前，北京市大气污染治理重点关注的是煤烟和工业粉尘、废气污染源治理，1990 年前后至 1998 年关注重点和治理领域扩展到机动车污染和扬尘污染治理。1998 年是一个标志性的年份，北京市通过发布阶段性大气污染控制措施，系统推进大气污染防治工作，并取得了明显成效。随着 2012 年国家实施新的《环境空气质量标准》和公众环境意识的提高，北京的大气环境质量得到国际社会和公众的普遍关注，治理难度越来越大，所涉及领域更广泛，要求也更高。

20 世纪 90 年代至今，北京市的大气污染经历了由煤烟型污染向煤烟、机动车、工业和扬尘等复合型污染转变的过程，科学研究也经历了从单一源类治理技术研究向城市和区域大气污染防治综合决策研究的转变。在实施重大治理决策、控制措施和方案、先进治理技术以及制定政策法规标准时，都积极开展前瞻性和基础性研究。很多研究成果不仅为北京市大气污染综合防治和管理发挥了重要支撑作用，同时成功经验也为其他城市和地区起到了示范和引领作用。

一、燃煤污染防治

针对煤烟型污染控制的研究呈现明显的阶段性，20 世纪七八十年代以消烟除尘技术研究为主，20 世纪 90 年代随着对酸雨问题的关注，开始进行工业锅炉脱硫技术的研究，奥运会前随着北京市锅炉地方标准排放限值的加严，开始关注火电厂和工业锅炉氮氧化物排放控制技术的研究。

（一）燃煤电厂污染控制

1983—1985 年，市环保所完成了“北京地区集中供热环境、经济效益分析”项目，对三里河和西二环至西三环之间的地区，利用石景山热电厂热源采暖的规划方案进行了分析，对比了燃煤集中供热和分散供热的经济效益和环境效益，燃煤集中供热在节约能源的同时，使空气中二氧化硫的污染减少了 40%，有助于改善大气环境质量。此项研究为修建石景山热电厂供热管网工程及在燃煤地区实行集中供热提供了决策依据。

1986—1990 年，为了控制市区大气中二氧化硫污染，清华大学、冶金工业部建筑研究总院冶金环境保护研究所（以下简称冶金部建研院环保所）、市劳保所等单位先后完成了“燃煤固硫新型循环床锅炉技术开发”“火电厂排烟脱硫技术研究”等项目，在高活性脱硫剂、石灰石固硫特性、高效低污染流化床锅炉、低硫煤工业锅炉烟气旋转喷雾干法脱硫技术等方面进行了研究和探索。

2002 年，石景山热电厂完成 4 号锅炉烟气脱硫治理项目。石景山热电厂拥有 4 台 220 MW 现代化大型燃煤供热汽轮发电机组，1998 年为落实北京市第 24 次市长办公会关于石热 4 号锅炉烟气脱硫限期 2002 年完成治理的要求，2002 年 12 月 29 日石热完成脱硫工程建设。该项目是国内第一台 200 MW 燃煤发电机组烟气脱硫国产化项目，采用适用范围广、脱硫效率高、技术成熟的石灰石-石膏湿法烟气脱硫技术，脱硫效率≥95%，排放浓度＜100 mg/m^3。该项目被国家经贸委评为“全国百家环保示范工程”。

2005 年，北京京丰热电公司完成 100 MW 机组袋式除尘器改造工程。2004 年布袋除尘器在国内尚未推广，国内业界对布袋的使用能否安全稳定尚存在争议。京丰公司经过广泛调研、论证，最终选用了布袋除尘器，2005 年 10 月 7 号机组大修中实施改造工程，改造后烟尘排放浓度约为 15 mg/m^3，满足新标准要求（烟尘排放浓度限值为 30 mg/m^3），除尘器安全运行至 2008 年奥运会机组关停之前，成为国内、北京市最早使用布袋除尘器的发电厂之一。

2007—2008 年，由中国环境保护产业协会（以下简称中国环保产业协会）牵头，市环科院、国电环境保护研究院、中国环科院以及有关环保企业等参与了国家环保总局下达的“中国火电厂氮氧化物排放控制技术方案研究”课题，课题分为国内外火电厂烟气脱硝控制法规/标准和技术策略研究、火电厂锅炉及燃料对 NO_x 生成的影响、火电厂锅炉燃烧过程 NO_x 控制技术、火电厂烟气脱硝技术比较研究、火电厂脱硝技术案例分析等。主要研究成果包括：掌握国内外火电厂氮氧化物控制标准和策略；摸清我国燃煤电厂 NO_x 排放现状，一般都超过 500 mg/m^3；火电厂 NO_x 的排放特征与诸多因素有关，以煤种、燃烧方式和机组负荷对 NO_x 排放的影响尤为突出；火电厂 NO_x 排放控制技术包括低 NO_x 燃烧技术以及烟气脱硝技术，烟气脱硝技术包括 SCR、SNCR 等；通过借鉴国内外先进经验，基于不同控制目标的情景分析，提出了适合我国国情的火电厂 NO_x 控制技术方案，为政府制定火电厂 NO_x 总量控制政策提供了科学依据。

2007—2010 年，市环科院、国电环境保护研究院、中国环保产业协会承担了环保部下达的《燃煤电厂污染防治最佳可行技术指南》的编制工作。该指南为国内首次发布，分别对燃煤电厂工艺过程污染预防技术、大气污染物末端治理技术、水污染物末端治理技术、噪声治理技术、固体废物综合利用及处置技术等进行了归纳汇总，并给出了燃煤电厂工艺过程污染防治及污染物排放控制的最佳可行技术。该指南可作为燃煤电厂项目环境影响评价、工程设计、工程验收以及运营管理等环节管理的技术依据，是供各级环境保护部门、设计单位以及用户使用的指导性技术文件，确保了环境管理目标的技术可达性，增强了环境管理决策的科学性。该指南于 2010 年发布实施。

随着北京市大气污染治理的深入，2008 年奥运会前夕，北京市要求完成燃煤电厂烟气除尘脱硫脱硝深度治理的同时，发电燃料清洁化成为必然要求，新建燃气热电厂氮氧化物排放控制提到日程。

2008 年，高井热电厂烟气脱硝改造工程。大唐国际发电股份有限公司北京高井热电厂始建于 1959 年，1974 年全部竣工，总装机容量 600 MW，包括 6 台 100 MW 凝汽式汽轮发电机组和 8 台高温高压燃煤锅炉。高井热电厂 1～8 号炉烟气脱硝工程是国内首家现役机组脱硝改造示范工程，2004 年国家发改委将此工程立项并列入节能节水资源综合利用国债项目计划，2005 年完成项目可行性研究报告、环评审批等前期工作，2006 年 3 月签订工程施工合同，2008 年完成环保竣工验收。该项目净投资 23 635.18 万元，采用选择性催化还原法（SCR）烟气脱硝技术，脱硝效率≥80%。该工程在引进、消化国外脱硝设计技术的基础上，推进烟气脱硝工程设计国产化；在引进制造技术的基础上掌握氨喷射装置、催化剂等主要设备的制造技术并逐步实现国产化。

2008 年，太阳宫电厂实施了燃气轮机组烟气脱硝工程，成为全国首个燃气轮机组烟气脱硝的火电企业。该厂安装了 2 台（F 级）燃气轮机，为“一拖二”发电模式：一台燃气轮机做功后的烟气分别作为两台余热锅炉的热源。烟气经过选择性催化还原反应器（SCR）脱硝技术处理，氮氧化物排放浓度低于 30 mg/m^3。

（二）燃煤锅炉污染控制

1972—1979 年，市环保所、市劳保所及有关科研部门开展了消烟除尘技术研究，对在北京市推广的二次风、导风器、码花墙等土法改炉技术进行调查研究，研制了往复炉排、链条炉排、双层炉排等消烟除尘技术装备；对燃油锅炉、简易煤气锅炉和工业窑炉研制出有效的消烟除尘措施。通过比较各种燃烧方式，否定了土法改炉，提出了淘汰老式锅炉、加大单台锅炉出力、将手烧炉改为机烧炉、推广高效低污染锅炉及加装除尘器等对策。

1980—1990 年，市环保所、机械工业部上海工业锅炉研究所等部门多次对小型工业锅炉进行热态评价，将小型工业锅炉采用单筒式旋风除尘器的除尘效率提高到 85%；又提出配用多管旋风除尘器，除尘效率达到 90%；对 10 t/h 以上锅炉采用文丘里水膜除尘器，使除尘效率达到 95%；同时研究了湿式除尘对脱硫的效果，采用水洗涤除尘法的脱硫率为 15%～30%，采用废碱水除尘法的脱硫率可达 50%～60%。

1986—1990 年，市劳保所、冶金部安全环保研究院和清华大学等单位共同开展了宽间距电除尘器、单筒旋风和湿式除尘器、沸腾颗粒层除尘技术、袋式除尘技术的研究，其中旋风、湿式、颗粒层和袋式除尘器可用于不同容量、不同燃烧方式的工业锅炉，烟尘排放浓度均达到国家标准。

1991—1996 年，市环保所承担了“工业锅炉复合式除尘脱硫技术和产品的开发与应用”项目。项目以实用性示范工程研究为主，辅以必要的测试及实验研究，探索出一套成本低、除尘效果好（除尘效率达 95%～98%）、脱硫效率高（大于 80%）的工艺流程和设计参数，为北京市开展工业锅炉和工业窑炉烟气治理提供了科学依据，为减少北京市燃煤锅炉烟尘及二氧化硫排放做出了重要贡献。

1993 年，市环保所承担了市环保局下达的“燃煤锅炉硫平衡的研究”课题，该项目通过对工业锅炉、采暖炉热态运行监测分析，掌握了燃煤锅炉燃料消耗量及煤中含硫量、燃烧后炉渣含硫及灰中含硫、烟气二氧化硫浓度，从而计算煤经过燃烧硫的平衡和二氧化硫转化率，为控制燃煤锅炉二氧化硫排放提供科学数据。

1993 年，市环保所开展了“主要燃烧设备燃煤烟气中甲烷与非甲烷烃排放比例的研究”。该项目通过对工业锅炉、采暖炉、蜂窝煤炉的采样测定及统计分析，得到了烟气中甲烷与非甲烷烃的排放比例，增强了人们对大气中碳氢化合物污染的认识。该研究成果达到了当年国内先进水平（首创），具有实用价值和指导意义，为制定有关排放标准、城市规划、扩大采用集中供热和连续供热提供了科学依据。

1997 年，市环科院、市环保监测中心、清华大学承担了市环保局“北京市实用烟气脱硫技术评价与筛选”项目，对 1997 年北京市在用脱硫技术的经济性能作出客观评价，为北京市燃煤锅炉技术政策的提出提供技术支撑。

1997—2001 年，市环科院、市劳保所等承担了“中小型锅炉实用脱硫除尘工艺及设备的筛选评价”项目，该项目为“九五”国家科技攻关环保项目。通过调查基本掌握了在用脱硫除尘技术的使用和生产总体情况，通过调研、监测建立了湿式脱硫除尘技术综合评价的原则和方法，并对湿式脱硫技术的研究开发提出了建议，包括开展廉价脱硫剂的应用及石灰等脱硫剂自动添加装置的研究、开展设备防腐防磨材料优选和阻垢技术的研究、开展以中等脱硫效率为目标的系统节资降耗研究等，为政府的决策提供了科学依据。

2003 年，市环科院开展了“M15 甲醇柴油锅炉燃烧试验报告”研究，主要是在现有锅炉上针对 M15 甲醇柴油燃料进行试验，了解该燃料使用、热工和环保情况，并将其与轻柴油进行比较。研究结果表明：污染物排放量总体比轻柴油少，符合排放标准要求；热工性能与轻柴油差异不大，但燃烧利用效率明显提高；该燃料可作为中小锅炉的清洁替代燃料。

2006 年，顺义区城西集中供热中心完成了燃煤锅炉烟气干式布袋除尘器+湿式氧化镁法脱硫治理。顺义区城西集中供热中心于 2006 年 11 月竣工投入使用，共安装 64 MW 燃煤热水锅炉 3 台（同时预留 2 台锅炉位置），铺设配套供热主干管网约 21.6 km，建成换热站 32 座，实现供热面积约 500 万 m^2，烟气量为 140 000 m^3/h。城西供热中心同步建设了除尘、脱硫等附属配套环保设施，投资约 2 090 万元，占锅炉房建设投资的 15%。除尘、脱硫系统采用了“干式布袋除尘器+湿式氧化镁法脱硫”的两段式处理工艺，这种工艺布置方式为引风机在除尘器后、脱硫塔前，脱硫塔是正压塔，避免了传统的除尘脱硫一体化设置方式难以解决的引风机叶轮带水腐蚀失稳问题，成功将原用于电厂锅炉尾气治理的技术应用于民用供暖锅炉。经市环保监测中心检测，烟尘排放浓度为 5.4 mg/m^3（标准状态下）、二氧化硫排放浓度为 11 mg/m^3（标准状态下）。该项目的实施为北京市《锅炉大气污染物排放标准》（DB 11/139—2007）的制订提供了依据，也为全市远郊区县燃煤集中供热中心建设提供了应用示范。

2010—2011 年，市环科院开展了“工业锅炉烟气 NO_x 控制技术评估”，调研分析了工业锅炉烟气脱硝装置的设计指标、排放数据及运行状况等，系统评估了脱硝装置的适用性和有效性，并对脱硝系统存在的问题提出了意见和改进建议，为在大型燃煤供热厂继续推广应用 SCR 烟气脱硝技术提供了科学依据。

（三）小煤炉污染控制

1979—1985 年，市环保所、北京大学、市气象所、市环保监测中心等单位完成了“燃煤污染及其防治”“城市燃煤污染源探讨”“北京市燃煤燃烧造成的污染及其控制途径”等研究。结果表明，大量低空排放的小煤炉、采暖锅炉和餐饮业大灶是市区近地面呼吸带大气污染的主要贡献者，在二环路内其贡献率超过 80%。据此，北京市防治煤烟型污染工作，从单纯进行锅炉、窑炉消烟除尘，向锅炉、窑炉和民用炉灶改造相结合，炉窑灶改造与煤炭加工成型相结合转变。

1983—1987 年，北京市煤炭利用研究所、北京矿业学院研究生部、市环保所等单位完成了“北京市小煤炉排污状况和控制途径”“碳酸盐化型煤的研究”“民用蜂窝煤配套炉具现状及展望”等研究，研制的型煤，分别用造纸黑液、沥青和碳酸盐化黏结成型，一般可少排烟尘 40%～50%、节煤 5%～10%，但因其存在亲水性强、苯并[*a*]芘污染以及工艺等问题，均未能生产应用。

1984—1985 年，为了控制大量低空排放的民用小煤炉污染，市环保所开展了“北京市取暖小煤炉减污节能技术研究”，研制了减污节能的民用小煤炉。通过在蜂窝煤炉上安装助燃器、散热器和封火减污器，可节煤 25.6%，室温可升高 2℃以上。在释放相同热量时，比普通蜂窝煤炉一氧化碳排放减少 68.6%、烟尘减少 46.4%、灰渣减少 30.2%，1985—1990 年在北京推广该技术设施 2 万套。

二、工业大气污染防治

工业大气污染治理技术的研究包括：2000 年以前主要是针对生产工艺废气治理技术的研究，从 2001 年开始针对工业无组织扬尘污染控制开展了一系列研究，2001 年开展了工业源尘的无组织排放现状分析及控制对策研究，2004 年又分别开展了工业无组织源可吸入颗粒物排放清单研究和城市可吸入颗粒物污染源排放清单构建和排放特征研究。

（一）烟粉尘治理

1990—1994 年，首钢完成焦炉焦侧除尘技术改造。首钢 1 号焦炉和 3 号焦炉原设计在出焦过程中无除尘设施，烟尘无组织排放污染严重。首钢吸收国外先进技术，自行设计、安装了焦侧除尘系统。该系统先进性在于：移动式集尘罩与推焦机同步，移动捕集出焦时产生的烟尘，经布袋除尘器净化后排放。该系统出焦烟尘捕集率达 97%，除尘效率达 98%以上，烟尘排放浓度达到国家污染物排放标准。1996 年被评为冶金部科技进步二等奖。

1994 年，北京水泥厂建成新型干法水泥窑窑尾大布袋收尘器。传统的水泥窑尾均采用电除尘器，为了提高除尘效率和运行稳定性，经广泛调研，1994 年北京水泥厂在国内第一个成功使用大布袋式除尘器取代传统的电除尘器，该滤袋材质优良、清灰方式设计合理，先进的大处理风量分室反吹布袋式除尘器，达到理想的除尘效果。经国家环保局、市环保监测中心严格监测，全厂除尘设备排放浓度均大大优于当时国家一级排放标准的要求，窑尾粉尘排放浓度仅为 5.17 mg/m^3，达到国际环保先进水平。《北京日报》《北京新闻》《中国建材报》、北京电视台等多家新闻媒体都对北京水泥厂环保工作进行了报道。

1996 年，首钢特殊钢公司完成炼钢二厂 7 号电炉除尘系统改造。首钢特殊钢公司炼钢二厂炼钢电炉原采用侧吸罩+布袋除尘技术，由于侧吸罩先天性不足，烟尘捕集率仅约为 50%，造成电炉冶炼过程中烟尘污染严重。1996 年，首钢投资 73.85 万元，对首钢特殊钢公司炼钢二厂 7 号 6 t 电炉除尘系统进行改造。该项目选用半密闭罩电炉除尘技术（1996 年国家最佳实用技术），将原侧吸罩改成半密闭集烟罩，通过罩形优化设计来确保烟气的捕集率。改造后，烟尘捕集率从 50%提高到 90%以上，基本消除了电炉冶炼烟尘污染问题。

1996 年，首钢建成 220 蒸吨/小时全燃高炉煤气锅炉。首钢电力厂原有 220 蒸吨/小时电站锅炉采用煤或掺烧 15%煤气作为燃料，燃烧过程中产生烟尘和二氧化硫。1996 年，首钢投资 4 900 万元，建成国际上第 1 台 220 蒸吨/小时全燃高炉煤气电站锅炉。该项目完全采用回收的低热值高炉煤气作为燃料，每年可回收利用高炉煤气约 18 亿 m^3，节约原煤 24 万 t，减少粉尘排放 464 t，减少二氧化硫排放量 3 840 t。该技术获国家知识产权局及世界知识产权组织颁发的“中国专利金奖”，2004 年获冶金科学技术一等奖及北京市科学技术一等奖。

1999 年，首钢焦化厂 1 号焦炉完成干熄焦技术改造。首钢焦化厂 1 号焦炉原为湿法熄焦，熄焦过程烟尘无组织排放污染环境，同时产生熄焦废水。1999 年，首钢投资 29 188 万元，与日本新日铁公司合作，在全国率先开展了干熄焦替代湿法熄焦技术应用，对 1 号焦炉实施了改造。

该项目采用循环气体（氮气）吸收红焦的热能，再通过锅炉将热能转换为中压蒸汽发电，达到回收能源、减少环境污染的目的。每年可减少湿法熄焦粉尘排放量 38.3 t；每小时可产生蒸汽量 27.7 t，相当于每年节省燃煤 40 118 t，少产生烟尘 381 t。该项目应用成功后，中日双方联合在全国推广该项技术。

2001 年，市环科院开展了“北京市工业源尘的无组织排放现状分析及控制对策研究”。该项目主要针对北京市工业无组织排放源现状进行了详细调查，对典型工业无组织排放源的生产工艺、生产过程、无组织排放点、主要污染物 TSP、PM_{10} 和 $PM_{2.5}$ 的排放量及排放特征进行调查、分类、分析，通过对国外相关资料的调研，结合北京市各工业企业发展规划，提出 2003 年及 2008 年工业源尘的无组织排放治理措施。研究结果表明：北京市工业污染源尘的无组织排放主要分为工艺过程尘的无组织排放和原料堆的风蚀及作业扬尘两部分；煤堆、料堆、作业扬尘可以通过封闭、设置料仓等措施进行控制，同时也要加强对装卸、运输的管理以防止二次扬尘；提出了工业源尘的无组织排放控制对策。

2004—2005 年，市环科院开展了“北京市工业无组织源可吸入颗粒物排放清单研究”，该课题为科技部项目“北京市可吸入颗粒物污染源信息平台构建和示范研究”的专题之一。该研究首次对国内工业无组织可吸入颗粒物的排放开展了系统的研究工作，在对国外研究成果进行深入调研分析的基础上，根据 2003 年北京市工业企业基本情况，采用类比法、经验公式计算法、参数现场调查及实测法确定了工业无组织可吸入颗粒物的排放因子、排放特征和排放清单。

2004—2006 年，中国环科院、市环科院共同完成了国家环保总局下达的“城市可吸入颗粒物污染源排放清单构建和排放特征研究”，该项目通过调研和实测，获得了北京市城市可吸入颗粒物污染源有组织及无组织排放清单。

（二）氮氧化物废气治理

1973 年，北京石化总厂胜利化工厂与中科院大连化学物理研究所协作，采用选择性催化转化法净化氮氧化物废气，净化率达到约 95%，为治理“黄烟”提供了设计参数。北京无线电元件三厂采用二级双层碱液吸收塔吸收“黄烟”，吸收率达 99.8%。

1979 年，市劳保所和市环保所等单位分别采用斜孔塔和波纹填料塔用碱液吸收氮氧化物废气，吸收前喷入氨气或在吸收液中加入硫代硫酸钠，净化率可达 90%以上，效果良好。

1984 年，针对金属表面处理行业氮氧化物瞬时排放浓度高、浓度变化大、氧化度高等特点，市环保所研制了碱性硫代硫酸钠法净化氮氧化物废气的技术。该技术是当时国内首次在生产上使用，具有净化效率高、工艺流程简单、设备投资少、易于加工和管理等优点，有效减少了金属表面处理行业氮氧化物的排放。

（三）有机有毒废气治理

1973—1976 年，冶金工业部建筑研究总院、北京有色冶金设计院等单位应用波纹填料塔，以碱液为吸收剂，净化回收有色金属冶炼过程中的废氯气，制取次氯酸钠获得成功，达到了除害兴利、变废为宝的目的。

1974—1977 年，北京工业大学开展“有机废气的催化净化”研究，用化学镀法制成金属钯/镍丝催化剂，将涂箔生产工艺过程中释放的含丙酮、乙醇、乙酸乙酯、环己酮等有机废气，经催化燃烧成二氧化碳和水。

1975 年，北京工业大学和北京电线厂采用铂钯蓬体球催化剂催化燃烧漆包线烘干废气，净化率达到约 98%。同时，利用余热作烘干热源，既节电又提高了产品质量。

1976—1977 年，北京市革制品厂研究试验成功采用三辊压延机擦胶工艺。该工艺不再用苯和酒精溶胶，而是将丁腈混炼胶用压力直接贴擦在帆布上制成丁腈胶布，每年可节约苯 52 t、酒精 10 t，价值 10 万元，彻底解决了苯对车间及周围环境的污染。

1978 年，市环保所和北京喷漆总厂采用活性炭吸附净化喷漆废气，净化率达到约 90%，同时回收了有机溶剂。

北京石化总厂曙光化工厂自投产以来一直将裂解尾气作为燃料用气，并将多余尾气送入火炬燃烧后排空。1981—1982 年，该厂研究成功回收裂解尾气的生产工艺，先将裂解尾气送入缓冲罐，再进入压缩机，经二段压缩后冷凝分离，最后送至前进化工厂深度加工分离提取化工原料，既节约了能源、增加了收益（年净增产值 208 万元），又消灭了火炬，减少了对环境的污染。

1981—1983 年，市化工研究院环保所和北京合成纤维实验厂协作，开展“锦纶帘子布浸胶尾气净化处理研究”，采用催化燃烧方法，选用载钯陶瓷蜂窝催化剂，去除帘子布浸胶尾气中 2-乙烯基吡啶等有害物质。

三、移动源污染防治

20 世纪 80 年代中期以前，主要开展催化剂的研发工作，此后陆续开展了汽车排放污染状况及控制途径研究、汽车排放对环境的影响和防治技术研究等，特别是 1997 年开展了机动车排气污染控制管理规划及实施方案的全面系统研究。2008 年奥运会之前，开展了油品储运销环节油气排放控制、排放限值和检测规范等研究。随着机动车污染占比越来越大，开展了北京市机动车污染控制决策支持系统的研究与建立、国Ⅴ机动车排放标准相关技术和问题研究、非道路移动机械柴油机排放因子研究。

（一）机动车污染综合控制对策

1984—1986 年，市环保局、市环保所、北京大学开展了“北京市汽车排放污染状况及控制途径研究”，运用系统工程和示踪实验方法，研究汽车尾气的扩散规律，建立了市区汽车尾气扩散模式和参数，提出了控制城市汽车污染的方案。

1986—1989年，市环保所开展了“北京市汽车污染分担率及控制途径研究”。通过对三环路内30条不同类型道路秋冬两季一氧化碳、氮氧化物和总烃在水平方向及垂直方向浓度分布规律的研究，提出了汽车污染物排放分担率和区域污染分担率的定量概念。据此，对道路建设、法规制定、尾气净化、加强治理等控制措施提出了建议。

1992年，市环保所开展了“汽车排放对环境影响和防治技术的研究”和“北京市汽车污染分担率的研究”课题。

1997—1999年，清华大学承担了市市政管委和市环保局的研究课题“北京市机动车排气污染控制管理规划及实施方案”。课题调查了北京市机动车排气污染相关的基础数据，建立了动态数据库；利用现代数据处理系统和模拟方法，确定了北京市机动车污染物排放的时空分布和分担率，研究了机动车排放造成的环境质量影响趋势；采用模拟手段和传输矩阵方法，将机动车排放直接与城市空气质量关联，通过效益和费率分析计算，提出了优化的综合控制规划方案和具体实施计划。研究起草的“机动车排放污染防治技术政策”已由国家环保总局等部门于1999年6月8日颁布执行。研究提出的《汽油车双怠速及污染物排放标准》经国家环保总局协调，在北京周边7个省市达成了协调实施的具体办法。

1999年，开展在用轻型化油器轿车排放治理。根据相关研究结论，造成北京市大气污染严重的主要原因之一是汽车排放污染严重，为使北京市大气环境质量逐步得到改善，在控制新车排放污染的同时，必须加大对在用车污染治理的力度。1999年市政府和相关部门多次发文要求，1995年1月1日以后领取牌照的轻型轿车，必须进行排放的治理改造，治理的技术方法是采用电喷、电控化油器加三元催化净化器，治理后的车辆发给绿色环保标志。规定在1999年年内，全市完成在用小轿车的治理改造任务，并要求自7月15日起机动车在年检、路检、抽检时执行《汽油车双怠速污染物排放标准》(DB 11/044—1999)。为保证排放治理的质量及车辆的使用性能，在用车辆需进行排放治理改造的，在京销售机动车的各汽车制造厂家需确定尾气治理方案，并确定机动车尾气治理厂点，治理采用的技术和净化产品由各汽车制造厂经过严格的筛选、科学的论证及匹配后选定，各制造厂要对改造的产品质量、车辆的使用性能负责。为评估“电控补气加三效催化器”技术改造对在用车的减排效果，市环保局先后两次委托汽车检测机构对桑塔纳、富康、捷达、夏利、奥拓等主要车型的改造效果进行评估试验，从5种车型的17辆样车各行驶2万～4万km后的测试结果看，改造后各项污染物的排放均有明显下降，与未改造的同类车型相比，CO、HC的降低幅度在70%以上，NO_x的降低幅度在30%以上。

2003年，市环科院作为负责单位与清华大学、市劳保所共同承担了《北京市交通发展纲要》(环境保护篇)的编写工作，规划提出了北京市机动车大气和噪声污染控制的目标、途径、技术措施和管理措施，特别提出要发展公共交通，公共交通中要重点发展轨道交通，在交通发展中要规划好自行车和步行交通。

2004—2008年，燕化公司实施生产清洁燃料炼油技术。2004年，燕山石化开始实施“生产清洁燃料炼油系统改造”，生产出符合第二阶段国Ⅱ标准的成品油；2007年6月22日第四阶段油品炼制工程完工并实现一次开车成功，2008年1月1日，第四阶段国Ⅳ标准成品油全面投放北京市场，燕山石化成为我国第一家千万吨级第四阶段标准成品油生产基地。成品油升级换代技术使燕山石化的炼油综合加工能力由800万t提高到1 000万t，每年可生产符合第四阶段国Ⅳ标准的汽油190万t、柴油230万t、3#航煤120万t、优质乙烯料320万t，新增产值230亿元，新增利润6.5亿元。与第二阶段标准相比，第四阶段标准成品油硫含量由500 mg/kg降到50 mg/kg，为实施机动车第四阶段标准提供了条件，同时也减少了机动车尾气中的污染物排放，估算北京市每年减少二氧化硫排放 4 900 t。水耗能耗大幅降低，与 2004 年相比，2008 年炼油系统加工损失下降 49%，炼油综合能耗下降 13%，水耗下降 39.8%。

2005—2008 年，开展在用柴油车颗粒物排放治理。2005 年北京市在用柴油车的保有量约为 16 万辆，占机动车保有量的 6.3%，但其颗粒物排放量却占机动车颗粒物总排放量的 63.3%。2006 年 7 月，市环保局进行了“柴油车排放改造治理可行性研究”，在 25 辆城市公交车上安装各类排放控制装置，结合低硫柴油的使用，来探索对北京柴油车污染控制的有效途径。试验结果显示，在北京公交公司欧 I 和欧 II 排放水平柴油车上加装 DOC（氧化性催化器）、FT-DPF（流通式颗粒过滤器）、WF-DPF（壁流式颗粒物捕集器）三种尾气处理装置，分别降低颗粒物排放约 20%、35%、95%。在此基础上，2007 年年初又开展了“柴油车改造治理示范项目”，对公交、环卫、邮政、渣土车等 100 辆柴油车进行批量改造中期实验。实验认为，采用后处理的方式对在用柴油车进行排放治理，颗粒物的减排效果显著；若要求治理后柴油车的颗粒物排放达到或接近国Ⅳ标准，需选用颗粒物降低率在 95%以上的壁流式颗粒物过滤器适用产品。为科学指导对颗粒物后处理产品的评价、使用和维护，规范北京市柴油车改造治理工作，市环保局印发了《北京市柴油车颗粒物排放治理技术指南》和《北京市柴油车颗粒物后处理产品评价方法实施细则》两项技术文件。凡是按照上述要求进行治理，经检测颗粒物排放达到或接近国Ⅳ标准的柴油车，可以换发绿色环保标志。根据北京市第十四阶段大气污染控制措施的要求，2008 年 7 月底共完成 6 000 多辆黄标柴油车加装壁流式颗粒过滤器的治理。同时要求，自 2008 年 7 月 1 日起，对公交、环卫、邮政车施行国Ⅳ标准，并要求安装监测控制氮氧化物排放的车载排放诊断系统（OBD）。据测算，改造 1 万辆公交车每年可减排颗粒物约 111.14 t。

2008—2010 年，由市科委立项的重点项目“北京市机动车污染控制决策支持系统的研究与建立”，由北京交通发展研究中心、北京交通大学、中国汽车技术研究中心、清华大学、北京理工大学、北京汽车研究所有限公司、中科院大气物理研究所共同承担研究任务。该项目的研究内容主要包括：①建立北京市机动车排放动态信息数据库；②建立北京市流动源排放因子模型；③研究建立机动车污染控制决策支持系统；④机动车污染控制对策的定量预测评估。项目最终的研究成果包括：①通过收集北京市车辆和交通基础数据，建立了北京市机动车排放动态信息数据库，为机动车排放控制决策支持系统的建立研究奠定数据基础。②构建了基于轻型车型式认证排放因子，建立了基于北京市实际行驶特征的轻型车排放因子库，构建了以 g/km 为评价指标，包含速度、负荷和燃油品质等修正的重型车排放因子计算模式，建立了基于 VSP 分布特征的排放速率库，开发了北京市流动源排放因子模型和北京市机动车各污染物的综合排放因子。③建成北京市机动车污染控制决策支持系统、基于 GIS 的交通污染动态显示系统和排放控制措施的分析评价功能模块；计算得出 2009 年北京市机动车排放清单，并分析获得各类车型、不同排放标准的机动车排放分担率；分析得出 2009 年北京市路网机动车污染状况报告，并提出针对 2012 年削减 50%的机动车颗粒物排放的目标所提出的控制措施建议报告。④建立了机动车污染控制对策库，确定了机动车污染控制政策措施的环境效果定量评估方法、经济效益定量评估方法，建立了北京市机动车污染控制对策经济效益和环境效果定量评估模块，开发了机动车污染控制对策的经济效益和环境效果定量评估系统软件以及环境效果和经济效益定量评估系统，分析评估验证了 1998—2008 年奥运会期间已经实施的机动车污染控制政策措施，并提出了 2011—2015 年最佳的机动车污染控制政策建议，建立了最佳空气质量模型，并结合道路交通状况评价了北京市机动车污染对空气质量的影响。该系统已经移交机动车排放管理机构应用。

2010—2011 年，北京市机动车排放管理中心、北京卡达克汽车检测技术中心共同承担“北京市实施国Ⅴ机动车排放标准相关技术和问题研究”项目。该项目为市科委立项的“市委、市政府重点工作及区县政府应急项目预启动”专项项目的公益应用类课题，由北京市规划委员会、北京市发展和改革委员会等主持开展，参加单位包括北京标准化研究所、济南汽车检测中心、中国石油化工股份有限公司石油化工科学研究院、中国石油天然气股份有限公司石油化工研究院、清华大学、中国石油化工股份有限公司咨询公司等。该课题研究内容包括：①国Ⅴ标准对北京市机动车排放物减排影响研究；②满足国Ⅴ标准的排放测试技术研究；③国Ⅴ车辆出京燃油适应性问题研究。完成成果包括：①制定与国Ⅴ机动车排放标准相适应的《车用汽油》和《车用柴油》地方标准，包括与国Ⅴ机动车排放标准相适应的《车用汽油》地方标准报批稿、与国Ⅴ机动车排放标准相适应的《车用柴油》地方标准报批稿、《与国Ⅴ机动车排放标准相适应的燃油生产及应用技术经济分析》研究报告；②完成《满足国Ⅴ排放标准的排放测试系统技术》研究报告，提出北京国Ⅴ排放管理措施建议；③完成《国家车用汽柴油标准修订进展情况、供油计划调研报告》《车辆出京燃油适应性研究》报告，并提出针对出京车辆排放管理的建议措施；④完成《国Ⅴ标准对北京市机动车排放物减排影响》研究报告，并提出北京国Ⅴ排放管理的措施建议和针对出京车辆排放管理的建议措施。该课题研究解决了北京市实施国Ⅴ机动车排放标准的技术问题，为北京市顺利实施国Ⅴ标准奠定了基础，为制定北京市实施国Ⅴ标准监管措施提供科学依据，同时为国内建立国Ⅴ标准车辆测试试验室提供参考。

2011—2012 年，北京理工大学和市环保局承担“国Ⅳ以上重型柴油车实际排放效果评价”课题。该课题为市科委“市委、市政府重点工作及区县政府应急项目预启动”专项项目的子课题。课题结合国家“十二五”机动车 NO_x 总量控制目标，通过对 70 余辆国Ⅳ以上重型柴油车进行排放测试，研究了车辆在北京市实际道路行驶中的排放特性，发现了目前柴油公交车存在的排放问题，并提出了相应的技术对策；完成了《车用压燃式、气体燃料点燃式发动机与汽车排气污染物排放限值及测量方法（台架工况法）》（DB 11/964—2013）和《重型汽车排气污染物排放限值及测量方法（车载法）》（DB 11/965—2013）两项适合北京市城市道路工况的重型柴油车及发动机排放标准的制定工作；通过开展年检场和发动机台架实验，考核 NO_x 检测设备的适用性，研究了对满足国Ⅳ以上重型柴油车进行 NO_x 定期检验的可行性，并提出了对测量工况和测量设备的建议；同时提出了重型柴油车 OBD 系统和尿素加注监督管理措施建议，可有效控制重型柴油机的排放。

（二）油品储运销污染控制

2003 年，市环科院受市环保局委托，承担了北京市地方标准制订项目，编制了《储油库油气排放控制和限值》（DB 11/206—2003）、《油罐车油气排放控制和检测规范》（DB 11/207—2003）、《加油站油气排放控制和限值》（DB 11/208—2003）。

2007 年，市环科院受国家环保总局委托，承担了国家大气污染物排放标准制订项目，编制了《储油库大气污染物排放标准》（GB 20950—2007）、《汽油运输大气污染物排放标准》（GB 20951—2007）、《加油站大气污染物排放标准》（GB 20952—2007）。2008 年编制了《储油库、加油站大气污染治理项目验收检测技术规范》（HJ/T 431—2008）。

2011—2012 年，市环科院承担了市环保局项目“加油站储油库油气回收系统运行状况研究”。该项目对北京市 10 座加油站的油气回收系统类型进行了连续 6 个月的劣化特性测试；对北京市 4 座加油站的品牌加油枪进行了冬夏两季加油油气排放因子测试；开发了“汽油储运销 VOCs 排放动态管理系统”软件。

2012—2013 年，市环科院承担了国家环境保护标准评估项目“《加油站、储油库、汽油运输大气污染物排放标准》实施情况评估”。三项标准评估内容包括：①三项标准发布实施以来油气污染治理情况（执行率）和设施运行情况（达标率）；②国家和地方政府的管理、技术和经济政策制订情况，各地方监管能力和制度建设情况；③影响达标率的管理和技术因素分析，标准实施的环境、经济和社会效益分析；④油气污染治理技术和检测技术发展情况；⑤标准控制指标和限值合理性分析。

2015—2016 年，市环科院承担了市环保局项目“流动污染源监管平台建设项目——油气回收监管设备联网试点”，对 5 家在线监控系统生产企业试点安装的 21 座加油站进行了为期半年的持续评估，取得了大量翔实的现场测试数据并进行了分析研究。对照《加油站油气排放控制和限值》（DB 11/208—2010）和半年评估数据，表明数据上传、气液比、P/V 阀状态、处理装置状态和油罐压力 5 项功能较稳定可靠，可作为在线监控系统推广的必选功能；密闭性、液阻、处理装置排放浓度、卸油回气口连接状态等功能需要进一步完善。

（三）催化剂研发

1976 年，北京工业大学等单位开展了汽车尾气催化剂的研究。1978 年将研制的含微量钯的多组分/多孔陶瓷蜂窝体催化剂，制成汽车尾气净化转化器，进行红旗轿车发动机台架试验，一氧化碳、碳氢化合物的净化率达 96%；在不补充二次空气 80 km/h 工况下，一氧化碳、碳氢化合物和氮氧化物的净化率分别达到 86%、70%和 60%。将该催化净化转化器安装在 212 吉普车上，使用市售含铅汽油，经 2.5 万 km 道路运行后按工况法测试，一氧化碳、碳氢化合物和氮氧化物的净化率分别为 50%～70%、60%～70%、30%～50%。

1980—1982 年，北京工业大学研制成功钙钛矿晶体结构代号（ABO_3）的合金蜂窝整体催化剂，用于汽车尾气的治理。一氧化碳、碳氢化合物的净化率达 70%～80%，氮氧化物的净化率达到 45%。1985

年再次改进，1990 年经美国 E.S.C.实验室台架试验，在理论空燃比下，一氧化碳、碳氢化合物和氮氧化物的净化率分别达 88%、87%和 50%。该产品获国家发明专利，并在美国享有专利权。

1984 年，北京工业大学等单位研制成功以贱金属和稀土为主要原料的颗粒状锰系稀土催化剂，1985 年，安装在 130 型小客车上，运行 5.7 万 km，采用怠速法测试一氧化碳、碳氢化合物的净化率达 60%～70%。该产品于 1990 年亚运会期间试用，效果良好。

（四）非道路移动机械

2010—2011 年，北京理工大学承担“北京市非道路移动机械柴油机排放因子研究”项目。该项目为市科委立项的“环境保护与生态建设领域体系推广研究”非重大项目的子课题，由北京市可持续发展科技促进中心主持开展。课题首先对北京市非道路工程机械的种类、数量、活动情况以及燃料使用情况等进行了详细的调查研究，获得了大量的调查数据。选择典型非道路柴油工程机械 52 台，利用车载排放测试系统（PEMS）进行了非道路工程机械的排放测量，初步得到了典型工程机械的排放因子，计算得到了北京市非道路工程机械的排放清单和总量。通过结果及总量分析，提出了“对新生产非道路移动机械的监督管理”“加强对在用非道路柴油机实施环保标志管理”“在用非道路移动机械排放管理”“非道路柴油机使用油品管理建议”“加速老旧机械淘汰、治理的激励政策”“建立建筑市场准入与自查制度”“加强关于非道路移动机械污染排放的宣传”等北京市非道路机械排放污染控制的具体对策建议，对北京市今后污染防治决策具有重要意义。

四、扬尘污染防治

扬尘污染控制的研究包括施工扬尘、道路扬尘、裸地扬尘和工业料堆扬尘，重点是施工扬尘和道路扬尘排放规律和控制措施的研究。

（一）施工扬尘污染控制

1989—1990年，市环保所承担了“建筑工地施工扬尘污染状况及控制措施研究”。对建筑工地扬尘污染状况的调查表明，施工扬尘是北京市空气中总悬浮颗粒物的主要来源之一。施工现场总悬浮颗粒物平均浓度超过国家大气环境质量二级标准2.4倍；对施工现场路面进行硬化处理、道路洒水与清扫保洁，工地扬尘可减少31%；用商品混凝土代替现场搅拌混凝土，可使工地扬尘降低24%，据此提出了对裸露地面铺装或绿化等尘污染防治对策。该研究成果为北京市加强施工工地管理、减少施工扬尘发挥了重要作用。

2002—2004年，市环科院与中国农业科学院土壤肥料研究所共同承担了“城区建筑裸土固化新材料引进及筛选”项目。该项目是科技部“首都圈（环北京）防沙治沙应急技术开发研究与示范”项目中4个共性研究课题之一，旨在通过筛选国内外用于裸土固化方面的新材料，采用世界先进技术，尽快从城市内的城区解决对北京环境影响大、控制比较难的扬尘污染。

2010年，市环科院承担了市环保局“建筑施工扬尘治理技术示范”项目。根据施工扬尘污染特征和国内外施工扬尘治理技术筛选结果，对滚轴转轮式洗轮机、渣土车密闭式顶盖、道路清扫保洁车辆、地坪无尘研磨机4项治理技术进行了示范。根据各单项施工扬尘治理技术的特点，分别开展了治理技术控制效果评估方法研究，对各项示范工程进行现场评估，最终得到了一组施工扬尘治理技术控制效率推荐值和与之对应的评估方法技术库。

2014年，市环科院承担了市环保局“建设工程施工扬尘排污收费研究”项目。该项目开展了施工扬尘排放因子测试和控制措施评估，建立了北京市施工工地扬尘收费方法和依据，成果用于《建设工地施工工地扬尘排污收费标准的通知》（京发改〔2015〕265号）。

2014 年，市环科院承担了北京市住建委项目“轨道交通工地全封闭施工环境评估”。该项目通过分析轨道交通施工工艺和施工过程、识别轨道交通工地主要大气污染源及其排放特征、分析轨道交通工地大气污染治理技术，对在北京市轨道交通工地示范的治理技术进行综合效果评估，为北京市和全国轨道交通工地大气污染治理提供技术支撑。

（二）道路扬尘污染控制

2002 年，市环科院完成了“利用市区浅层地下水喷洒道路控制扬尘”的课题研究。在水量及水质调查的基础上开展浅层地下水利用于道路抑尘的效果研究，取得了理想的结果。研究表明：合理利用浅层地下水对于水资源的合理开发利用及道路抑尘改善大气环境有重大意义。从北京市浅层地下水的水量、水质来看，浅层地下水完全满足道路抑尘及绿化用途，如果能把这些用途开拓起来，可以节省大量清洁水源，缓解缺水压力，减少承压水的开采，增加深层地下水的涵养，消除多年来由于过度开采承压水而造成的地面沉降的恶果。由此可见浅层地下水具有广大的利用前景。

2004 年，市环科院完成“北京交通扬尘污染控制研究”。通过对国内国外两种清扫车排放口的排放浓度和吸尘效率进行测试研究，表明采用先进的清扫设备可以有效地控制交通扬尘。北京市作为国际大都市，随着机动车保有量和道路面积的增加，交通扬尘对环境质量的影响越来越大，应加强科学技术研究，一方面最大限度地减少进入道路的各种尘源，另一方面根据社会发展需求和环境保护的迫切需要，研制符合北京具体情况的先进的清扫车辆，增加机扫率，尽快制定专门的标准和管理法规，有效控制交通扬尘对环境的污染。

2011 年，市环科院承担了市环保局项目“道路扬尘与积尘负荷检测方法研究”。该项目用降尘、尘负荷和移动式路面扬尘测试设备 3 种方法对北京市典型道路扬尘进行检测，获得了不同方法的检测数据，并对道路扬尘排放状况进行分析，得出了不同检测方法的优缺点，为道路扬尘检测和管理提供了技术储备。建立了移动式路面尘负荷监测系统，完成了北京市典型道路路面尘负荷的监测工作，得出了路面尘负荷的时空分布规律。

2013—2016 年，市环科院和市园林所共同承担了国家科技支撑课题“北京地区扬尘抑制技术研发及示范应用”。课题项目还提出了园林滞留细颗粒物的计算方法和控制颗粒物的 5 种植物群落模式，完成了 17 万 m^2 的绿地示范区，建成一条 500 t/a 土壤凝结剂生产线，建立了一套基于车载仪器的路面积尘负荷测试系统。

2014—2016 年，市环科院和北京首创博桑环境科技股份有限公司共同承担了首都蓝天行动培育专项课题“生物可降解道路抑尘剂应用示范与测试”。课题形成了一套道路抑尘剂应用效果的测试方案，完成了道路抑尘剂在环境模拟仓、秋冬两季在朝阳区 200 万 m^2 实际道路的喷洒和应用效果测试任务，测试了道路抑尘剂对代表性水生生物的毒性和生物可降解性。

（三）其他综合研究

1981—1984 年，市环保所和北京大学地球物理系共同协作，开展了“北京市市区尘污染状况及其控制途径研究”。研究表明，除工业粉尘外，大气中的尘主要来自燃煤烟尘和地面扬尘。在采暖期，尘污染中烟尘约占 64.5%，地面扬尘约占 35.5%；而非采暖期，地面扬尘约占 63.6%，燃煤烟尘约占 36.4%，为改变以往单纯治理燃煤烟尘而忽视地面扬尘污染防治和管理起到了指导作用。

1983—1985 年，为了控制尘的污染，市园林所开展了“绿化环境效应综合评价研究”。研究表明，城市绿化对改善城市气候环境，防止风沙、净化大气环境，减少二氧化硫和烟尘均有明显作用。

2000—2001 年，市环科院和北京市散装水泥办公室共同承担了“北京市水泥使用过程中粉尘排放的分析研究”课题。该课题在国内首次对水泥使用过程中的粉尘排放进行了全面深入的研究，提出了推广散装水泥和预拌混凝土是水泥使用过程粉尘排放的最佳控制措施，符合清洁生产工艺和环境可持续发展战略。水泥使用过程的粉尘排放大多为无组织形式，如何获得无组织排放量一直是国内外环境界棘手的难题。该课题采用工况模拟、实际测试和分析估算的方法，确定出水泥使用过程中各操作环节的粉尘排放系数，进而得出粉尘排放量。

2003—2005 年，市环科院、清华大学和北京工业大学共同承担了北京市科技计划项目“北京市空气质量达标战略研究”第四课题“北京市大气环境 PM_{10} 和 O_3 污染控制技术应用研究”。该课题完成了《北京市交通扬尘排放清单与治理技术方案研究》《北京市施工扬尘排放清单与治理技术方案研究》《北京市工业料堆扬尘排放清单与治理技术方案研究》《北京市工业工艺无组织尘排放清单与治理技术方案研究》《北京市成片裸地土壤尘、重点氨源排放清单与治理技术方案研究》5 份与尘污染控制有关的研究报告。开发了两种类型四种型号工地运输车辆的清洗装置；与工程兵研究所合作开发了一种铰接式钢板路面；筛选了国内外 60 种裸土固化新材料，合作开发了秸秆、木纤维生态型覆盖剂和喷洒装备、黑色地膜和喷洒装置，与美国通用水务公司合作进行了柏油道路抑尘剂效果试验。获得三项实用技术专利，制定了建设工地和交通扬尘污染等两个评估方法。

2004—2006 年，市环科院作为主要技术支撑单位，参与了北京环保基金会承担的市环保局中意合作风沙治理项目第一阶段课题研究。市环科院与市农业局、市林业局合作，开展了北京郊区农田扬尘、沙荒地扬尘以及交通扬尘的排放量研究。收集了北京市林业用地中的沙荒地（包括废弃砂石坑、沙化土地）的空间分布和面积资料、农业用地（尤其是季节性裸露农田）的种类、面积与空间分布资料，完成了北京郊区土地覆盖与土地利用、土壤质地和农业用地面积与空间分布等数据的分布整理工作，开展了典型废弃砂石坑的修复和农田保护性耕作的示范研究；对 10 个远郊区县的 50 余条道路按铺装情况、车流量情况、地理位置、尘土负荷等进行分类、实地监测、现场采样并建立了空间数据库。通过对农田扬尘源、沙荒地扬尘源以及交通扬尘源的监测和沙尘的传输模拟，分别得出了上述三类源对 2004 年北京市区大气环境中 PM_{10} 浓度的年、月、日均值的贡献，并预测了 2008 年及 2010 年采取和不采取控制措施时的环境效益，提交了北京市郊区沙化土地、农田免耕、道路交通扬尘的治理规划。

2007—2010 年，市环科院、市劳保所和呼和浩特市环境保护研究所共同承担了环保部科技标准司公益性行业科研专项“典型城市扬尘污染特征和防治技术研究”项目。项目的研究重点是根据我国北方城市（如呼和浩特市、北京市、廊坊市等）的实际情况，建立一套适用于我国北方城市扬尘排放因子的定量估算方法，摸清我国北方城市的扬尘源、起尘规律、影响因素、影响范围、污染特征，分析各类扬尘减排技术的控制效果和费用，最终提出针对北方典型城市扬尘的行之有效的综合防治技术途径。该项目取得了以下研究成果：获得北方城市扬尘污染现状及其特征；建立了一套本地化城市扬尘排放因子的确定方法及典型城市扬尘排放因子库；建立了一套扬尘污染物排放量计算方法；提出针对北方城市扬尘控制的推荐技术方案和管理措施；开发了呼和浩特市扬尘源数据库。

2009—2010 年，市环科院承担了“城市重点地区大气颗粒物污染源治理研究项目”。该项目根据北京大气污染控制的总体目标，针对不同的扬尘污染源，开展系统的、有计划的研究和示范工作，包括继续对城市道路和重点地区的施工现场进行评估，量化描述道路和施工扬尘的排放情况，研究使用高效冲洗车辆和吸扫式保洁办法，并研究封闭拆迁的可行性，选择试点区域；开展施工现场车辆清洗对策研究；以控制遗撒为主要目的，制定《北京渣土运输车辆环保技术规范》《北京市商品混凝土运输车辆环保技术规范》；研究北京市道路路基外未硬化地面尘土对道路的污染规律及控制对策，为削减路面一次性尘土污染提供理论和技术依据；开展农业耕作尘排放因子的研究，探讨适合北京地区的农业耕作尘控制技术对策；开展北京非铺装道路现状调查，制定北京市非铺装道路扬尘排放清单和污染控制对策；开展北京市风蚀扬尘排放现状调查。

五、挥发性有机物污染防治

北京市较早开展了针对行业有机废气的治理，但真正开展系统研究还是在 2008 年以后，一方面 2008 年完成了挥发性有机物污染源普查，掌握了污染排放现状；另一方面细颗粒物、臭氧等二次污染物问题得到关注，北京市针对挥发性有机物排放特征、治理技术以及排放标准开展了深入系统的研究工作。

2003 年，燕化公司完成装油站台油气回收技术改造。燕化公司炼油厂铁路轻油装车车间共有 4 个装车站台，一站台、二站台、三站台一直沿用敞开式和喷溅式装车方式，不但存在安全生产隐患，而且造成大气污染。1998—2003 年，炼油厂对装油站台进行了密闭装车和增加油气回收设施的改造。装油站台油气回收技术改造项目采用活性炭吸附技术，将轻油站台全部改用密闭装车系统，并增加一套油气回收单元，以回收装车过程中挥发的油气。2003 年 7 月装油站台油气回收装置投用后，设备运行正常，挥发气排放浓度明显降低，基本达到了设计值。于 2003 年 11 月采样分析排气口的烃含量，比改造前明显降低，平均为 10 mg/m^3，远低于国家标准 150 mg/m^3。装油站台增加油气回收单元后，不仅降低了大气污染，产生了显著的环境效益，而且每年可为炼油厂回收 90#汽油 2 375 t。按每年 100 万 t 汽油装车量，装车损失约为 2.5 kg/t，按油气回收率为 95%计算，价值 665 万元。

2007 年，燕化公司完成一苯酚装置氧化尾气治理。燕山石化一苯酚装置设计生产能力为 16 万 t/a，在生产过程中每小时排放氧化尾气 18 000 m^3，回收处理前挥发性有机物（VOCs）排放浓度高达 1 200 mg/m^3。2007 年，燕山石化对一苯酚装置氧化尾气进行治理。其技术流程为氧化反应尾气先经过冷凝分离，回收其中的异丙苯等有机物，其余部分进入催化氧化系统（CO）处理后排空。项目建成后，经检测，入口浓度 1 200 mg/m^3，出口浓度 1.44 mg/m^3，去除率达到 99.88%，每年减排挥发性有机物 172.6 t，实现了尾气中的有机物达标排放。

2007—2008 年受市环保局委托，市环科院结合国家污染源普查在全国率先开展了挥发性有机物污染源的普查工作，北京市溶剂使用装置和生活源进行了逐个污染源的普查，对固定燃烧源、移动源、油品的储运销、炼油和石化、农药使用和植物源排放的 VOCs 进行了专项调查，系统研究并掌握了各类 VOCs 污染源排放特征、治理设施现状和空间分布情况，建立了城市尺度 VOCs 污染源排放清单编制技术方法，在此基础上完成了北京市 2007 年 VOCs 污染源排放清单和基础信息数据库。基于该课题研究成果完成的 VOCs 污染源排放清单为北京市编制“十二五”环境保护规划、《北京市 2013—2017 年清洁空气行动计划》和制定挥发性有机物减排计划提供了基础数据；建立的城市尺度 VOCs 污染源排放清单编制技术方法也先后被广州、上海、四川和大连应用于城市 VOCs 污染源排放清单的编制工作中。

2010—2011 年，北京市环科院和中国环保产业协会共同承担了“北京市 VOCs 污染治理技术筛选评估研究”课题，针对北京市重点 VOCs 污染行业的排放特点，完成了污染治理技术筛选与评估，提出了汽车制造、包装印刷、家具制造、半导体及电子、汽修等重点 VOCs 污染行业的推荐控制技术。

2011—2012 年，市环科院承担了“化工行业 VOCs 无组织排放现状调查与治理对策研究”课题，通过工程技术分析的方法完成了典型化工企业工艺流程和 VOCs 潜在排放环节分析；对国内外化工行业 VOCs 排放量估算方法进行梳理，分析各种估算方法所需活动水平数据的可获得性和获取途径的可操作性，提出了北京市化工行业 VOCs 无组织排放的治理对策。

2011—2013 年，市环科院承担了北京市自然科学基金项目“溶剂使用工业园区及其周边大气 VOCs 时空分布特征的初步研究”。以北京市经济技术开发区（亦庄开发区）为研究对象，采用现场采样、实验室分析的方法，研究溶剂使用工业园区大气中 VOCs 的构成和时空分布特征。通过对亦庄开发区及周边地区大气中挥发性有机物关键组分进行来源分析，分析了亦庄开发区内污染源对其周边大气 VOCs 的影响。

2011—2015 年，市环科院陆续承担了《防水卷材行业大气污染物的排放标准》《木质家具制造业大气污染物排放标准》《印刷业挥发性有机物排放标准》《汽车整车制造业（涂装工序）大气污染物排放标准》《工业涂装工序大气污染物排放标准》《汽车维修业大气污染物排放标准》《有机化学制品制造业挥发性有机物排放标准》等挥发性有机物相关标准的编制，不仅提出了排放限值的要求，而且针对生产全过程，从原辅材料的使用到末端治理，从操作规范到日常监管均提出了相应的要求。

2012 年，市环科院承担了“环保部区域大气污染联防联控项目——典型 VOCs 污染行业排放现状及控制对策研究”。针对汽车制造、包装印刷等重点 VOCs 污染行业，构建了固定源挥发性有机物排放采样与监测分析方法，采用现场监测和实验室检测分析相结合的方式研究了上述行业的 VOCs 排放强度与组分构成，从原辅材料替代、过程控制和末端治理等方面提出了污染控制对策。

2013—2014 年，市环科院承担了北京市科委科技计划项目“重点污染源 VOCs 处理技术与装备开发及应用”子课题“工业涂装企业 VOCs 控制技术改进与示范”，并参与课题“高性能纳米稀土氧化物有机废气催化净化装备开发”。针对工业涂装行业 VOCs 治理工作存在的主要问题，重点研发高效漆雾干法过滤技术和吸附效率高、耐高温的吸附剂；在此基础上，集成“高效漆雾过滤+吸附浓缩+燃烧”处理工艺；选取北京汽车集团福田戴姆勒工厂涂装工序完成了治理工程示范。

2013 年 6 月—2015 年 9 月，市环科院承担了北京市科委“北京市餐饮油烟净化设备评估优选及标准制定”项目。通过典型餐饮企业现场调研、测试和试验台检测，掌握了北京市餐饮油烟的污染排放状况和油烟净化器的净化效果；根据不同规模不同类型的餐饮企业，提出了餐饮油烟污染治理的技术路线；研究和编制完成《北京市餐饮业大气污染物排放标准》（征求意见稿）和《餐饮油烟净化设备技术条件》地方标准草案，为北京市今后开展餐饮业油烟治理提供了技术支撑。

2013—2017 年，市环科院先后承担和参与了《煤化学工业污染物排放标准》《家具制造业大气污染物排放标准》《挥发性有机物无组织排放控制标准》《蓄热燃烧法工业有机废气治理工程技术规范》《家具制造业污染防治技术政策》等多项 VOCs 领域国家标准的研究和编制工作。

2014—2016 年，市环科院牵头承担了国家环保公益专项“餐饮业挥发性有机物及颗粒物排放特征及控制技术评估”，针对城市群区域大气污染控制的难点和重点问题——餐饮污染问题开展研究，在调研分析餐饮业污染及控制现状、发展趋势的基础上，针对餐饮业挥发性有机物和颗粒物两类污染物，研究掌握排放特征、测算排放因子、估算排放量、建立典型城市排放清单、评估现有治理技术，进而提出控制污染排放和规范餐饮污染源监管的政策、标准建议。

2014—2016 年，市环科院参与承担了国家环保公益专项“工业涂装污染源挥发性有机物排放特征及污染控制对策研究”，该课题通过对汽车制造、家具制造、集装箱制造、船舶制造、卷钢制造以及工程机械制造的喷涂 VOCs 开展排放特征研究，并提出相应的控制对策，在课题进行过程中，各行业控制对策及建议等内容已被环保部采纳并实施应用。

2015—2017 年，市环科院与北京建筑材料检验研究院有限公司、北京建筑大学合作承担了北京市《建筑类涂料与胶粘剂挥发性有机物含量限值标准》的编制工作。2017 年经京津冀三地质监和环境保护部门协商，该标准于 2017 年 4 月 12 日以京津冀环境保护统一标准在三地同步联合发布，并于 2017 年 9 月 1 日起同步实施。

六、区域大气污染综合防治研究

北京市大气污染的成因和来源十分复杂。随着北京市城乡建设、经济发展和城市人口的增长，以及机动车保有量的迅速增加，北京市的大气污染经历了由煤烟型污染向煤烟型污染和光化学污染并存的发展过程。早在 20 世纪 90 年代初，在世界银行的资助下，北京市就开展了“北京环境总体规划研究”，组织制定了《北京市环境污染防治目标和对策》。21 世纪以来，先后开展了“北京市大气污染控制对策研究”“北京市空气质量达标战略研究”“首都北京及周边地区大气污染机理与调控原理”“北京与周边地区大气污染物输送、转化及北京市空气质量目标研究”等重大课题研究，准确分析各类大气污染来源、变化趋势，深入研究大气中各种污染物的相互作用及对大气污染的贡献率，预测大气污染发展趋势，确定了控制目标，提出了具体措施建议。为制定北京市按阶段实施的大气污染控制措施提供了重要支撑，为实现城近郊区大气环境质量按功能基本达到国家标准提供了技术支持，为保障 2008 年北京奥运会的大气环境对策提出了建议。

1999—2005 年，中国气象科学研究院等单位开展了“首都北京及周边地区大气污染机理与调控原理”项目的研究。1999 年 12 月 10 日，该项目通过了科技部组织的专家顾问组的评审，并正式批准设立“国家重点基础研究发展规划”项目。该项目分为“大气”和“水、土”两个分项目。其中，“大气”分项目由中国气象科学研究院承担，协作单位为北京大学、清华大学、中科院大气物理所、国家气象局气象中心、卫星气象中心和气候中心、市环保局、首都规划建设委员会、市气象局等。研究工作以大量现场科学试验、野外调查和室内模拟试验科学数据为基础，从地球科学系统多圈层角度出发，把大气、水、土壤作为相互关联的整体进行研究。通过研究大气、水、土壤环境变化过程中的物质交换与循环机理，探索污染物的扩散、输送、迁移途径及污染物聚集释放机理；揭示主要污染物在大气、水、土等界面内及界面间物理、化学和生物作用过程。建立了区域大气、水、土环境污染预警模式及其预测业务系统相关模式，并提出大气、水、土环境污染治理与调控措施。研究成果为北京地区大气、水、土环境污染预警、预测、评估决策系统提供了重要的理论基础，对北京绿色奥运以及大气、水、土环境污染的综合防治对策提供了科学依据。

2000 年，市环科院完成了“北京大气细微颗粒物时空累积效应研究”。该课题对北京大气微粒（直径小于 2.5 μm）时空累积的成分特点、浓度特点以及时空累积的光学效应进行了实地观测研究。研究表明：二次粒子和有机物的质量浓度在非采暖期均约占 $PM_{2.5}$ 的 30%，大气微粒的化学组成在市区的空间分布上比较均匀一致；采暖期城区大气微粒浓度是近郊的 1.5 倍，呈现明显的局地性污染。城市能见度下降是北京大气微粒时空累积的主要环境效应。北京大多数情况下，气溶胶微粒的复合污染作用往往超过传统的大气污染物，日益成为表征城市大气污染的首要指标。北京在出现重污染天气时，罩在上空的“灰锅盖”既不是空气质量监测中出现频率最高的煤烟污染物二氧化硫，也不是汽车尾气污染物氮氧化物，而是两者在一定的大气条件下转化形成的二次微粒和其他直接排入大气的微粒在特定的气象条件下累积形成的气溶胶污染。这种分布于地面至 800 m 高空的气溶胶微粒对城市能见度和人体健康的影响取决于微粒的时空分布特征。

2000—2002 年，北京大学环境科学中心等单位完成了“北京市大气污染控制对策研究”。2000 年 2 月 28 日，科技部和市环保局、市科委启动了该项目，由科学技术部农村与社会发展司、国家环保总局科技标准司、市环保局、市科学技术委员会及中国 21 世纪议程管理中心组成项目领导小组。项目承担单位主要是北京大学、市环保监测中心、清华大学，参加单位还有中国环科院、市环科院、市劳保所、市气象科学研究所、中科院大气物理研究所、中科院数学与系统科学研究院、市城市规划设计研究院等单位。该项目研究内容包括“北京市大气污染的成因和来源分析”“北京市大气污染预报及预警技术研究”“北京市大气污染综合防治对策研究”3 个课题，对北京地区大气主要污染物的来源及成分，形成及转化、输送机理，能源结构调整以及城市规划、人口密度、工业布局等方面进行了全面研究。研究成果认为：北京市城近郊区大气一次气态污染物的污染发展趋势得到有效遏制，煤烟型污染得到初步控制，但可吸入颗粒物常年污染严重，夏季臭氧呈现逐年升高趋势，已经成为北京市亟待解决的重大环境问题，也是成功举办奥运会面对的关键环境问题。城近郊区大气 PM_{10} 和 $PM_{2.5}$ 源解析表明，各种扬尘污染源是大气 PM_{10} 和 $PM_{2.5}$ 的主要污染源，其次是工业排放。二氧化硫、氮氧化物和有机物的化学转化是颗粒物特别是细粒子 $PM_{2.5}$ 的重要来源。研究成果建议，相当长一段时期内，大气污染治理的重点任务是减少 PM_{10} 和采暖期二氧化硫排放，特别是为成功举办 2008 年奥运会，必须防止夏季光化学烟雾和大气 $PM_{2.5}$ 的污染，应控制城近郊区有机物和氮氧化物排放以及夏季二氧化硫排放。具体措施建议包括：城市规划、工业布局、产业结构、人口密度等方面的优化调整；限制污染企业的发展以及关停或搬迁重污染企业；对能源消耗、城市人口、机动车实行总量控制；进一步研究改革完善现有的组织管理体制，在科技部、国家环保总局、北京市政府的领导下，有针对性地治理北京市的大气污染和对重点内容开展专题研究。该项目成果为制定大气污染治理阶段措施提供了支撑。

2002—2005 年，市环保监测中心先后参与或承担了在北京市大气环境治理领域的若干重要课题，如“北京市大气环境污染现状和污染源研究”“北京市能源环境分析”等。这些课题研究在以下方面取得了进展：在业务工作中逐渐建立了污染源数据库，为卫星遥感解译方法和业务化开展建立了基础，逐步确立了垂直观测和综合观测模式，在颗粒物源解析方面建设了更加完整的成分谱等。这些科研项目对于北京市的大气环境变化和大气污染防治工作给予了持续的关注和评价，认为北京市整体的污染治理战略是切实有效的，北京市的大气污染日趋改善，尤其是颗粒物的改善迹象明显。各项措施取得成效，但还应继续加强，不断提高针对性，精细化管理是大势所趋，关注气象条件的长周期变化，防止颗粒物污染出现反弹，但同时，城市管理能力将决定未来北京市空气质量改善的程度。污染减排方面给出了更加细化的治理措施建议，包括对气态污染物需采取更加严格的控制措施，对夏季燃煤排放和机动车污染实行更为严格的控制措施，对秋冬季节应加强各项污染源的排放量削减，秋季生物质的燃烧需要采取有针对性的源削减措施。时间上，需加强对污染峰值的关注和削减，空间上，房山地区是北京大气污染治理的敏感区域，环境改善将直接受益。奥运会期间如需保持良好的空气质量水平，机动车排放污染控制力度急需加强。

2003 年，市科委立项“北京市空气质量达标战略研究”重点项目，2005 年验收结题，由市环保局担任主持单位，市环保监测中心、市测绘设计研究院、清华大学、市劳保所、北京工业大学、中科院大气物理研究所、市气象局、市环科院、中科院安徽光学精密机械研究所、中国环科院、北京市可持续发展科技促进中心、市城市规划设计研究院共同承担研究任务。研究成果有：2003 年完成国内外相关研究的文献调研，初步确定观测站点的数目与位置、监测设备的维护及质控，完成监测的准备工作；搜集整理基准年环境监测、气象资料，进行模型的初步调试。2004 年完成污染现状、气象对北京大气污染的影响研究，建立污染源数据库；进行环境 PM_{10}、$PM_{2.5}$ 来源解析，提出颗粒物及臭氧（O_3）控制对策建议；分析周边地区对北京的影响及重点地区污染源对北京的影响；研究提出各类污染控制措施，为制定 11 阶段大气污染控制措施提供技术支持；2005 年对近年来大气质量进行综合分析，确定北京市的大气环境容量；提出了 2005—2008 年分年度的行动计划及 2008 年奥运会期间的环境特别行动计划等建议。

2005 年，市科委立项了市区两级政府重大科技需求专项项目“北京与周边地区大气污染物输送、转化及北京市空气质量目标研究”，2007 年完成，承担单位为市环保局及北京大学，同时与北京周边的河北省、天津市、山西省、内蒙古自治区共 4 个地区进行了密切的合作。研究内容包括：将光学遥感技术应用于污染观测中，以大型综合观测为核心，采用地面常规和遥感观测、飞机航测、卫星遥感等手段获取北京及周边地区大气污染物的三维立体时空分布；开展区域二次污染形成机制研究，对大气污染物的区域输送进行定量分析；建立了区域源清单编制及其验证、数据库及数据质量保证体系；通过空气质量模拟预测，结合源排放清单，进行特定环境目标对污染物排放量削减的情景分析，进而计算区域污染物输送对北京空气质量的影响；在区域尺度模拟改善北京市空气质量的组合控制方案，提出 2008 年北京奥运会空气质量保证方案中的周边控制方案和区域空气质量综合控制政策建议。研究成果包括：总体上建立和完善了颗粒物、二氧化硫、大气氧化性污染物的观测方法；于 2007 年 8 月“好运北京”赛事期间开展了大型综合观测，获取了北京及周边地区大气污染物输送及二次污染物形成的三维观测数据，建立了区域空气质量模型；在区域尺度模拟改善北京市空气质量的组合控制方案；提出了 2008 年北京周边地区奥运会空气质量保障的技术措施建议，为制定奥运会期间空气质量保障措施奠定了重要的科学基础。

2006—2007 年，市环保局承担了“北京市空气质量集成预报系统研究”项目。该项目是属于市科委专项项目“城市管理中的关键技术研究”

的公益应用类课题，以“科技促进市民生活质量改善”为主题。课题围绕奥运预报需求，依托覆盖北京市的环境空气质量自动监测网络，结合风温廓线雷达、环境卫星遥感、基地光学遥感等先进的监测手段，在已有的研究成果和目前空气质量预报业务系统的基础上，借鉴统计和数值方法在大气污染预测技术方面的成果，建立先进的空气质量预报业务系统，以提高空气质量预报准确率，提供高质量的空气质量预报服务产品。2008 年北京奥运会期间，提供了优质、定点、定时的空气质量预报服务，为保障方案的有效实施提供了有力的保障，同时借奥运的契机，大大提升了北京空气质量预报的能力，达到了国际先进水平，为提高北京城市环境管理的科学决策能力提供了有力的技术支撑，更为保护环境意识日益提高的广大市民提供了准确预报，从而为保护大众健康服务，为北京成为宜居城市做出贡献。该课题具体研究内容包括：①三维大气污染监测数据的预报支持研究；②空气污染预报模型系统设计与研究；③预报系统软件集成及功能实现；④奥运期间重点地区的空气质量预报保障及相关机制研究、奥运期间突发大气污染过程的预测及对策研究。该课题成果包括：①不少于 8 种潜势-数理统计方法和数值预报模型系统（不少于 2 个空气质量模型）的空气质量集成预报系统；②潜势-数理统计预报 24 小时预报准确率达到 75%～80%，数值预报模型达到 65%，分区域和几小时综合预报准确率达到 65%；③三维污染监测资料污染信息提取与整合研究报告，空气质量集成预报系统研究报告，奥运预报服务业务保障机制研究报告。该系统在北京 2008 年夏季奥运会期间实现了业务化运行，为空气质量预报发挥了核心的技术支撑作用，为奥运空气质量保障做出了重要贡献，并为全国城市空气质量预报工作起到了引领作用。

2008 年，北京大学环境科学与工程学院、市环保监测中心、北京市气象台共同完成了“北京市空气质量与气象条件的关系研究”。该课题基于北京市 2001—2006 年的气象资料和大气环境质量监测数据，阐述了北京市各污染物的季节变化、日变化和空间变化规律；对2001—2006年出现的重污染日进行了分类并阐述了其污染特征，得到了重污染日出现的频率和季节分布特征。该课题系统分析了北京市空气污染形成的气象条件，通过对一整年流场的模拟计算，分析了北京市重污染过程的流场和气象要素的演变规律，确定了不利气象条件导致重污染过程出现的年均频率及其变化。采用印痕分析方法追踪不同气象条件下空气质量变化与源的关系，重点分析了污染形成过程的印痕分布及区域性污染累积情况，提升了对污染成因的认识。系统阐述了重污染日、严重污染日和三级污染出现的概率和相对应的天气条件，明确了典型静稳型、沙尘型重污染和三级污染空气质量的特征及其出现的天气形势和气象要素。该课题对北京市重污染天气的预报预警具有重要的应用价值，同时为制定北京市空气污染控制对策提供了参考。

2009—2012年，市科委立项"北京及近周边区域大气复合污染形成机制及防控措施研究示范"项目，由市环保局担任主持单位，由中科院大气物理研究所、北京大学、北京工业大学共同承担研究任务。该项目分为：①北京市及近周边大气复合污染综合立体监测及示范；②北京市及近周边大气臭氧控制和前体物减排策略研究及示范；③北京市及近周边城市污染源清单和敏感源筛选；④区域大气污染模拟、预测、预警与示范；⑤区域大气污染联合防控策略和措施研究，共计5个课题。项目在高时空分辨率区域立体大气污染监测技术、污染源排放清单建立技术、大气污染/空气质量模拟、预测、预警等技术成套化的基础上，揭示了北京及近周边大气复合污染形成机制，提出了区域大气污染联合防控的措施。具体研究内容包括：①北京市及近周边大气复合污染地面联网监测、京津高塔近地层污染物垂直输送通量监测、污染物光学特性的地基遥测和卫星数据的相互校验及应用；②北京市VOCs格点式采样与源解析、区域大气臭氧非线性变化机理及臭氧主要前体物氮氧化物（NO_x）和VOCs的减排策略与可行措施，细粒子质量浓度、数浓度和化学成分谱解析及前体物减排策略；③基于区、县分辨率的源清单建立技术、区域典型无组织排放源测定及区域敏感源识别与筛选、区域污染源清单动态更新；④区域大气环境污染精细预报、多模式集成空气质量预报及预警，从机理上模拟区域复合大气污染形成过程，计算污染物地区间相互输送通量及变化规律；⑤北京市与周边地区大气污染联合防控协同合作机制及主体责任与利益分配机制。主要成果包括：①在北京市及近周边区域建立了 25 个地面站、6 个高塔梯度站，并结合卫星遥感和地面遥测，形成了研究型区域大气复合污染立体观测示范网，对区域大气复合污染的来源进行了定量分析和进一步的源解析，对区域整体大气复合污染的严重性有了更加清楚的认知，为区域联防联控具体措施的制定提供了科学依据。②开展了为期 16 个月覆盖京津冀 42 个站点的大气中挥发性有机物（VOCs）间歇式采样测定，获取了区域 VOCs 近 100 种组分的时空间分布特征，识别了对臭氧和颗粒物生成起重要作用的活性物种；通过受体模型解析了 VOCs 的来源并与源清单比对，采用模型方法评估了臭氧生成与前体物（NO_x 和 VOCs）变化之间的响应关系，为区域大气臭氧防治提供了科学参考。③系统调查收集了北京及近周边地区各类污染源的基础数据，并与统计、建筑、农业、交管等部门广泛合作，对无组织源排放的基础数据进行比对校核；利用 AP-42 排放系数和国内外研究成果对各类污染源的排放量进行了核算，建立了 2010 年区域污染源排放清单，并研制出区域源清单的动态更新技术平台；研究建立了基于区、县分辨率的源清单编制新技术，并完成了交通无组织排放因子的本地化研究；基于研究开发了区域敏感源筛选识别新技术，完成了北京及近周边地区敏感源筛选；研究成果为《北京市 2013—2107 年清洁空气行动计划》与区域空气质量改善方案的制定提供了重要科技支撑。④针对北京及近周边地区的大气污染特性，发展和完善了空气质量模式 NAQPMS 和多模式集合预报系统，建立了京津冀地区大气污染资料同化系统和集合预报方法，使得模式预报准确率提高了 40%；通过发展污染源反演方法，结合地面观测资料反演获得 2010 年京津冀大气一氧化碳（CO）排放源清单，减小了数值模拟的不确定性，为排放源清单的改进提供了一种有效的方法；通过污染来源解析、敏感性分析，初步给出了行政区域间污染物相互输送贡献率以及行业贡献率的特征，为区域大气污染协同防控提供了科学参考。⑤通过广泛多手段实地调研，对典型污染物、重要污染问题、典型行业以及局地与区域进行了费用效益分析和政策效果分析。提出了京津冀大气环境质量管理合作框架建议和区域发展与污染物总量控制以及多项具体的大气污染控制政策建议，为区域大气环境质量管理制度和政策制定提供了决策支持。该项目向各级部门递交了多份大气 $PM_{2.5}$ 污染治理措施建议、机动车控制政策建议、“十二五”区域大气质量管理政策建议等。获得两项国家科技进步奖，形成了一支跨部门的、具有较强实力的研究团队。

七、环境质量管理与健康研究

（一）污染源清单编制

2010 年，为了更好地了解掌握不断变化的污染排放特征，达到环境质量持续改善的目的，市环科院承担了“北京市大气污染源排放清单编制实施方案”，建立了系统完整的大气污染源排放清单及动态更新机制，为市环保局在污染防治方面的政策制定提供了科学依据。

2010—2011 年，市环科院完成了《北京市大气污染源排放清单编制技术指南》及电力、热力的生产和供应业、水泥行业、施工扬尘、交通扬尘等重点行业大气污染源排放清单编制技术导则，并通过了项目验收。该技术指南提出了大气污染源清单编制的技术路线、活动水平更新内容及方式、产排污系数更新原则、主要大气污染物排放量核算方法、数据审核要求，是大气污染物排放量核算的技术规范。

2012 年，为满足全市大气污染物总量减排及核查核算工作需求，市环科院开展了“颗粒物、VOCs 总量减排核算方法及减排指标分配方案研究”工作，研究工作以北京市大气污染物现状排放量为依据，针对不同类型大气污染物污染源的排放特征，选择排放量较大的重点源开展了深入调查研究，分别梳理了颗粒物以及 VOCs 削减控制措施并评估了减排效果，建立了“十二五”末期北京市颗粒物和 VOCs 两项污染物总量减排核算细则以及减排指标各区县分配方案。

2012—2013 年，基于北京市污染源排放清单工作框架，市环科院承担了“中意污染源清单技术合作项目”，在意大利相关专家的参与配合下，选取典型行业开展示范，根据示范结果对排放清单的编制方法进行了修订完善，提高了现有数据质量并建立了更新机制，对提高北京市污染源清单动态更新机制和制度的科学性及管理的实效性奠定了基础。

2013 年，市环科院联合市环保监测中心开展了“北京市大气中铵盐来源分析”。针对氨排放的主要来源，收集整理了农业氨排放活动水平资料，结合市环保监测中心相关监测数据分析得到了北京市重点氨排放源的活动水平数据，初步掌握了北京市大气氨排放规律，对促进氨的减排和 $PM_{2.5}$ 的达标有着十分重要的意义。

2013—2016 年，市环科院、北京生产力促进中心、市环保监测中心和北京工业大学共同承担了“十二五”国家科技支撑课题“北京市大气污染源排放清单研究与示范”。该课题基于对北京市重点大气污染源的调研、排放测试和数据分析，更新了 10 类重点污染源大气污染物排放因子和活动水平；建立了北京市 2014 年、2015 年大气污染源排放清单和北京市大气污染源排放清单数据库及可视化平台。课题成果在 APEC 会议和 9·3 阅兵等重大活动以及空气重污染期间的污染控制措施制订中得到了应用；编制发布了 1 项行业标准《民用煤大气污染物排放清单编制技术指南（试行）》。

（二）细颗粒物来源解析

北京市环保局长期以来，持续组织开展颗粒物监测、研究和来源解析等工作，2012—2013 年，北京市环保局组织市环保监测中心、北京大学和中国环科院等科研单位，将科研项目与日常监测工作相结合，完成了系统的采样、分析，取得了大量的基础数据，综合运用国内外最先进的源解析技术方法，2014 年发布了首轮 $PM_{2.5}$ 来源解析结果。主要研究结论表明，北京市空气中 $PM_{2.5}$ 主要成分为有机物（OM）、硝酸盐（NO_3^-）、硫酸盐（SO_4^{2-}）、地壳元素和铵盐（NH_4^+）等，分别占 $PM_{2.5}$ 质量浓度的 26%、17%、16%、12%和 11%。通过模型解析发现，全年 $PM_{2.5}$ 来源中区域传输贡献占 28%～36%，本地污染排放贡献占 64%～72%，特殊重污染过程中，区域传输贡献可达 50%以上。在本地污染贡献中，机动车、燃煤、工业生产、扬尘为主要来源，分别占 31.1%、22.4%、18.1%和 14.3%，餐饮、汽车修理、畜禽养殖、建筑涂装等其他排放约占 $PM_{2.5}$ 的 14.1%。研究结果发现，北京市 $PM_{2.5}$ 成分和来源呈现两个突出特点：一是二次粒子影响大，影响不可忽视。$PM_{2.5}$ 中的有机物、硝酸盐、硫酸盐和铵盐主要由气态污染物二次转化生成，累计占 $PM_{2.5}$ 的 70%，是重污染情况下 $PM_{2.5}$ 浓度升高的主导因素。二是机动车对 $PM_{2.5}$ 产生综合性贡献。根据研究成果，建议：一是机动车、燃煤、工业生产和扬尘是北京市 $PM_{2.5}$ 来源的四个主要方面，必须严格控制，尤其要严格管控机动车污染。二是区域传输对北京市 $PM_{2.5}$ 来源的贡献高达 28%～36%，要改善北京市空气质量，急需切实开展区域联防联控，削减区域内的污染物排放总量。三是有机物和硝酸盐是本市 $PM_{2.5}$ 的最主要成分，应削减挥发性有机物（VOCs）和氮氧化物（NO_x）排放，并协同开展二氧化硫（SO_2）和氨（NH_3）等污染物的排放控制。四是 $PM_{2.5}$ 来源解析是重要的基础工作，随着大气污染治理的深化，污染特征还会发生变化，需要创造条件深入持续开展源解析研究工作。首轮 $PM_{2.5}$ 源解析结果，为制订和实施 2013—2017 年清洁空气行动计划提供了有力的技术支撑。

2017 年，在国家大气污染防治攻关联合中心的指导和北京市科学技术委员会立项的重大科研项目支持下，北京市环保局组织市环保监测中心、清华大学、中科院大气物理所及北京大学等相关单位，将科研项目与日常监测工作相结合，开展并完成了“北京市 2017 年大气 $PM_{2.5}$ 精细化来源解析”研究工作，并于 2018 年 5 月 14 日发布了新一轮的 $PM_{2.5}$ 来源解析研究成果。研究表明，北京市全年 $PM_{2.5}$ 主要来源中本地排放占 2/3，本地排放贡献中，移动源、扬尘源、工业源、生活面源和燃煤源分别占 45%、16%、12%、12%和 3%，农业及自然源等其他源约占 12%；移动源中在京行驶的柴油车贡献最大，扬尘源中建筑施工和道路扬尘并重，工业源中石油化工、汽车工业和印刷等排放挥发性有机物工业行业的贡献较为突出，生活面源中生活溶剂使用等约占 40%。区域传输占 26%～42%，约 1/3，且随着污染级别的增大，区域传输贡献呈明显上升趋势，中度污染日（$PM_{2.5}$ 日均浓度在 115～150 μg/m^3）区域传输占 34%～50%，重污染日（$PM_{2.5}$ 日均浓度大于 150 μg/m^3）区域传输占 55%～75%。研究表明，$PM_{2.5}$ 源解析结果呈现以下特点：①与上一轮解析结果相比，本地排放来源贡献发生较大变化。首先，各主要源对 $PM_{2.5}$ 的绝对浓度贡献全面明显下降，燃煤源下降幅度最为显著；其次，$PM_{2.5}$ 各主要来源占比呈现“两升两降一凸显”特征，移动源、扬尘源贡献率上升，燃煤和工业源贡献率下降，生活面源贡献率进一步凸显。②本地排放中移动源独大，占比明显上升。在全年不同时段及空间范围内，移动源均是本地大气 $PM_{2.5}$ 的第一大来源。本地排放中移动源占比高达 45%，是上一轮解析结果（占比 31.1%）的 1.4 倍。③不同区域及时间段来源有所差异。从不同区域上看，南部边界燃煤、城区机动车及交通站点扬尘特征最为显著。从不同时间段来看，移动源均是最大的来源，而硫酸盐主要受区域燃煤传输影响。④区域传输贡献有所增加。从全年平均来看，区域传输对 $PM_{2.5}$ 年贡献率为 34%±8%，与上一轮源解析结果相比（32%±4%）略有增加。从重污染日贡献来看，重污染日区域传输贡献率为55%～75%，与上一轮源解析结果相比明显上升。区域污染传输存在传输通道，其中南部（尤其是沿太行山一线）、东部传输通道贡献更高。在此基础上，提出建议：一是根据本次源解析北京市污染“两升两降一凸显”特征，强化对移动源（特别是柴油车）、扬尘和生活面源的治理；二是继续深化区域联防联控工作，聚焦重点时段、重点传输通道，优化产业布局，加强重污染期间应急联动；三是持续加强科技支撑，提升科技治污、精准治污能力。研究成果为北京市制定打赢蓝天保卫战 3 年行动计划和空气质量达标规划奠定了坚实的基础。

（三）环境质量管理研究

1974 年，市环保所与其他单位合作完成了“北京市西郊大气飘尘中苯并[*a*]芘污染情况的初步调查”，通过样品的采集与分析，较全面地调查了北京西郊大气飘尘中 3,4-苯并[*a*]芘的污染现状。

1974—1990 年，市环保所等单位开展了对挥发性亚硝胺及其前体硝酸盐和亚硝酸盐的痕量分析方法，大气、水和土壤中苯并[*a*]芘的分析测定方法，大气和水中各种酞酸酯的测定方法，香烟中苯并[*a*]芘、镉、铅、钼的测定，生物和淤泥中甲基汞的测定，土壤中铍、铬、汞的测定，大气中温石棉分析、人发中镉、铅的测定，生物样品中砷的测定方法等研究。

1980—1985 年，中科院大气物理所利用该所建设的气象塔，采用先进的采样和分析技术，对气溶胶的物理化学特性进行了长期综合观测分析，确定了北京气溶胶的基本物理化学特性及时空变化，并对气溶胶的来源进行了定量研究。

1983—1985 年，市环保所、北京市煤炭利用研究所、北京大学等单位完成了“北京市大气质量控制研究”。通过能源调查、锅炉及民用小煤炉排污测试，主要大气污染物排放因子、颗粒物有害化学成分分析，大气质量模式及污染规律的研究，进一步掌握了北京市大气污染现状、主要污染物、污染特征及时空变化规律。通过对大气污染造成经济损失的估算、污染控制费用-效益分析，揭示了能源消耗—污染物排放—危害和经济损失之间的关系。通过对除尘器热态运行评价、型煤固硫减尘技术、小煤炉污染控制途径、集中供热及使用选煤等控制技术的研究，提出了增加低污染燃料、大力发展集中供热、充分挖掘锅炉的节能潜力、完善消烟除尘治理措施、限制汽车排污、加速绿地建设、强化管理等综合防治对策。

1986—1989 年，市环保监测中心、北京大学环境科学中心、市气象所共同进行了“北京市大气污染预测预报及其应用”的研究，查明了北京市二氧化硫、颗粒物等大气污染物的排放量、排放规律和空间分布，建立了大气污染物动态数据库。研究了污染物在大气环境中的扩散规律，提出 3 套计算模式，以及在不同气象条件下大气污染物浓度的预测、预报方法。该课题还首次开展了城市光化学烟雾污染研究。

1991—1999 年，市环保所、市环保监测中心、清华大学等单位在大气污染防治方面做了多项研究，其内容涉及石景山区二氧化硫和总悬浮微粒总量控制、北京市温室气体排放及减排对策、我国二氧化碳排放预测及减排技术选择、绿色制冷剂等。

1992 年，市环保所完成了“石景山区二氧化硫和总悬浮微粒总量控制研究”。该项研究自 1988 年开始，对排放二氧化硫和总悬浮微粒的污染源用数学模型进行了两次优化，求得使 1995 年、2000 年全区都达到环境目标值和全区平均值达到环境目标值的控制方案。研究结合该区实际情况以最小的费用得到最大的环境效益，也为颁发排污许可证，制定法规、政策、标准提供了依据。

1992 年，市环保所承担了“北京市大气中全态多环芳烃分析的研究”课题。

2003 年，市环科院开展了“农业生产排放的氨、甲烷和土壤尘等污染物对大气环境质量的影响”研究，通过数据收集、摸底调查、统计分析等工作，摸清了北京农业生产甲烷及氨的排放总量及分布，其中农业氨主要来源于畜禽养殖和氮肥施用过程，农业甲烷主要来源于反刍动物和稻田，同时进一步分析了农业排放源对大气环境质量的影响，为寻求控制二次粒子的对策具有重要的现实意义。

2008 年，中科院大气物理研究所完成了北京市环境保护科技项目——“北京市能见度（雾、霾）与大气细粒子污染关系”研究。研究目标是：给出北京城市雾霾天气划分标准；提供北京大气气溶胶 $PM_{2.5}$、PM_{10} 最新时间分布和垂直分布特征；提供北京气溶胶中水溶性离子的最新时空分布和粒径分布的特征；研究雾霾天气形成时的大尺度气象配置；建立起北京城市雾霾天气的预报和预警系统。

2008 年，市环科院完成了“北京市二噁英类持久性有机污染物调查”。该课题通过对北京市二噁英类持久性有机污染物污染源状况的调查，建立了相关信息系统，确定了重点管理对象，为建立北京市持久性有机污染物污染源的管理机制提供了技术支持。

2008—2009 年，市环科院承担了市环保局下达的“后奥运时期大气污染控制对策研究”。研究内容为：对奥运会前及奥运会期间的各项大气污染控制措施进行分析评估，结合“十一五”北京市环境保护规划的实施与落实情况，制定“十一五”末期（2009—2010 年）北京市大气污染控制的具体措施，并分析这些措施实施后北京市空气质量的改善程度。根据“十二五”期间北京市的经济发展、能源结构、产业结构变化情况，分析北京市 2011—2015 年大气环境改善可能面临的问题，从宏观和战略层面研究在新形势下北京市大气污染控制与管理的构想，为制定“十二五”环境保护规划做准备。

2012 年，市环科院开展了“$PM_{2.5}$ 及前体物防治技术调研”工作，该项目根据北京市 $PM_{2.5}$ 和前体物排放源污染以及现有的控制技术现状，广泛调研和分析美国、欧盟等发达国家（地区）及国内先进防治技术和成功经验，在分析、筛选的基础上，提出了北京市 $PM_{2.5}$ 及前体物污染防治的初步建议。

（四）环境健康研究

1976—1990 年，市环保局先后组织有关科研单位开展了“石景山地区大气污染与肺癌关系的研究”“大气飘尘中多环芳烃类化合物的分离鉴定”“北京市不同功能区大气飘尘中有机和无机污染物的分析研究”“焦炉大气颗粒物的化学污染及某些生物效应”“燃煤锅炉烟道气中苯并[*a*]芘的研究”“大气飘尘中有机污染物的研究”“北京市大气中全态多环芳烃的研究”等专题研究，共鉴定出主要有机污染物 48 种，对北京市大气中的主要污染物有了较全面的了解。在这些研究工作中，有关大气中多环芳烃类化合物的研究、酞酸酯的研究、大气污染物的生物毒性和对人体健康影响的研究等，均居国内领先水平。

1983—1986 年，市环保所开展了焦炉大气可吸入尘中致癌物的分析与生物效应以及焦炉大气颗粒物的化学表征等项目研究，在国内首次研究了焦炉污染与人体健康的影响，使用分级采样等技术，详细研究了焦炉不同颗粒物中多环芳烃污染物的分布规律等，并结合呼吸动力学的模式对人体危害做了估算和评价，这种将环境化学监测与生物学效应检验结合起来进行环境评价的研究方法在当时达到了国内先进水平。

1987—1990 年，市环保监测中心开展了“北京市有毒化学品优先控制名单研究”，经过大量调查分析，筛选出 33 种具有毒性，特别是具有三致（致癌、致畸、致突变）毒性，危害人体健康、破坏生态平衡、对人类生存有潜在威胁的毒物，作为优先控制的有毒化学品。

1987—1990 年，市环保所联合中国环科院开展了北京市大气污染对居民健康影响的研究，对北京市 750 km^2 规划市区的大气污染现状、时空特点、居民大气主要污染物暴露量进行了监测和分析，并通过检测呼吸功能指标、免疫功能指标、致癌指标、生化指标等讨论分析了大气污染对居民造成的生物学效应，研究结果为进行定量流行病学分析提供了宝贵的科学依据。

第二节　水污染防治和水资源保护

一、饮用水水源保护和水质管理

饮用水安全关系到广大人民群众的健康、生命安全和社会的和谐稳定。北京市通过饮用水水源保护相关研究，及时掌握了饮用水水源基础环境状况，为加强饮用水水源环境监管提供了技术支撑，充分保障了北京市供水安全。

1972—1975 年开展的“官厅水系水源保护的研究”，是国内最早开展的一项跨省市、按流域进行的饮用水水源保护基础理论和实践研究工作。

1977 年开始，市环保所与武汉地质学院和北京市勘测处协作进行了“城市地区地下水硬度升高的原因和机理”研究，查明了北京市地下水硬度变化的历史及现状，研究了地下水硬度升高的化学机理和原因。1981 年，3 家单位又协作完成了“北京市中心区地下水硬度升高原因、机理与防治途径的研究”，进一步综合分析了地下水硬度升高的化学机理，提出人类活动导致环境污染是地下水硬度升高的主要原因，水文地质条件变化是重要的影响因素，并就防止地下水硬度继续升高提出了建议。

1981—1983 年，市水文地质公司、市自来水公司、北京大学、市环保监测中心、市农科院等单位开展了“北京市西郊水源三厂、四厂地区地下水污染防治方案研究”。该项研究通过调查和模拟实验，查明了水厂的环境条件、水质现状和恶化的原因，利用地下水长期监测资料进行多元化相关分析和水质变化预测，提出了地下水污染防治方案，为保护西郊地区城市饮用水水源提供了科学依据，并据此制定了《北京城市自来水厂地下水源保护管理办法》。

1983—1985年，市环保监测中心开展了“密云、怀柔水库水质现状评价及旅游对水库水质的影响”研究，提出化学需氧量、生化需氧量、氨态氮、总氮、总磷、大肠菌群、浊度、石油类8项指标作为水库水质的评价参数，查清了旅游对不同水域水质理化性质的影响，提出了保护水库水质的措施。为保护北京市未来的主要饮用水水源，停止密云水库及怀柔水库旅游和制定“两库一渠管理办法”提供了重要科学依据。

1984年，市环保监测中心和中科院环化所协作，开展了“北京市重点污灌区饮水井中有机污染物研究”。

1986—1987年，市环保所、市水利规划设计研究院、市水文地质公司等单位承担国家科委1986年下达的重点软课题研究“京津地区水资源政策与管理的研究（北京部分）”。该研究利用系统分析、决策理论、技术经济、计算机等现代化研究方法，对北京地区水资源的开发利用和保护问题进行了全面系统的研究，针对北京地区水资源存在的主要问题，提出了解决问题的合理化建议。

1987—1989年，市水文地质公司、市自来水公司、市环保监测中心等单位开展了“北京市水源八厂地下水防护方案研究”，通过环境现状调查、自然净化条件分析、水源地现状监测，提出了区域综合防治与水源地强化保护相结合的区划方案。根据先后完成的地下饮用水水源三厂、四厂、八厂防护方案的研究成果，北京市调整了水源开采和补给区域内城市建设的布局。

1987—1989年，市环保监测中心、北京师范大学等单位开展了“关于密云水库网箱养鱼对水质影响”的研究，选择对水源九厂供水水源影响最大的、密云水库白河大坝前的走马庄网箱区作为重点研究水域，并确定以表征饮用水水质及水库富营养化的5项水质指标（溶解氧、五日生化需氧量、化学需氧量、总磷、总氮）作为研究对象，对各种污染物在库水和底泥中的时空分布规律和迁移规律进行了研究，建立了网箱区水质模型。研究结果以大量翔实的数据表明：网箱养鱼造成网箱区水域水质明显恶化。与此同时，市环保所也开展了网箱养鱼对密云水库水质污染的研究。通过以上研究，得出在饮用水供水水源地——密云水库内应严格控制网箱养鱼的结论，为密云、怀柔水库限制网箱养鱼提供了重要科学依据。

1989 年，市环保监测中心对位于密云水库二级保护区内的放马峪铁矿选矿厂投产后对环境的影响进行了评价，为制止在密云水库一级保护区内未经批准建设的陡岭子选矿厂投产提供了有力的依据。

1992—1995 年，市环保监测中心主持开展了“密云水库水源保护区农、林、牧业发展与非点源污染相关关系研究”。该课题采用典型源调查试验法与河流水质监测法相结合的方法，通过环境地学、环境水文学和水土保持学等多学科综合分析，在较准确掌握了区域非点源污染物流失总量的同时，又反映了不同土地利用类型和地貌类型污染物流失强度以及主要影响因素。由此提出的相应对策在非点源污染控制和保护农村生态环境、发展农村经济方面具有较强的现实意义和应用价值。该项研究成果为今后本地区非点源污染控制与监测工作的进一步深化打下了基础。

1994—1996 年，市环科院开展了“密云水库中有机物、氮、磷的来源及构成”研究。该研究通过对密云水库水质、密云水库周边污染源的分析研究，弄清了密云水库中有机物、氮、磷的主要来源及构成情况，为后续开展密云水库水质改善和污染治理提供了技术支持。

1995—1997 年，市环科院开展了北京自然科技基金项目“北京市地下水水质衰退及污染防治研究”。该研究对北京市地下水污染防治现状及发展过程进行了全面的分析，综合考虑了人口、资源、经济以及工农业发展等诸多因素，采用调查研究、实验室分析与数学分析相结合的方法，利用现有资料，结合区域条件进行论述。研究紧抓住地下水污染及污染机理，分析研究污染物在地下水中的运移规律和发展趋势，通过地下水模拟实验，探索地下水水质污染的科学原理，建立污染物迁移转化模型，为地下水水质衰退及污染防治研究提供了有说服力的论点及论据。为进一步论证地下水污染防治措施的实用性和有效性，研究还选择了十三陵抽水蓄能电站地下水的污染治理及西郊水源四厂市政机械公司柴油漏油事故的追踪研究、治理两个典型事例进行了全面的分析研究，并用成功的生产数据证明报告中地下水污染途径、污染源分析及治理方法的正确。通过总结国内外地下水污染防治技术及治理地下水的成功经验，提出北京市地下水水质衰退及污染防治的技术和措施。

1996—1998年，市环科院、市水文总站、市勘察设计研究院承担了市科委项目“北京市郊平原地区浅层地下饮用水水源保护及污染防治研究”。该研究对北京市地下水的水质现状、污染现状进行了调查与评价，分析研究了地下水资源恶化的原因。该研究以根治污染源、严格控制污水回灌、用清水进行回灌补给地下水并改善水质为指导思路，通过调研和示范工程相结合的方法提出了突出某些污染物及重点点源、面源、污灌和回灌的污染防治的具体措施，并在该研究基础上编制完成了《北京市平原地区地下饮用水水源保护及污染防治技术指南》。该指南重点分析与评价了加油站、化肥、污灌、地下水回灌对地下水源的污染现状，提出了相应的污染防治对策和防治技术指南与监测管理措施。并通过对北京市地下水回灌现状的分析，提出了回灌的水质标准与灌溉技术的要求，可作为水源保护、污染源环境管理、“三同时”审批、监测和监督的技术依据。

1996—1999年，市环保监测中心牵头，市环科院等单位参与开展了“密云水库水质保护管理技术研究”。课题提出了水库水源保护的对策依次为：全面取消库区（包括内湖）的网箱养鱼；控制非点源污染（包括：控制区域人口总量和出生率、区域产业结构调整、控制流域水土流失等相关技术、管理对策）；加强水库水利调度；改善全流域管理机制。课题首次明确得出影响密云水库水质的潜在因素是水质富营养化，控制密云水库富营养化的因子不仅有磷，同时还有氮；首次在国内深入应用美国国家环境保护局暴露评价模型中心开发的 WASP5 模型，用以模拟水库水动力学及水质富营养化问题；采用 GIS 空间建模功能，强化了水库水质的模拟、预测研究；首次定量地分析了密云水库 3 个主要污染来源的氮磷入库负荷和水库总磷、总氮的年允许负荷，进而为确定其削减率、污染源总量控制提供了科学依据；课题在水质模型支持下，提出可结合水库防洪调度提高去除水库营养负荷的能力；课题从可持续发展理论入手，建立了密云水库水环境可持续发展的评价体系和程序，从理论到应用量化进行深入的研究；人口、产业对水环境影响研究的结论将为密云水库的水环境可持续发展提供重要依据。水环境可持续发展的评价体系和程序的建立，给区域环境保护的同类型研究提供了方法论。

1998—1999 年，市环科院完成了“密云水库环境生态信息系统研究”。该项目为“密云水库水质保护管理技术研究”子课题之一。该研究在 Are View 的支持下，建立了密云县空间信息、气象土地利用、环境经济信息数据库；实现了以上数据的查询、分析和评价；完成了水质模型预测值的空间表达；完成了系统图形和统计图表，编写了《密云水库环境生态信息系统》用户手册。

1996—2000 年，市环保局、市市政管委、市环科院（执笔）、市市政工程设计研究总院、市节水用水办公室、市城市规划设计研究院等单位承担“保护生态合理利用北京水资源”研究课题。该研究针对北京市水文生态状况与问题，在综合已有研究和工作的基础上，结合国内外大量研究成果，提出了超量开发利用是使泉水消失、河流干涸、地下水位下降、包气带变厚、土壤水分减少、区内盐分积累、土地生产力下降、植被退化、干旱化趋势加重和沙化面积扩大的根本原因。研究指出北京市水资源供需矛盾日益突出，是资源型缺水、耗损型缺水、结构型缺水、效益型缺水、浪费型缺水、污染型缺水等综合效应的结果，如措施不当，有周期性加剧的趋势，应引起高层次决策的足够重视。要根据首都建设与发展新形势的要求，以涵养水源、改善生态环境为根本，以调整用水结构和提高用水效率为关键，以节约用水、防治水污染和废水资源化为主要措施，重新审视和制定水资源开发利用的政策。

1999—2001 年，市环科院开展了北京市自然科学基金项目“北京市区浅层地下水资源调查及利用途径的研究”。该研究开展了浅层地下水资源调查、摸清了可利用浅层地下水资源的水量及分布特征；进行了浅层地下水污染源及污染状况调查，并通过资料调研与对比研究，预测浅层地下水未来的水质变化趋势和可能产生的问题；根据调查结果和浅层地下水的实际水质状况及存在问题，进行水净化技术的筛选、组合；通过实验室研究，确定了经济实用的浅层地下水资源的利用技术、工艺及相关设备。

2001 年，市环科院完成了“北京市浅层地下水资源评价及开发利用”课题。浅层地下水因普遍受到污染多年来利用程度很低。这一部分被忽视的浅层地下水在市区广泛存在，而且水位水量稳定。在北京市严重缺水而需水量剧增的情况下，急需采取相应措施进行研究开发和综合利用。平原区浅层地下水含量大、取水方便、用水半径小，只要合理开发，有利于环境改良。开展对浅层地下水资源的研究对于解决绿化带灌溉水源问题具有积极意义。无论从经济效益还是从环境效益上看，浅层地下水是一种经济、使用方便的水源，对缓解北京市用水紧张问题具有重要意义。

2002 年，为了恢复官厅水库作为北京市第二饮用水水源地的功能，市水利科学研究所牵头，市环科院等多家单位参与开展了“官厅水库流域生态工程技术研究”“库区水体净化与水华防治技术研究”“官厅水库流域河道源水净化技术研究”“水库底泥污染控制的综合技术与生态处置技术研究”4 个专题研究，并列入市科委重大科技攻关项目。4 个专题研究内容为：不同湿地水质净化特征、湿地动力学特征、植物学特性、湿地系统优化配置及湿地管理技术等研究；官厅水库水华发生的机理、水华防治技术试验及库区富营养化数学模拟等研究，提出了官厅水库水华防治技术方案；库滨带生态防护模式、工程设计及库滨带对面源污染物截留与净化作用研究；河道源水回灌抽排净化技术、人工快速渗滤净化技术、河道源水曝气生物滤池工艺、河道源水生物接触氧化工艺、三家店源水微滤净化工艺、三家店源水活性炭净化工艺的实验研究；污染底泥环保疏浚技术、污染底泥原位固化技术、污染底泥无害化处理与资源化利用技术研究。研究成果为官厅水库流域水质改善综合治理工程提供了重要的技术支持，并为全国类似的流域修复提供了翔实的参考资料和可靠的科学依据。

2004 年，市环科院和延庆县环保局开展了北京境内官厅水库水系支流妫水河及其支流的环境整治和水源保护研究工作。通过对妫水河流域污染源的现场调查、综合分析，确定主要污染源有城乡生活污水、生活垃圾、农业面源污染、生态破坏造成的环境污染、工业污染 5 个主要方面。该研究以生态学和环境学为理论基础，以改善流域水环境支流和生态环境为根本任务，以控制污染总量作为基本策略，以水污染防治特别是妫水河及其支流两岸的水污染防治作为工作重点，应用系统工程原理，编制完成了《延庆县保护母亲河——妫水河行动纲要（妫水河—官厅水库流域生态修复规划方案）》。该规划把妫水河保护与延庆经济、社会发展目标综合平衡考虑，主要从上述 5 个污染源的控制、节水措施和生态恢复等 7 个方面提出妫水河保护的具体实施规划。

2004—2005 年，市环科院先后开展了北京市水源三厂、四厂、八厂、平谷应急水源地防护区污染源调查研究。通过调查研究，弄清了各水源地防护区内污染源分布及污染治理等情况，分析研究了防护区内主要污染源及污染的主要问题，提出了污染源防治的措施建议，为环境管理部门制定该地区环境治理和水源保护规划提供了依据，为编制《北京市水源三厂、四厂水源防护区污染源调查报告》《水源八厂防护区污染源调查报告》《平谷应急水源地防护区污染源调查报告》提供了技术支持。

2004—2009 年，市水土保持工作总站主持，市环科院、首都师范大学参与开展了“水土流失及面源污染先进防治技术的应用及集成、示范区建设”项目研究。该研究针对密云水库流域水土流失和水质污染问题，开展水土流失及面源污染治理技术和措施的研究及筛选，探索防治水土流失和污染物的综合配套措施，并建设综合防治措施示范区。其中，子课题“密云水库流域面源污染防控与管理技术研究”，在流域面源污染监测方案的设计、负荷估算方法选择到风险评价、控制措施选取与费效评估的全过程，建立了完整的监测评价体系与预测评价体系。深入开展了重点水源区公众的环保意识、支付意愿及其影响因子的调查研究和定量分析，探索环境保护的公众参与途径。结合调查区域，尝试提出了农村污染控制与农村村镇建设及经济协调发展的、符合村民意愿的控制管理措施。该研究选取密云水库上游太师屯镇为研究区，针对该区农业非点源污染特征，设计了最佳管理措施。同时，在非点源污染损失估算的基础上，率先尝试从经济学角度预测 8 种不同非点源污染措施控制氮、磷和泥沙流失的效果及所获得的环境效益、经济效益，并将各单项措施的控制效率进行了比较分析。密云水库流域面源污染监测、评价及防治研究的成果，明确了水源保护区不同区域面源污染物流失对水源污染的风险，制定了区域污染控制规划，采取科学有效的面源污染控制措施，为保护密云水库水环境及周边地区生态环境、防治密云水库流域面源污染、合理利用资源和安排工农业生产、促进当地社会经济可持续发展、全面建设小康社会提供了科学依据。

2005—2006 年，市环科院受北京市自来水集团的委托，对水源八厂防护区进行了污染源调查，通过污染源调查，了解了防护区内重点工业污染源、规模化畜禽养殖场、城乡生活污水、生活垃圾、矿石开采、化肥农药面源污染、加油站、医院等污染源的分布和污染治理等情况。在上述污染源调查的基础上，提出了防护区内存在的主要污染源及主要污染问题，并对其污染现状进行了分析和评价，同时提出水源地防治措施的建议，为水源八厂地下水水源防护区立法工作和环境管理部门制定该地区的综合环境整治及地下水源保护规划提供了依据。

2007 年，市环科院主持开展了北京市地表饮用水水源地保护区、北京市市级集中式地下水饮用水水源地保护区，以及石景山、通州、大兴、房山、昌平、顺义、平谷、密云、怀柔、延庆共 10 个区县级集中式地下水水源地基础情况调查，摸清了各水源地保护区内重点污染源、水源地环境质量现状、水源地管理状况，分析研究了各水源地存在的主要环境问题和原因，并针对存在的问题提出了污染防治对策措施，为编制《北京市饮用水水源地环境现状调查报告》和《北京市饮用水水源地环境保护规划》提供了技术支持。

2008—2017 年，由市环科院承担，在更大范围内开展饮用水水源地基础状况的调查。先后对北京市市级饮用水水源、区县级饮用水水源、典型乡镇级饮用水水源、“以奖促治”农村饮用水水源地保护情况开展了详细调查、研究和评估。进一步摸清了北京市饮用水水源底数，包括饮用水水源供水状况、水质状况、污染状况、环境禀赋，为更好地保护饮用水水源奠定了基础。针对不同区域、不同类型饮用水水源地存在的问题提出不同的对策，为提高广大人民群众的饮水安全保障提供技术支持，对全面保障北京市饮用水水源安全具有重要意义。为编制《北京市饮用水水源地基础环境调查与评估》《北京市典型乡镇饮用水水源地基础环境调查及评估》《北京市密云水库环境状况自查报告》《北京市饮用水水源地基础环境调查及评估》，以及 2010—2016 年度的《北京市年集中式饮用水水源环境状况评估》等提供了技术支持。

2011—2017 年，市环科院开展了“地表水饮用水水源保护区调整与划分”研究工作。该项目充分分析了北京市地表水水源保护区划分和调整的必要性，北京市地表饮用水水源保护区划分较早，都是在 20 世纪

90年代划分的保护区，加之十几年来饮用水水源保护区内的污染源、用地结构、取水量等条件都在不断发生变化，水污染防治和饮用水水源保护的形势和特点也有所改变，需要对地表饮用水水源保护区进行调整和划定，以更利于水源保护区的管理。该研究通过对近年相继颁布的相关法规及技术规范对比研究，发现存在现有保护区的名称、划定、批复部门等相关规定与法规规定不一致的情况。该研究通过对饮用水水源保护基础环境现状进行调查和分析，结合相关的规定及技术规范，利用GIS技术，通过分析地表水源的汇水范围等标识，提出了合理的保护区划分范围；研究分析了存在的环境问题，提出了相关的环境保护对策。此外，市环科院还开展了“地下水环境功能区划研究”工作，该研究通过进行国内外地下水环境功能区划研究工作现状调研，寻找北京市地下水环境功能区划目前面临的主要问题，初步划分了北京市地下水环境功能区划。

2011—2017年，北京市作为全国地下水基础环境状况调查评估先期启动的4个试点省市之一，市环保监测中心、市环科院、市水文地质工程地质大队、市地质工程勘察院、市水文总站等单位根据环保部《全国地下水基础环境状况调查评估年度实施方案》的工作部署，已连续6年开展了北京市案例地区、北京市试点地区、北京市地下水基础环境状况全面调查评估，北京市地下水长效监测、典型水文地质单元地下水环境保护实施方案和典型污染源地下水污染修复（防控）方案的制定等工作。试点工作的调查评估重点以“双源”（即地下饮用水水源和污染源）为主，先后开展并完成了北京市最大的2个地下水饮用水水源地水源八厂和水源三厂的水源地地下水基础环境状况评估调查，并逐步扩展到平原区地下水型饮用水水源、全市市级和区级地下水型饮用水水源地环境状况调查评估，摸清了饮用水水源地保护区内污染分布情况，探索开展了地下水污染状况综合评估、预测模拟、污染性能评估、健康和生态风险评估，提出地下水饮用水水源环境保护的对策和建议。相关研究取得了重要成果，为顺利开展全国地下水基础环境状况调查评估工作奠定了基础，并起到了示范作用。

二、工业废水处理与回用

1972—1974 年，市环保所、山东淄博石油化工厂、山东胜利石油化工总厂、中科院微生物所等单位以山东淄博石油化工厂为试验点，进行了塔式滤池-生物转盘处理丙烯腈生产废水的试验。通过采用优势菌种，选用轻质蜂窝填料、分段进水、机械通风等措施，大大提高了单位面积滤料化学耗氧量的去除率。该厂根据中试的参数建成废水处理装置。同期，市环保所等单位与大同合成橡胶厂合作，对该厂氯丁橡胶生产中排放的氯丁污水进行了生物处理与活化煤深度处理的研究。

1972—1975 年，市环保所、轻工业部第二设计院、中科院微生物所等单位，以上海第二化纤厂为试验基地，进行了蜂窝填料塔式滤池处理腈纶废水的试验研究。在塔式滤池上通过接种挂膜、采用优势菌种、两段同时进水等措施，使废水中的丙烯腈去除率达到 99%以上。该厂建成腈纶车间废水处理装置，并为上海金山石油化工总厂腈纶分厂的废水处理提供了设计参数，该项技术已在全国推广。

1973—1979 年，北京石化总厂东方红炼油厂、市环保所等单位开展了炼油废水深度处理研究。采用活性炭吸附法对生化处理后的炼油废水进行深度处理，使出水可在生产中回用或灌溉农田，通过中型试验，为生产装置提供了设计依据。

1974 年，冶金部建研院环保所、首钢设计院、市环保所和首钢公司炼铁厂等单位合作，将石灰-碳化法稳定高炉煤气洗涤水水质，二次浓缩盘式真空过滤进行瓦斯泥脱水的工艺，用于炼铁厂高炉煤气洗涤水循环系统。1979 年该工程建成投产，每年可节水 1 500 万 m^3，回收瓦斯泥 4 万 t，价值百万元。

1975—1977 年，市环保所与北京汽车制造厂合作，用超过滤技术回收电泳漆液，采用二醋酸纤维素做成滤膜材料，超滤液可用于涂漆工件的冲洗，既回收了电泳漆液又减少了废水排放量。该技术在国内已经得到推广应用。

1975—1979 年，市环保所、首钢公司设计院在上钢三厂开展氧气顶吹转炉除尘污水水质稳定试验研究。利用除尘污水中的化学成分，不再投加任何酸、碱或其他化学药剂，达到自身的平衡。1978 年实现污水闭路循环，运行稳定，节省了每年停产检修时间，保证了安全生产，年节水 175 万 t。同期，市环保所和首钢公司钢铁研究院等单位在首钢公司第二炼钢厂进行“氧气顶吹转炉除尘污水水质净化试验研究”。对 3 种不同烟气处理方式（燃烧法、半燃烧法及未燃法）的除尘污水，采用加药、预磁、磁盘分离等方法处理后，均能满足循环用水的要求。

1975—1980 年，市环保所、北京工业大学、北京广播器材厂、第四机械工业部第十设计院等单位合作，开展了“聚砜酰胺膜材料及其在镀铬漂洗废水中的应用”研究，研制成聚砜酰胺反渗透膜。用该膜组装的反渗透装置处理电镀含铬废水，六价铬的去除率达 95%，透过膜的水可回用于工件的漂洗，未透过膜的浓缩液返回电解槽。

1975—1985 年，铁道部专业设计院、北京铁路局、北方交通大学等单位在北京丰台车站货车洗刷所进行利用生物转盘处理铁路货车洗刷废水的试验研究，采用一级沉淀、二级生物转盘、三级消毒的处理流程，出水达标排放，解决了货车洗刷废水污染环境的问题。该技术已在全国推广。

1976 年，北京工业大学与北京第二印染厂、毛巾厂合作进行“生物接触氧化法处理印染废水的研究”，处理后的废水达标排放。该科研成果应用于北京第二针织厂、北京毛巾厂和北京第一针织厂等。

1978—1979 年，市环保所与北京第二量具厂合作开展了“逆流漂洗-薄膜蒸发系统回收处理电镀含铬废水”研究，可直接从废水中回收镀液，基本实现闭路循环，达到了不排或少排废水的目的。薄膜蒸发器在该厂已形成产品，并在全国推广应用。

1978—1981 年，市环保所承担了“机械化养鱼综合技术研究”中“水质净化处理”研究，采用滤机和两级浸没式斜发沸石滤池串联的水处理新工艺，使养鱼车间排水循环回用，仅需补充 10%的新鲜水。1980 年 8 月，在昌平县水产养殖场建成日处理水量为 2 400 m^3 的生产装置，与氧化塘作为水处理构筑物相比，占地面积节省 16 倍，鱼产量提高 1～2 倍。

1978—1981 年，市机电研究院环境保护技术研究所（以下简称市机电院环保所）开展利用活性炭与固体氧化剂处理电镀氰化镀铜合金废水的研究，回收的氧化铜可综合利用，处理后的漂洗水可循环使用。

1978—1983 年，市市政设计院开发出深井曝气活性污泥法处理污水的工艺，成功应用于高浓度制药、农药、化工废水的净化处理。该法比普通曝气法节电 50%，节省占地 30%～50%，无污泥膨胀现象，处理效果不受气温变化的影响。该项技术已在国内推广。

1979—1983 年，市机电院环保所、中科院地质科学研究所等单位完成了“镀锌钝化废水治理工艺研究”，利用斜发沸石和活性炭处理镀锌钝化废水，回收了锌和铬，处理后的废水达标排放。

1981 年，市环保所引进开发了升流式厌氧污泥床（UASB）污水处理新工艺，采用中温（35～40℃）、高温（50～55℃）与常温（小于 35℃）处理多种工业废水，并开发出 UASB—好氧生物处理流程。与单独采用好氧处理相比，电耗可降低 2/3，装置节省投资 1/5，生物处理成本减少 2/5。

1984—1987 年，市纺织科学研究所完成了棉纺与毛纺染色废水半软性填料的塔式生物滤池和生物接触氧化池废水处理新工艺研究。半软性填料具有良好的布水、布气特性，提高了净化效率，在好氧、厌氧生物处理中，得到广泛应用。

1986—1987 年，市环保所与抚顺石油化工研究院环保所等单位完成了“精对苯二甲酸生产废水处理工艺技术”开发，成功地应用于南京扬子石油化工公司处理难降解的化工废水。

1986—1990 年，清华大学环境工程系、北京师范学院、北京工业大学、中科院生态环境中心、北京太阳能研究所等 15 个单位，共同完成了高浓度有机废水厌氧生物处理技术的研究。应用升流式污泥床、垂直折流厌氧污泥床、两步厌氧消化工艺、纤维填料厌氧滤池、厌氧生物转盘等技术处理啤酒、酒精、甲醇、豆制品、玉米淀粉、维生素 C、乳品、酵母、玉米加工等生产废水，在常温中试条件下，成功地培养出颗粒状污泥，适用于处理高悬浮物、高浓度的有机废水。

1987—1991 年，市环保所与北京市清河农场共同完成了市科委立项的重大科技研究项目“北京市清河特区污水土地处理与利用研究”。该研究针对碱法造纸排放废液污染物负荷高、碱度大的特点，经过大量试验研究，提出了稳定塘结合土地漫流系统的造纸废水处理新工艺。该系统充分利用了“土壤-植物”系统的天然净化能力，使废水有较好的净化效果，净化效率较高。生态学原理的应用使该系统构成了一个废水处理与利用相结合的生态良性循环体系。处理出水用于农业种植与淡水养殖，同时具有良好的经济性。该系统基建投资仅为常规二级处理的 1/5～1/3。

1988—1989 年，市环保所采用超滤-离心分离相串联的污水处理新工艺，利用半透膜的筛分效应，有效地回收了洗毛废水中的羊毛脂，有较大经济价值，同时还节约用水 50%。

1992 年，市环保所在传统活性污泥法处理系统基础上发展了应用于工业污水治理的半推流式活性污泥治理技术。该技术充分利用了推流式活性污泥法、阶段曝气活性污泥法和完全混合式活性污泥法的优点，同时克服了其缺点。同年，该技术首次在苏州应用，其后应用于北京、山东、山西、江苏等省市综合废水、印染废水、化工废水和饮料废水等处理工程中，日处理水量达到 12 万 t，部分工程被列为国家级或省级示范工程。

1992年，市环保所承担了市科委“工业废水总程平衡治理技术研究”项目。该技术结合污染审计和清洁生产的思想，借助自控技术的发展，依照全面的监测、试验数据及废水单元治理工艺的技术经济分析，将废水治理延伸到生产工艺之中，对生产中废水的排放在空间和时间上进行动态的分配，重新组合单元治理技术，其目的是以比常规工艺更低的费用达到治理目标。该技术具有以下特点：采用复式废水收集系统，复式管网直接和生产设备相连；对生产设备的废水排放系统进行改进，安装电磁阀等自动分流构件；废水的切换通过平衡计算由自控系统控制并随时调整；对不同水质特性的废水采用不同的处理工艺。该技术在北京市可口可乐有限公司的废水处理工程中得以应用。

1994年，市环科院进行了“城市污水回用于钢铁工业成套技术研究”，该研究选择太原市北郊污水净化厂为依托工程，太原钢铁公司为回用对象，研究城市污水作为钢铁工业冷却水回用的处理工艺流程、关键技术，以及回用中所产生的结垢、腐蚀等问题。本研究的关键技术包括：①采用长泥龄、不投加碳源的生物脱氮、除磷工艺（简称 A^2/O 工艺）改造太原市北郊污水厂原生物吸附-再生工艺，可同时去除氮磷、BOD、COD及SS，达到或接近三级处理出水水质。②系统污泥产率较常规活性污泥系统污泥产率减少1/2以上，大大减轻了污泥处理和处置的负担。③太原北郊污水厂改建成再生水厂，处理规模1.0万t/d。从连续运行的生产性试验及实际回用于太钢考察结果可知，A^2/O 工艺处理出水主要水质指标、极限污垢热阻系数及年腐蚀率均与太钢目前使用的工业冷却水系统的循环水和补充水接近，说明城市污水经 A^2/O 工艺处理，出水作为钢铁工业循环冷却系统的补充水是完全可行的。

1995年，市环科院进行了“曝气生物滤池污水处理技术研究”，曝气生物滤池技术是国外大力推广使用的一种新型污水处理技术，但由于国外对曝气生物滤池去除机理等方面的研究不够深入，而且对该系统的设计也只停留在经验数据上。因此，该项目针对该技术污染物去除机理、设计参数优化等方面进行了深入研究。研究内容包括：①优化了设计参数。通过小试、中试试验研究，掌握了曝气生物滤池去除效果与进水负荷、滤料层高度等之间的关系，并且建立了系统反应动力学模型。②对曝气生物滤池进行了革新和改进，使污染物的去除效果大大增强。改进后的曝气生物滤池在同一反应器内完成硝化和反硝化反应，BOD_5 去除率可达 95.3%，COD 的去除率可达 91.9%，SS 的去除率可达 96.7%，NH_4^+-N 和 T-N 的去除率可分别达到 91.85%和 85.1%，可以满足越来越严格的排水水质标准要求。③在污染物去除机理研究的基础上，优化了曝气生物滤池反应器，提高了曝气生物滤池的容积负荷。研究表明在进水容积负荷为 6 kgBOD_5/（m^3·d）时，仍能保持较高的去除率。④对曝气生物滤池的适用性进行了系统研究。针对曝气生物滤池对生活污水、城市污水和工业废水的去除效果分别进行了研究，并且经过实际工程获得了验证，为曝气生物滤池的广泛推广提供了依据。

1996—2000 年，市环科院联合清华大学、中国环境保护科学研究院、中科院成都生物所等单位开展了国家“九五”科技攻关项目——“高效单元处理设备的研制和开发”。研究内容包括：①UASB 反应器的设备化技术及其配套产品的开发；②内循环三相好氧流化床的设备化技术；③序批式生物反应器（SBR）工程应用技术。研究成果包括：①在 UASB 反应器和相关设备开发研究方面形成了 3 类 6 个规格的产品，共获得 4 项专利。在此基础上，完成了矩形和圆形反应器系列的标准设计，形成了 30 余套不同规格反应器和相关产品的图集；建立了 30 多个示范工程项目，总投资超过 1 亿元。应用领域包括淀粉、制药、酒精和柠檬酸等行业废水处理。②通过对内循环三相流化床反应器现状和小试、中试及示范工程的研究，扩大了应用领域并解决了工程放大问题（计算机辅助设计的实现，为实现设计标准的系列化和产业化奠定了基础）。③根据 SBR 反应器的特点，研究了 SBR 滗水器的传动方式，开发了无动力自反馈浮力式滗水器并且解决了大型滗水器的设计和应用问题，研制成功了两种类型的大型滗水器（1 500 m^3/h 和 1 800 m^3/h）；与此同时提出了适合于 SBR 反应特点的自动化控制系统。④对反应器的结构形式进行了进一步的开发，研制了拼装式反应器，进行了系统设计优化、搪瓷烧制工艺和密封材料的比选等研究，形成了具有创新性的系列产品。通过多项示范工程的实践证明，拼装式反应器的造价仅相当于同体积大小的钢混或钢结构反应器造价的 50%～70%，建设周期仅相当于钢混结构的 20%。⑤攻关期间专题组在石化、制药、酿酒、淀粉、染料和城市废水等行业共承担了近 60 项示范工程，工程累计投资达 3 亿元。⑥课题共取得 7 项专利。

1997 年，市环科院开展了“染色废水处理工程示范研究”，该示范研究是国家环保总局科技发展计划项目。工程示范研究选择处理难度较大的染色工业废水，在采用先进生产工艺、减少废水和污染物产生量的基础上，采用 2 种生物处理及物化处理组成的处理工艺，出水达到行业一级排放标准。研究成果包括：①自行研制的脱色混凝剂；②研制了中心驱动悬挂式沉淀池刮泥机；③研究设计低压曝气系统；④研制设计全自动过滤系统和活性炭微波再生、利用系统。工程示范中将废水处理工艺、设计、设备、施工与现代管理等先进技术组合起来形成完整的技术链。

1998—2001 年，市环科院承担了市科委“污水处理设备化技术及产业化研究”项目，研究内容及成果包括：①SBR 设备化技术。基于动力学分析对工艺设计方法进行研究，并结合国内外滗水器特点和我国实际情况，研制出具有体积小、性能稳定、操作方便等优点的滗水器，并设计开发了计算机自动设计程序，根据不同排水能力和处理规模，由计算机自动进行配套设计。②小型污水处理设备化技术。在传统的完全混合式活性污泥工艺基础上，选用玻璃钢或钢材料制作，将沉淀区引入设备，使污水与污泥混合、反应后直接进入沉淀区，省去了污泥回流装置。在研究中对结构参数进行合理的选择，使设备的各组成结构达到协调和优化，并设计开发了计算机自动设计程序，根据不同水质、水量、设计参数，由计算机自动进行设备反应器部分的计算和设计。③全自动过滤设备化技术。结合废水处理和水回用要求，研究全自动过滤设备化技术。④沉淀池刮泥机。研制的悬挂式中心传动刮泥机在刮臂结构上进行改进，具有结构简单、机械强度大、能耗低等优点，并设计开发了计算机自动设计程序，根据不同需要自动进行计算，设计出不同型号的刮泥机。⑤生物滤池布水器。研制的水力旋转布水器是高负荷生物滤池的核心设备，由进水竖管和转动的布水横管组成，实现生物滤池的均匀布水。该项目的研究成果已在北京师范大学国际会议中心水处理工程，青岛藤华染色有限公司废水处理工程，市环科院中水示范中心、江苏昆山石浦联合污水处理厂、东方化工厂三 A 污水处理工程，北京汽车制造厂有限公司顺义分厂涂装废水处理工程等项目中应用。

1999—2001 年，市环科院开展了国家“九五”科技攻关项目——“膜法 SBR 工艺的研究与开发”。针对 SBR 的工艺特性，研发了一种新型的、无须框架支撑的悬浮填料，既可降低成本，又有利于微生物的生长，有效提高处理出水水质；并在长期试验的基础上形成了一套完整的工程设计参数与工艺控制条件，为工程设计与应用提供了技术支持。

2000—2002 年，市环科院承担了市环保局“机械压缩蒸发技术在高浓度工业废水处理中的应用研究”项目。由于造纸、纺织、化工、发酵、制糖等行业的生产废水污染物浓度高，采用常规处理工艺，工艺复杂、流程长，运行成本高，难以达到排放标准。机械压缩式热泵蒸发技术（MVC）高效节能、运行成本低，是高浓度工业废水处理的一种值得探索的新工艺。该项目研究内容包括：①小试测试热泵设备的性能，对热泵进行改造，降低能耗，保障水质。②针对洗毛废水、造纸黑液进行蒸发处理实验，得出适宜的运行参数。③根据实验结果进行经济性分析，与传统的蒸发工艺进行能耗和运行费用的经济分析。研究成果包括：①MVC 处理洗毛废水和造纸黑液效果显著，COD 去除率均在 99.6%以上。②MVC 处理洗毛废水的耗能量仅为常规单效蒸发的 6.9%～12.1%，每蒸发 1 t 水可以节约 156.41～167.8 kg 标准煤，与四效蒸发站相比，节能率在 60.8%～77.6%。③MVC 处理造纸黑液耗能量仅为常规单效蒸发的 7.8%～13.5%，每蒸发 1 t 水可以节约 152.7～165.9 kg 标准煤。

2000—2001 年，市环科院开展了农业部（世行支持项目）“农业固体废物（粪便）发酵和制肥示范工程研究”。该项目以农业废水无害化与资源化为核心，通过研究开发和示范工程建设，将养殖业粪污处置专用技术、先进而成熟的污水处理技术以及污水处理领域的设备化技术进行整合，形成一整套的粪污治理高效技术。该研究关键技术包括：猪粪高效堆肥发酵、制肥技术；高效污水处理 UASB 和 SBR 技术；污水处理拼装反应器技术。工程化科技成果包括：高效粪便处理工艺及制肥技术；污水处理反应器罐体结构的优化设计；设备特殊防腐涂层的开发；独特的拼装式设备化技术。

2000—2008 年，市环科院开展了大量膜生物反应器方面的研究与工程应用，针对高浓度有机废水和高氨氮废水，开发了适合于高浓度有机废水厌氧处理和厌氧氨氧化生物脱氮反应过程的膜生物反应器技术。该技术旨在对膜生物反应器新的应用领域进行探索性研究，将膜分离的技术优势和生物技术相结合，为解决高浓度有机废水和高氨氮废水的达标排放提供新的技术路线。该技术在北京东方瑞德生物技术有限公司污水处理工程、爱芬食品（北京）有限公司宠物食品新工厂废水处理站（一期）工程、北内集团总公司含油废水处理工程等项目上得到了广泛应用。

2001—2003 年，市环科院承担了市科委“以厌氧氨氧化为基础的生物脱氮技术研究”项目，该项目的研究内容包括：①在小试的基础上研究厌氧氨氧化脱氮技术的应用基础。在微氧条件下，氨氮转化为亚硝酸盐和硝酸盐的控制条件及反应动力学研究；在厌氧条件下，氨氮与亚硝酸盐、硝酸盐反应的控制条件及反应动力学研究；有机物在厌氧氨氧化脱氮过程中的作用；厌氧氨氧化工艺（Anammox）中特种微生物的初步鉴别与分离。②选取中等浓度含氨废水，应用厌氧氨氧化脱氮技术，建立 6 m^3/d 含氮废水处理示范工程。探索该装置的工艺参数和运行控制条件；对该示范装置的运行费用进行分析，并与传统脱氮工艺进行比较。研究成果包括：①在无 Anammox 菌种接种的前提下，独立培养出厌氧氨氧化微生物，在国内尚属首次。②首次提出了以长污泥龄、低溶解氧的运行方式实现亚硝化的研究思路，实现亚硝酸盐积累，提出并研究了微氧亚硝化—Anammox 工艺路线。③研究期间共发表学术论文 4 篇，硕士研究生学位论文 1 篇，阐明 Anammox 微生物的培养及反应启动、反应特性、动力学常数、有机物对 Anammox 活性的影响等研究成果，为后续研究者提供参考数据。

2002—2005 年，市环科院联合清华大学、西安交通大学、济南十方环保有限公司开展了科技部“863”项目——“高效厌氧生物反应器研制与应用”。该项目研究内容包括：①厌氧复合循环颗粒污泥悬浮床反应器研究；②厌氧复合循环生物膜颗粒悬浮床反应器研究；③厌氧复合循环颗粒（污泥）悬浮床反应器系统动力学研究；④厌氧复合循环颗粒（污泥）悬浮床反应器流态研究；⑤颗粒污泥（厌氧生物膜颗粒）性能研究与评价体系建立；⑥厌氧复合循环颗粒（污泥）悬浮床反应器功能扩展研究，同时产甲烷反硝化、厌氧氨氧化脱氮；⑦厌氧颗粒污泥悬浮床反应器示范工程研究。研究成果包括：①研制并开发了厌氧复合循环颗粒污泥悬浮床反应器和生物膜颗粒悬浮床反应器，建立了厌氧颗粒污泥（生物膜颗粒）性能研究与评价指标体系。②开展了厌氧复合循环颗粒污泥悬浮床反应器流态、动力学及动态模拟、反应器功能扩展等方面的研究，并进行了应用示范。③建设的示范工程运行 1 年以上，厌氧悬浮床反应器负荷稳定在 30～40 kgCOD/（$m^3 \cdot d$），最高负荷达 52 kgCOD/（$m^3 \cdot d$），负荷指标达国际厌氧生物反应器先进水平。④课题申请国家发明专利 5 项，发表学术论文 69 篇，出版专著 2

本，培养博士和硕士 21 名。

2002—2005 年，市环科院开展了科技部“863”项目——“高效好氧生物反应器研制与应用”。该项目研究内容包括：①内循环生物流化床反应器运行特性研究；②内循环流化床反应器出水的过滤特性研究；③高效过滤分离生物流化复合反应器耦合结构及运行研究；④高效过滤分离生物流化复合反应器自动控制系统及计算机辅助设计研究等构成。研究成果包括：①以内循环三相生物流化床反应器和轻质过滤为研究基础，通过过滤滤料选择、过滤反冲洗方式比较等确定了内循环三相生物流化床反应器与过滤分离区的耦合形式；②通过耦合反应器内载体生物膜特性研究、过滤出水水质分析和反冲洗周期研究，验证了新型反应器“好氧高效过滤分离生物流化复合反应器”对污水的处理能力；③为“好氧高效过滤分离生物流化复合反应器”的进一步开发研究提供基础理论依据和可供实际应用的关键技术参数及计算方法。

2002 年，燕化公司建成西区炼油污水回用装置。燕化公司是一个大型的石油化工联合企业，生产过程中新鲜水用量较大与北京严重缺水的矛盾日益突出，为此燕化公司将新建污水回用装置列为开辟新水源工作的一项重要内容。西区炼油污水回用装置是燕化公司 2002 年重要的工业技术攻关项目。该装置利用西区水净化车间排放的净化后污水作为原水，采用的核心工艺是曝气生物滤池及生物膜处理技术，在曝气生物滤池中微生物附着生长在滤料表面，然后通入压缩空气供给微生物所需要的氧，通过微生物的生命活动，降解水中的有机物，从而达到水质净化的目的。曝气生物滤池的出水经混凝沉淀和化学处理，最后投加臭氧和氯气杀菌、消毒、过滤产出合格回用水。西区炼油污水回用装置于 2002 年 3 月正式破土动工，同年 9 月 28 日正式竣工投产，占地面积约 4 745 m^2，处理能力为 500 m^3/h，产水能力为 450 m^3/h，出水回用作为炼油厂的工业用水和橡胶事业部循环水的补充水。西区污水回用装置的建成标志着燕化公司实现了由污水处理达标排放型向污水资源利用型企业的转变，西区污水回用水水质和污水回用量都居于国内领先水平。

2004 年，燕化公司又建成东区化工污水回用装置。在获得炼油污水回用经验的基础上，2003 年 10 月开始建设东区化工污水回用装置，于 2004 年 7 月建成投运，该装置设计处理能力为 1 200 m^3/h，设计产水量为 800 m^3/h，生产准一级脱盐水，供给燕化公司化工一厂水处理装置的锅炉补水用。针对原水水质成分复杂的情况，选择当时先进的污水处理技术，整套污水回用装置采用膜分离技术，即超滤和反渗透双膜组合处理工艺，处于国际领先水平，也是我国首次采用超滤和反渗透双膜组合工艺对经二级生物处理后的石油化工废水进行回收利用。超滤单元技术由加拿大 ZENON 公司提供，采用该公司 ZeeWeed500d 超滤过滤系统；反渗透单元技术由北京 CNC 技术公司提供，采用 DOW 化学公司 BW30-400FR 膜组件。反渗透系统主要脱除水中的盐分，脱盐率大于 97%，可以满足锅炉化学水处理系统的补水水质要求。装置建成后每年产生近 600 万 t 脱盐水，彻底扭转了燕山水资源的被动局面，党和国家领导人多次去视察指导工作，给予高度肯定。

2004—2006 年，市环科院承担了北京市自然科学基金委员会——“厌氧氨氧化微生物培养方法及其应用工艺研究”项目，该项目研究内容包括：①厌氧氨氧化微生物富集培养方法研究。通过对接种污泥的选择、反应器形式的选择、培养条件的控制共三个方面的合理组合，开展系统性的比较研究，确定出合适的接种物、反应器形式和培养条件。②适合于完成厌氧氨氧化反应的脱氮工艺形式探索研究。对影响厌氧氨氧化反应的关键因素进行鉴别，再根据鉴别结果，专门设计出合理的反应器和工艺组合形式，最后对所确定的反应器形式及组合形式进行较长时间的运行考察，获取相关工艺设计参数和运行控制条件。该项目研究成果包括：①通过本课题研究，确定用于厌氧氨氧化微生物富集培养的合适接种物、反应器形式和培养条件及影响厌氧氨氧化反应的关键因素，并开发出多种可成功富集培养厌氧氨氧化微生物的污水深度脱氮方法及工艺流程。②获得 3 项发明专利授权。高浓度有机废水深度脱氮处理方法，专利号 200710090244.3；铁碳亚硝化硝化方法及应用此方法的反应器和污水脱氮方法，专利号 200710097295.9；亚硝化-厌氧氨氧化单级生物脱氮方法，专利号 200710105719.1。

2005—2009 年，针对石化行业高浓度丙烯酸及其酯类废水有机物浓度高、pH 低、含有大量挥发性有机酸的特点，为了克服国内当时普遍采用的焚烧处理工艺技术含量低、运行成本高、带来大气污染等缺点，市环科院基于小试—中试—生产装置的全流程研发模式，自行研发了改进型 UASB+生物接触氧化集成工艺技术，处理出水 COD 可降至 800 mg/L 以下，并建成了处理能力为 1 m^3/h、5 m^3/h 的示范工程。该工艺获得实用新型专利 1 项，专利名称为丙烯酸废水生化处理的预处理装置，专利号为 201300025874.3。

2006—2008 年，市环科院承担了“酿造工业废水治理工程技术规范”编制项目，该项目由国家环保总局科技标准司下达。主要针对当时葡萄酒、黄酒工业发展迅猛，产生的污水对环境影响大，执行的《污水综合排放标准》（GB 8978—1996）的通用标准值针对性不强的状况而制订。标准制订内容主要包括葡萄酒、黄酒工业废水污染物控制项目及其排放限值、配套的监测方法、处理工艺要求、取样与监测等。

2007—2010 年，市环科院开展了科技部“863”项目——“集约化养殖废水中抗生素及重金属处理技术研究”。该项目针对集约化畜禽养殖废水中重金属和抗生素污染问题，结合畜禽废水的水质特性以及重金属、抗生素的分布特点，集成两相厌氧发酵、重金属沥滤及结晶、臭氧高级氧化、发酵沼液反渗透浓缩等技术进行了深入细致的研究，实现了畜禽废水中污染物的“无害化”和“资源化”，不仅高效去除了重金属和抗生素，还回收了沼气、N、P 等资源。课题申请国家发明专利 3 项，实用新型 1 项。

2008—2011 年，市环科院开展了科技部“863”项目——“规模化沼气发酵系统系列关键设备产业化与工程应用示范”。研究内容包括：①规模化沼气发酵系统中发酵装置设备化研究；②规模化沼气发酵系统中关键设备研究；③规模化沼气发酵系统中配套设备研究；④规模化沼气发酵示范工程应用研究。研究成果包括：①研究和完善了规模化沼气发酵系统中系列发酵装置、原料预处理装置、沼气储存装置等设备，进行了规模化工程示范，并实现了国产化和生产线建设；②开发了适用于沼气发酵池体的不同材料，实现了标准化、模块化、系列化设计和制造，降低了工程造价、缩短了工程周期；③针对不同物料特性，研究开发了低能耗、高效、运行可靠的关键设备，完成了预处理过程的匀浆、除杂、粪草破碎和反应器混合搅拌、输送的设备；④适合不同发酵装置的进出料、发电余热增温、固液分离设备优化研究，并实现了国产化；⑤完成了双膜干式低压储气柜的国产化开发，解决了沼气储存投资高、管理复杂、运行成本高的瓶颈问题，研究成果在试验基地、中试线、示范工程等得到应用；⑥课题申请专利 7 项，授权 3 项。

2008—2009 年，市环科院开展了“基于厌氧氨氧化自养脱氮工艺的合成氨行业终端废水治理与回用技术研究”，该研究是依托安徽省颍上鑫泰化工有限责任公司（终端）污水处理工程进行的。针对合成氨行业普遍存在的高氮、低 C/N 比含氨废水的深度脱氮难题，开发了一整套通用集成化、系统化的工艺流程，该工艺可同时严格控制总氮和氨氮的排放浓度，实现双氮控制目标（NH_4^+-N＜5 mg/L、TN＜15 mg/L）。它有机地整合了厌氧氨氧化自养脱氮技术和传统硝化-反硝化技术，使自养亚硝化、反硝化和异养硝化、反硝化微生物共生在一个完整的处理系统中，使全流程的能耗、药耗降到最低，并实现处理效率最大化。该工艺所依托的示范工程是国内外首次在合成氨行业应用厌氧氨氧化生物脱氮技术，成功实现工程化。该示范工程是国内第一家基于《合成氨工业水污染物排放标准（征求意见稿）》中双氮排放限制要求而进行设计并实施的，实际出水水质优于新标准限值要求，也同时满足《太湖地区城镇污水处理厂及重点工业行业主要水污染物排放限值》对合成氨行业排放的限值要求。处理出水可以直接回用到合成氨厂的多个生产工段，具有良好的经济效益。与传统生物脱氮技术相比，该工艺节省曝气量80%、用碱量50%，减少污泥量90%，且无须外加碳源。该工艺相关核心技术已经获得2项实用新型专利授权：①亚硝化-厌氧氨氧化耦合共生的生物脱氮反应装置，专利号为200720003330.1；②亚硝化硝化反应器，专利号为200720148537.8。

2009—2012年，北京市环科院参与了科技部“863”项目——“高效能新型初沉池设备的研制与应用”。北京市环科院主要负责高负荷水解澄清反应器的研发。针对进水SS/BOD_5比偏高、BOD_5/TN比偏低，以及传统初沉池、水解池加剧后续生物脱氮除磷系统碳源不足等问题，对传统水解池进行改进，在保持原有悬浮物去除效果的基础上强化污泥水解，改善废水水质结构，提高有利于后续脱氮除磷工艺的碳源比例，实现初沉污泥的资源化与减量化。

2010年，北京市环科院完成了“淀粉加工废水土地处理与利用工程示范”。承德市政府针对该地区淀粉加工企业的现状以及污染治理的要求，与北京市环保局签订了技术援助协议《环保技术援助》，根据技术援助协议内容要求，承德市选定一家马铃薯淀粉企业作为技术试点单位，进行马铃薯淀粉加工废水的治理示范。北京市环科院作为技术承担单位，结合国内外食品废水治理经验与技术及淀粉加工企业排污河治理现状的实际情况，提出了土地处理与牧草种植相结合的治理方法。该项目具有明显的环境效益以及工程示范作用，因此非常适合该地区淀粉废水处理选用。

2013—2014年，北京市环科院开展了“利用聚糖菌处理高碳低营养工业废水技术研究”。该课题为院基金项目，主要针对目前活性污泥法处理高碳低磷废水容易发生污泥膨胀的问题进行技术研发。以前为了克服该现象且保证出水 COD_{Cr} 达标，多是通过投加磷元素，维持正常的C/P 比值，以达到降低出水 COD_{Cr} 浓度的目的。但该种方法初期调试工作繁琐，明显提高了处理费用，增加了处理过程的人工和药剂投入，同时存在磷元素不足而导致污泥膨胀的可能，以及磷元素过量而增加处理负荷或出水水质超标的风险。聚糖菌由于其特殊的代谢特点，可以在磷缺乏型废水中降解大量有机碳，这为利用聚糖菌处理高碳低磷工业废水提供了理论依据，有望应用于酿酒、饮料等高碳低营养生产废水的处理过程。该课题的主要研究内容包括：①不同条件下厌氧/好氧系统中GAOs（聚糖菌）的生长情况；②确定 GAOs 富集条件及优势菌种鉴定；③实验室内利用 GAOs 处理高碳低营养废水；④小试处理饮料或酿酒废水。通过研究结果显示，采用富集 GAOs 的活性污泥系统在 SBR 反应器中处理酿酒厂实际工业废水时，进水 COD_{Cr} 浓度为 650 mg/L，TP 浓度为 2.60 mg/L，在不投加营养元素的情况下，通过调整 GAOs 富集系统的运行参数来处理该类生产废水，系统没有发生活性污泥膨胀，COD_{Cr} 的去除率最高可达到 97%，出水 COD_{Cr} 浓度最低仅为 15.31 mg/L。

2015—2016 年，市环科院应用隔油+气浮+A^2O+MBR 处理技术处理食品加工废水。北京呀咪呀咪食品有限公司是为市场专有的知名公司销售供应冷藏食品的一家公司，为解决加工过程中产生的废水排放污染环境问题，公司决定新建一套加工废水处理设施。该厂加工食品种类较多，包括洗米、洗肉、洗菜及面食、粥等，主要是有机物污染，洗肉废水中含有油、洗菜废水中含有泥沙和菜叶等杂质，废水排放量为 350 m^3/d。根据废水的特点，采用隔油+气浮+A^2O+MBR 处理工艺，出水水质按照北京市《水污染排放标准》（DB 11/307—2013）中的 B 标准执行。该工程于 2016 年 6 月开始施工，2017 年 2 月完工，目前正处于调试期。

三、城市污水处理与污水资源化

（一）城市污水处理

20世纪70年代以前，主要针对城市污水管网建设和城市污水处理厂规划进行研究，污水处理厂处理工艺以一级处理和污灌为主，污泥处理以自然干化为主。市政处和市环保所对污泥机械脱水技术、污泥发酵沼气综合利用技术进行了研究，包括：振动筛脱水、沼气生产四氯化碳等。

自1975年开始，市环保所和市政工程管理处开展了生物接触氧化法处理城市污水的小型试验和中型试验，同时，也开展了接触氧化技术有关机理的研究。该研究成果为生活污水、工业废水及再生水处理提供了技术先进经济可行的国内创新技术，为大规模应用奠定了基础。

1976—1983年，市市政设计院对高碑店污水处理厂采用纯氧和普通生物曝气活性污泥法进行了规模为2 000 t/d的对比试验，取得的参数为高碑店城市二级污水处理厂设计提供了依据。

“六五”期间，市环保所、市环保监测中心、市农林科学研究院环保所、中国预防医学科学院等21个单位承担了国家攻关项目“北京市高碑店污水系统污染综合防治研究”，通过对高碑店污水系统的污染状况进行全面的调查和分析，开展多学科的试验研究，运用系统分析的方法，从建设投资、运转费用、能源消耗，以及水源保护和水资源平衡等各方面，经过综合的分析和计算，提出了有关高碑店污水系统污染综合防治方案的建议。

1977—1990年，市环保所结合北京市的具体情况，先后开展了“水中硝酸盐和亚硝酸盐的测定方法”“水中氮的转化规律”“水中酞酸酯的分析”“高碑店污水系统有机化学毒物的分析研究”等工作，建立了一些先进的分析方法，基本查清了北京市污水系统中的主要污染物。

1983—1985年，市环保所联合中国水电科学院水利所、北京大学地理系、中国农科院生防室、美国国家环境保护局科尔研究所完成了“高碑店污水土地处理系统的研究”专题，该专题是国家“六五”期间科技攻关项目“北京市高碑店污水系统污染综合防治研究”中的一个重要组成部分，由国家经委下达。该课题结合北京市高碑店污水的水质和环境特点等条件，通过模型试验、田间扩大试验和野外观测等方式，对污水快速渗滤、慢速渗流、地标漫流等形式的工艺流程、主要参数、应用条件和污染物的特征及影响进行了较深入、全面的研究。形成如下主要成果：①污水土地处理的形式和相应的土壤渗滤条件；②不同处理形式的预处理要求；③三种不同处理形式的处理效果；④水质再生和再出水的开采利用；⑤高碑店系统污水土地处理的机构模式；⑥土地处理的效益分析；⑦土地处理示范工作设计举例（示范工程模式）。污水地表漫流和快速渗滤处理系统，在国内属首次研究。该技术应用于北京华都啤酒厂废水处理工程设计，可节省大量基建投资和处理费用，经济效益显著。

1983—1990年，根据中美环境保护科技合作项目，市环保所与美国国家环境保护局科尔研究所合作，开展了污水土地慢速渗滤、快速渗滤、地表漫流和芦苇湿地等课题的研究，“污水芦苇湿地处理示范工程”为其中一项。市环保所在昌平县进行了田间扩大试验和示范工程的试验运行，表明污水土地处理对污水的净化效率高，一般可达到甚至超过常规二级处理水平，基建投资和运行费用分别为二级处理的1/2和1/5，渗滤出水可用作补充地下水或抽出再利用。污水地表漫流系统可以种植牧草，芦苇湿地系统可构成完整的生态系统，形成一个资源再生和再利用的良性循环系统。该项目得出了有效的设计参数，为工程设计的规范化提供了科学依据。该项目对湿地植物的选择和管理、芦苇对污水净化的影响，以及污水对芦苇生长的影响，均进行了深入的研究，取得了大量宝贵的数据，特别是对氮的去除机理和反应动力学进行了有益的探索，对今后实用工程设计具有重要的参考价值。

1984—1986 年，市环保所联合水利电力部水质研究中心、中科院植物研究所完成“高碑店污水系统污水渠塘净化和利用的研究”专题，该专题是国家“六五”期间科技攻关项目“北京市高碑店污水系统污染综合防治研究”中的一个重要组成部分，由国家经委下达。该课题紧密结合北京污水处理利用的需要，对利用稳定塘净化高碑店污水的规律进行了试验研究，探讨了水生植物在稳定塘中的生长情况及作用，进行了利用净化污水灌溉作物及养鱼的试验，评价了对获得的生物资源品质的影响，提出了合理设计稳定塘的公式，还通过对东南郊现有渠塘的调查，提出了利用其净化能力的建议，为污水资源化提供了良好的途径。该课题在建立稳定塘设计公式中应用了扩散模型和过程系统工程的灵敏度分析方法，在国内尚属首次，在学术上有先进性。

1985—1986 年，市环保所与市政工程管理处城市污水管理所合作，开发出“城市污水水解酸化-好氧生物处理工艺”，以水解池代替传统初沉池，有效提高了污水处理效率。针对水解酸化工艺，市环科院在 20 世纪 90 年代开展了处理机理、配套工艺、工程化等系列研究，使该项技术在北京如密云县污水处理厂以及全国如湖北十堰、新疆阿克苏、贵州铜仁、山东城阳等污水处理厂中得到广泛应用，显著降低了污水处理厂的建设费用和运行费用。

1986—1988 年，市环保所联合中国环科院、北京建筑工程学院、清华大学环境工程系、中国市政工程西南设计院，呼和浩特市排水管理处、哈尔滨建筑工程学院、武汉市环保所、中科院水生生物研究所等 26 个单位、260 多名科技人员协作，共同完成了“中小城镇污水水解-氧化塘处理工艺研究”。该课题为国家“七五”科技攻关环保项目“城市污水土地处理系统的研究”的一部分。该研究采用厌氧塘、好氧塘、兼性氧化塘、风力氧化塘、湿地等组合流程处理城市污水，出水可达到污水排放要求。该工艺具有低投资、低能耗等优点，此外，由于厌氧沉淀池提高了污水的可生物降解性，使氧化塘停留时间比传统氧化塘减少了 50%（相应占地面积也减少了 50%），又由于厌氧沉淀池截留了约 80%的悬浮物，水生植物的覆盖又限制了藻类的生长，使该工艺中氧化塘沉积速度只有一般氧化塘系统（初沉池-氧化塘系统）的 40%。这些特点为改善氧化塘占地面积大、沉积严重、冬天效果差等提供了可能的解决途径。工程造价为常规二级处理厂的 1/3～1/2，运行费用为常规二级处理厂的 1/5～1/3。研究证明，氧化塘工程是一种适合中国现有经济水平的实用技术，可在全国推广应用。该课题培养硕士研究生 1 名。

1988—1990 年，市环保所完成了“北京市郊区污水土地漫流处理系统的研究”，该项目为国家“七五”科技攻关环保项目“城市污水土地处理系统的研究”的一部分。该项目在各种条件下进行了小试、中试和田间扩大性试验，对各种不同性质和来源的污水和废水进行适宜条件、处理效果和能力、场地信息和条件的分析与选择，环境影响以及综合效益分析等方面的试验和研究，初步确定各工艺设计参数和工程设计参数。土地漫流系统净化污水的机理分析中建立了漫流生化催化反应模型，运用生化催化反应理论解释了土地漫流体系中污染物去除的反应机理。

1990—1999 年，北京排水集团高碑店污水处理厂在北京市首次将空气曝气活性污泥法应用于处理生活污水。高碑店污水处理厂始建于 1960 年，1985 年列入北京市重点工程项目计划，1990 年 5 月 21 日获国家正式批准。工程按照“统一规划、分期建设”的原则分两期实施，每期工程均为日处理污水 50 万 m^3，1999 年 9 月 15 日投入运行。高碑店污水处理厂是北京市建设的第一座大型二级污水处理厂，也是规模最大的污水处理厂。高碑店污水处理厂采用传统活性污泥法两级处理工艺：一级处理包括格栅、泵房、曝气沉砂池和矩形平流式沉淀池；二级处理采用空气曝气活性污泥法。出水常规指标均能够达到国家《城镇污水处理厂污染物排放标准》中的一级 B 标准。高碑店二级污水处理厂两期工程完成后，保证了所负责流域的污水全部得到处理。处理后的达标水，主要为高碑店湖、华能热电厂、水源六厂提供旅游景观、城区绿地浇灌以及工业冷凝用水。其余出水排至通惠河，使流域水生态系统得到有效恢复。

高碑店污水处理厂污泥厌氧消化设施，为北京市首次采用中温两级消化技术应用于处理污泥。高碑店污水处理厂污泥厌氧消化设施建设分两期建成，建有 16 座单体容积为 7 850 m^3 的圆柱形污泥消化池大量膜生物，每 4 座消化池为一个系列，共分为 4 个系列。运行工艺采用两级中温厌氧消化处理工艺，操作温度为 33～35℃。4 个系列分期启动，一系列消化池于 1998 年 10 月投产运行，二系列消化池于 2001 年开始运行，四系列消化池于 2002 年 4 月开始运行，三系列消化池于 2002 年 10 月投入运行。污泥消化过程产生的沼气，主要用于发电、驱动鼓风机和进水泵，沼气发动机的热水作为消化污泥加热的热源，实现热电联供和资源的综合利用。污泥消化过程中产生的大量沼气用于发电，供厂内设备日常的生产运行。自 2000 年发电系统投入运行至 2010 年，该厂利用沼气累计发电 7 485 万 kW·h。2006 年年底，建成沼气锅炉，利用发电后剩余沼气转化为蒸汽满足厂内夏冬两季生产和生活使用，沼气锅炉每日可产蒸汽约 100 t。

1994—1995 年，市环保所完成了“快速渗滤与地表漫流污水土地处理工程技术研究”，该专题是在“七五”国家重点科技攻关“城市污水土地处理系统的研究”课题取得实质性进展的基础上，在“八五”期间对污水土地处理技术继续进行深化、拓宽研究，并解决污水土地处理工程建设中的一系列技术关键问题，属于国家“八五”科技攻关计划。主要承担单位为市环保所、中国地质大学、新疆城乡规划设计院、新疆巴州环境保护局和监测站、新疆环境监测中心、南京大学环境科学系。该项目对阿图什市城市污水土地处理系统、库尔勒新城区城市污水土地处理系统等快速渗滤、地表漫流污水土地处理系统的实际工程进行工艺研究；建立了快速渗滤系统中氮迁移变化的数学模型，求出不同条件下 NH_4^+-N 和 NO_3^--N 的浓度分布，模拟结果和实际规律基本相近；对氯仿以四氯化碳、三氯乙烯为代表的氟化脂肪烃类和以苯和甲苯为代表的芳香烃类的生物降解作用的研究取得新的进展，对不同黏性土层透水能力的研究表明，当污水快速渗滤系统下部存在稳定并有一定厚度（大于 30 cm）的黏性土层时，快速渗滤系统的入渗水一般不会构成对地下水的污染。

1994—1996 年，市环科院完成了“污水污泥土地处理利用设计技术”研究，该项目是“污水污泥农业利用设计技术”国家“八五”科技攻关计划子专题。该项目以高碑店污水处理厂污泥为基础进行研究，对城市污泥特征、土壤对污泥的净化功能和污泥农业利用环境影响因子与影响对象进行分析，根据土壤污染的理论，从保护环境和有效利用污泥肥料资源的角度，开展研究工作。该项目首次将污泥的农业利用（做基肥用）划分为 3 种类型，不同类型选用不同的污泥施用率；首次提出了污泥施用率的计算程序、污泥限制参数的筛选方法、施用率的计算模式和各种施用率的计算方法、设计施用率的确定方法、污泥农业利用的环境影响预测模式和方法；首次编制了污泥农业利用设计计算机管理系统，采用该系统可以方便快捷地做出污泥农业利用设计方案。该项目为污水污泥农业利用提供了技术指导，为污水污泥农业利用的管理提供了技术依据。该项目的研究填补了我国城市污水污泥农业利用设计的空白，达到了当时国际先进水平。

1996—1998 年市环科院、密云县污水处理厂联合完成了《城市污水污泥生产有机复合肥示范工程》，其利用密云污水处理厂产生的剩余污泥（每天 1～3 t 干物质）建成一家科技示范生产厂，经过一系列的预处理和加工并适当添加氮、磷等有效成分，生产有机复合肥料，化害为利，保护环境。

1996—2000 年，市环科院承担了国家“九五”攻关子课题“快速拼装式污水处理反应器研制”，重点解决了中小城镇污水处理厂设备化、成套化和产业化问题。

2001—2005 年，市环科院等承担了国家“863”子课题“高效好氧生物反应器研制与应用”。该课题开展了内循环生物流化床反应器运行特性研究、内循环流化床反应器出水的过滤特性研究、高效过滤分离生物流化复合反应器耦合结构及运行研究、高效过滤分离生物流化复合反应器自动控制系统及计算机辅助设计研究。该技术适用于中小城镇污水的设备化和成套化处理。

2002—2005 年，市环科院开展了“交替式内循环活性污泥（AICS）工艺的开发与工程应用”研究。该工艺作为我国独立开发的一种新型的工艺，对现有交替式运行工艺的池型结构、附属设备及其运转方式进行改进，克服了交替式工艺污泥浓度分布不均匀、容积和设备利用率低等缺点，提高了污水处理效率。该成果在北京、山东、新疆、吉林、浙江、四川等地的城市污水厂得到了应用，反应器池体及配件设备已设备化、定型化、产业化。

20 世纪 90 年代末，清华大学、市环科院、中科院生态中心进行膜生物反应器（MBR）对城镇污水处理的试验研究，包括膜材料、膜组件、处理工艺、处理效果、膜污染控制等方面的研究，为 MBR 的研制与应用提供依据。

2001—2003 年，清华大学等单位承担了国家“十五”攻关子课题“膜-生物反应器城市污水再生利用技术研究与示范”，提出了低能耗的膜-生物反应器的优化组合模式，考察了膜污染在运行过程中的发展过程、生物反应器运行条件和膜组件操作参数对膜污染的影响，建立了膜-生物反应器小区中水处理示范工程。

自 2001 年起，北京碧水源科技开发公司结合清华大学等国内外 MBR 研究成果，在北京市水务局、中环广场、软件园等中水工程以及北京市小流域治理中开展了 MBR 研究和应用，取得了大量 MBR 应用数据和经验。2003 年结合 MBR 应用和研究成果，北京碧水源科技开发公司、市环科院、清华大学和中关村科技园等制订了我国第一个《一体式膜生物反应器污水处理应用技术规程》，提出了膜生物反应器设计、工艺参数和运行条件，为 MBR 推广应用提供了标准依据。

2003—2005 年，清华大学承担“863”项目，开展了新型膜-生物反应器的研制与应用。2005—2006 年又开展了膜-生物反应器脱氮除磷工艺技术优化研究：考察了处理典型城市污水的 SMBR 中试装置在不同操作条件下的运行效果，在确保出水水质符合回用水标准的同时，探讨了该装置同步脱氮除磷的潜力。

清华大学根据多年对 MBR 的研究成果，2006 年主持设计了密云县污水处理厂 MBR 工程（设计规模 4.5 万 m^3/d），成为亚洲首座日处理万吨级的 MBR 工程。该工程是当时中国最大，也是亚洲最大，在国内大型 MBR 应用中具有重要意义。

北小河再生水厂是 2008 年北京夏季奥运会项目的配套工程，位于朝阳区北小河北岸，是在原北小河污水处理厂基础上改扩建而成的，生产规模为 6 万 m^3/d。该厂以市政污水为水源，采用膜生物反应池（MBR）处理工艺。其中 1 万 m^3 的膜生物反应池（MBR）出水再经过反渗透（RO）深度处理及紫外线消毒后成为高品质再生水，水质接近地表III类水，与人体直接接触无安全风险。北小河再生水厂主要服务北京城区北部区域，包括工业冷却用户和小区冲厕用户。2008 年 4 月 18 日，北小河再生水厂开始向“鸟巢”供应高品质再生水。2008 年奥运会期间，“龙形水系”景观及“鸟巢”内部冲厕和外部绿化用水均使用该高品质再生水。北小河再生水厂的运行使北京中心城区再生水回用率超过了 50%，实现了北京市的申奥承诺。

清河再生水厂位于清河北岸，2005 年 7 月开工建设，2006 年 12 月正式运行。总投资为 1 亿元，生产规模为 8 万 m^3/d。以清河污水处理厂二级出水为水源，采用超滤膜过滤、臭氧氧化处理工艺，达到国家IV类水体标准，水质清澈透明，无色无味，是超滤膜水处理技术在国内大型再生水厂中首次应用。清河再生水主要服务北京城区北部区域，主要应用于奥林匹克中心区的景观河道、绿化、冲厕及奥运配套设施太阳宫热电厂等工业企业，主要用户有：工业冷却用户北辰热力厂、太阳宫热电厂；河湖景观用户清河、清洋河、龙形水系、奥海、圆明园、西土城沟、小月河；小区冲厕用户橡树湾、媒体村等。2007 年 3 月 27 日，清河再生水厂的再生水开始注入奥运公园龙形水系北区，奥运公园再生水利用正式开始。2008 年北京奥运会期间，该系统与北小河再生水供水系统联合服务于奥运中心区，使北京成为第一个以再生水作为奥林匹克中心区景观、绿化等用水的举办城市并载入奥运史册。

2008 年，清华大学承担水体污染控制与治理科技重大专项，开展了 A^2/O/A/MBR（厌氧-缺氧-好氧-膜生物反应器）中试装置的除污效能研究。调试运行结果表明，A^2/O/A/MBR 工艺在无外加碳源的情况下取得了很好的脱氮除磷效果。在运行达到稳定后，出水水质可满足一级 A 排放标准的要求。该研究进一步拓展了 MBR 的应用范畴，使其在城市污水处理中得到更广泛的应用。MBR 技术占地小、污泥量小、处理效果好，是城镇污水处理和再生利用技术的重大突破，在城市污水处理厂升级改造和污水回用中已得到广泛应用。

（二）医院污水处理

北京市从 20 世纪 70 年代起开始医院污水处理和消毒技术研究。

20 世纪 70—80 年代初，市建筑设计院、市结核病医院、市温泉结核病医院、市环保所等单位协作，开展医院污水一级、二级处理和加氯消毒的研究，先后在通县结核病研究所和市温泉结核病医院建立了生物转盘二级处理和氯化消毒装置，运转效果良好。1980 年，市环保所与市结核病医院共同完成了“钴 60-γ射线对医院污水污泥消毒试验研究”，用钴 60-γ射线消毒可破坏微生物的核酸蛋白质和酶，污泥中的肠道细菌、蛔虫卵和结核菌均可被杀灭。1981 年，市环保所与北京市结核病医院、通县结核病研究所开展的医院污水臭氧消毒试验研究，证明臭氧对细菌、病毒和芽孢均有很强的杀灭作用，且不会产生二次污染，同时完成了臭氧消毒设备开发和工艺研究，为臭氧技术在污水处理中的应用提供了技术和设备。

20 世纪 90 年代，清华大学开展了一体式膜-生物反应器、臭氧消毒处理医院污水的研究和示范。该研究装置设在北京海淀乡卫生院，运行结果表明：出水水质良好、稳定、无色无嗅，一体式好氧中空纤维膜-生物反应器用于处理医院污水在技术上是可行的。

1998—1999 年，市环保监测中心、市环科院开展了“北京市医院污水防治对策研究”。该课题对北京市医院污水的排放量、排放去向、处理工艺、处理效果进行了全面系统的调研监测和实验研究；对城市污水处理厂出水的生物性污染问题进行了实验研究；针对排入城市处理厂的医院污水如何进行消毒处理问题进行了专门的实验研究和技术、经济论证。根据医院污水的不同排向及对环境的影响程度、受纳水体的不同功能，通过实际监测和研究，结合国内外最新研究成果，提出了具体的防治对策。

为配合“非典”防治，2003 年，市环科院与清华大学合作承担了《全国医院污水处理建设规划》编写。清华大学开展了医院污水全封闭处理一体化装置、无扩散的全密闭医院污水处理装置的研究和应用，并获国家专利实用新型技术。

2008 年，首都医科大学附属北京佑安医院开展了二氧化氯发生器用于医院污水消毒效果的研究，确保了传染病医院污水处理达标排放，摸索不同时段医院污水排放量与二氧化氯投加量的关系，有效降低了运行成本，亦减少了投加过量消毒剂对环境的二次污染。

（三）污水资源化

随着城市和工业的发展，水污染和水资源短缺已成为遏制北京市城市发展的关键因素。污水资源化已成为缓解北京市水资源短缺的有效途径之一，城镇污水经深度处理后已广泛应用于市政杂用、工业回用、河湖补充等方面。

1985 年，市环保所承担“北京市环保所住宅小区中水道试点工程”研究，拉开了我国污水回用的序幕。建成了国内第一个日供水能力 120 m^3 实用规模的住宅小区中水试点工程，生活污水经接触氧化、过滤、消毒活性污泥法处理后，用于冲洗厕所、浇灌绿地，节水约 40%。

1986—1990 年，市环保所研制成功中水处理一体化装置，采用射流曝气接触氧化、絮凝斜板沉淀和双层滤池处理工艺，提高了污水净化效率，实现了装置设备化。

“七五”期间，市环保所承担了国家“七五”攻关课题“中小城镇污水资源化与回用技术研究”，以北京市卫星城大兴县黄村镇为试点，进行污水资源化规划方案的研究，开发了一套以厌氧-兼氧-好氧系统为核心的污水处理与应用一元化流程新工艺，推动了污水回用的研究与实践。

“八五”期间，回用于工业冷却用水、工业用水的污水回用示范工程相继建成。市环科院、太原市排水管理处、太原钢铁公司供水厂共同承担了国家“八五”攻关项目“城市污水回用于钢铁工业成套技术”，研究并提出了用长污泥龄、不投加碳源的 A^2/O 生物处理工艺替代生物吸附-再生处理工艺处理城市污水，使太原北厂有明显的经济效益，而且处理出水作为太钢工业冷却水补充水，节约了新鲜水资源，为实现城市污水资源化及防止水体富营养化提供了经济、有效及实用的途径。

1992 年，北京华能热电厂以高碑店污水处理厂二级出水为水源，经加速澄清、加氯消毒、过滤后入循环系统作冷却水补水，节水率为 40%。

按相同用水量计算，可增加发电能力 1 倍以上。1993—1995 年，市环科院开展了“高碑店污水处理厂二级出水用于电厂锅炉补给水可行性分析”研究，研究提出了二级出水用于电厂锅炉补给水可行性建议方案：二级出水经化学澄清、砂过滤、活性炭和反渗透处理再经离子交换处理后可以达到华能电厂锅炉用水水质要求。

为保障污水回用安全，市科委率先立项开展污水回用安全性研究。2001 年，市环科院承担了北京市自然科学基金重点项目“污水回用安全性评价及水质指标体系研究”。该研究采用健康风险评价的方法，针对北京市污水回用于道路降尘与冲洗、园林绿化、河湖补充等主要用途，建立了风险评价模型，对职业人群和非职业人群的健康风险进行评价，根据评价结果，提出了污水回用于不同用途的水质标准建议值，为我国再生水标准的制定提供了依据。

2001 年北京申奥成功，在“绿色奥运”的带动下，北京市城镇污水处理回用得到极大重视和广泛关注，奥体中心、奥林公园、水上中心等均规划应用再生水解决其水源和补水问题，因此，污水再生技术和标准得到重点研究、开发和应用，包括深度脱氮除磷技术、膜技术、臭氧技术等，使北京市城镇污水处理厂（再生水厂）处理技术水平大大提高，产生了大批高水平的科研成果和示范工程。包括：北小河污水处理厂双膜处理再生水奥运补水工程（生物处理出水+超滤+反渗透）；清河污水处理厂膜处理奥运公园龙形水系补水工程（生物处理出水+超滤+臭氧消毒）；奥运公园生活污水再生利用工程（包括膜生物反应器、源分离、流离球等技术研究示范）等。通过引进、研发和污水处理厂升级改造，北京市在污水深度处理和再生利用技术领域以及排放标准等方面已达到了国际先进水平。

2007 年迎接奥运召开之际，市政府为了改善奥运水上运动中心及奥运场馆周边环境，组织实施了温榆河（属于北运河流域）至潮白河引水工程，即“顺义新城温榆河水资源利用工程”（简称为“引温济潮”工程）。为使温榆河水质达到潮白河水上运动中心水质要求，北京碧水源科技开发有限公司对温榆河水质及处理方案进行了研究和工程设计。开发以 MBR 为主工艺的污水净化达标解决方案，并用于工程实施。温榆河水经过膜生物处理器深度处理后，通过泵站经十三排干、京密路、顺于路、小中河（海洪闸下游）扬水至城北减河入口处，由此进入城北减河和潮白河，设计年调水量在 3 800 万 m^3。一期工程水处理规模 10 万 m^3/d，于 2007 年 10 月正式建成通水，膜生物反应器系统由 200 个大规模的 MBRU 组成，二期 10 万 m^3/d 的处理设施也已建成通水。每个膜组器处理出水能力为 500 m^3/d，该工程的成功运行标志着我国污水处理与废水资源化技术达到了世界领先水平。

2010—2011 年，市环科院承担了“再生水作为永定河生态用水的水质强化处理技术及总体方案设计”项目。该项目为市科委“永定河生态构建与修复技术研究与示范”项目的子课题之一，采用臭氧-生物活性炭工艺对再生水进行深度处理，确定并优化臭氧-生物活性炭工艺设计参数，在进水为城市再生水厂二级出水的前提下，确保出水满足相关限值要求。

2011—2012 年，北京奥林匹克公园管委会、市环科院共同承担完成了区级可持续发展与城乡一体化促进计划——“北京奥林匹克公园龙形水系水质修复与保持技术研究”项目（KC1105）。该项目研究了水体富营养化发生原因、水体富营养化现状和富营养化水体治理技术路径，在充分调研该水系基础资料的前提下，深入分析了龙形水系富营养化成因，并通过现场试验和实验室实验，考察了不同工艺的净化效果，确定了较为合理的治理方向、技术路径和工艺参数，制定了龙形水系水质修复与保持技术方案，解决了世界上规模最大、以再生水为主要补水水源的奥林匹克公园龙形水系日常水质维护、水体富营养化严重以及水华风险等难题，对推动以再生水作为主要补水水源的城市景观水体治理具有重要借鉴意义。2013 年，已经取得 1 项实用新型专利授权：一种复合折流人工湿地，专利号为 ZL 201220400549.6。

2014—2015 年，针对北京市新执行的《水污染综合排放标准》（DB 11/307—2013）对生活污水排放的水质指标进行了升级，同时增加了对总氮、总磷的处理要求，市环科院进行了生活污水提标改造相关工艺技术研究。通过一系列的研究表明，采用 A/O+MBR+过滤的处理工艺，可以大大提高生活污水处理水平，满足当前新执行的标准要求，同时也能达到《城市污水再生利用　城市杂用水水质》（GB/T 18920—2002）水质标准要求，可将处理后的出水回用于园内的绿化、景观及清洁卫生。此项研究获得了一定工程应用，包括农行干部培训基地污水处理站改造项目（处理规模 600 m^3/d）、北花园时尚传媒港污水处理工程（处理规模 600 m^3/d）。

四、水系污染防治

北京市属海河流域，从东到西分布有蓟运河、潮白河、北运河、永定河、大清河五大水系。除北运河上游的温榆河发源于北京市军都山外，其他 4 条水系均自境外流入。

自 20 世纪 70 年代以来，随着人口逐渐增长，生活、工业、农业活动逐渐增多，各水系水污染防治越加得到重视。北京市对全市五大水系、河湖进行了基础理论、应用技术、示范工程等一系列的研究工作。

北京市在北运河流域开展了“北京西郊地区环境污染调查与环境质量评价研究”“北京东南郊地表水、地下水污染调查及综合防治途径的研究”工作，对地表水、河道底泥、水生生物等进行了全面调查评估。20 世纪 80 年代，“北京市高碑店污水系统污染综合防治研究”项目对北运河流域，也是当时北京市规模最大的城市污水系统所在集水地区进行了污染源调查、有机化学毒物分析、重金属污染研究等工作。20 世纪 90 年代，参与了“北京市乡村水环境综合治理研究”工作，为开展农村水污染控制提供技术基础。21 世纪，流域污染防治研究与技术蓬勃发展，在全市流域范围，环保系统共组织实施了“农村地表水域生态保护技术研究”“北京市水环境非点源污染研究”“北京市地表水污染现状分析研究”“河流氨氮分布规律及调控机制研究”等课题研究工作，在北运河流域主要开展了“北京市北运河水系污染状况调研”“畜禽养殖废水处理技术研究与示范”项目，在潮白河流域开展了“北京市潮白河流域污染源调查研究”，在蓟运河流域开展了“北京可持续人居环境水质修复——北京沟河试点项目”，在永定河流域开展了“妫水河—官厅水库流域生态恢复方案研究”“再生水作为永定河生态用水的水质强化处理技术及总体方案设计”项目，湖泊方面开展了“基于水平流复氧与生物膜联合的景观水直接净化技术”“城市景观水体生态修复技术研究”“昆明湖水质恢复方案研究”“北京市什刹海水体修复示范项目”等多项技术研究工作，为北京市流域水系、湖泊水污染防治工作提供了有力的技术支撑。历年研究内容见表 6-1。

表 6-1　1970 年以来北京市关于水环境污染防治的部分科研项目

水系	序号	项目年份	项目名称	项目实施单位
全市水系水污染防治研究	1	1995—1999	北京市乡村水环境综合治理研究	北京市水利科学研究所、市环科院、北京市水文总站
	2	2005—2007	农村地表水域生态保护技术研究	市环科院
	3	2008—2009	北京市水环境非点源污染研究	市环保监测中心
	4	2009	北京市地表水污染现状分析研究	市环科院
	5	2012—2013	污水处理厂排放口影响区域环境调查、氨氮排放与水环境质量关系机理研究、河流氨氮分布规律及调控机制研究	市环科院
	6	2013	北京市水环境质量与流域生态健康状况研究	市环科院

水系	序号	项目年份	项目名称	项目实施单位
北运河水系水污染防治	1	1973—1976	北京西郊地区环境污染调查与环境质量评价研究	市环保所等
	2	1976—1978	北京东南郊地表水、地下水污染调查及综合防治途径的研究	市环保所等
	3	1983—1985	北京市高碑店污水系统污染综合防治研究	市环保所等
	4	2008	北京市北运河水系污染状况调研	市环科院
	5	2009—2012	北运河水系上游典型污染区污染控制技术研究与示范——畜禽养殖废水处理技术研究与示范	市环科院
潮白河水系水污染防治	1	2010	北京市潮白河流域污染源调查研究	市环科院
蓟运河水系水污染防治	1	2008—2009	北京可持续人居环境水质修复——北京泃河试点项目	市环科院、意大利蒂凡思（DFS）工程咨询公司
永定河水系水污染防治	1	2004	妫水河—官厅水库流域生态恢复方案研究	市环科院
	2	2010—2011	再生水作为永定河生态用水的水质强化处理技术及总体方案设计	市环科院
湖泊水污染防治	1	1998—2012	基于水平流复氧与生物膜联合的景观水直接净化技术	中国环科院、北京佳业佳境环保科技有限公司、市环科院
	2	2004—2010	城市景观水体生态修复技术研究	市环科院
	3	2005—2008	昆明湖水质恢复方案研究	市环科院
	4	2006—2009	北京市什刹海水体修复示范项目	市环科院

（一）全市水系污染防治

1995—1999 年，由市水利科学研究所承担、市环科院等单位参与开展了“北京市乡村水环境综合治理研究”课题，项目研究提出并实施了适用于农村排污管网不健全地区的生活污水快速渗滤池污水处理工艺和氧化塘工艺、适用于规模化养殖场的厌氧发酵（USB）及配套工艺、适用于屠宰等食品加工业高浓度有机污水处理的厌氧-好氧耦合工艺、适用于小电镀废水处理的旋流化学一步法工艺。在工艺研究的基础上，完成示范村生活污水、工业废水和养殖业粪污治理示范工程建设 7 项，为开展农村水污染控制提供了技术基础，为在农村开展水污染治理工程建设提供了经验。

2003 年 8 月，国家环保总局下发《关于印发全国地表水环境容量和大气环境容量核定工作方案的通知》（环发〔2003〕141 号），要求全国各省市开展地表水环境容量和大气环境容量核定工作。北京市也相应开展了“北京市地表水环境容量核定”项目，由市环保监测中心负责技术支持。实施水污染物容量总量控制，是实现水环境功能区水质目标的主要手段，是保证水环境质量的根本方法，也是水污染防治量化的依据。水环境容量核定的工作目标为：开展污染源水陆对应关系以及水污染物排放的分类调查，建立污染源—水环境质量的输入响应关系，通过模型正向模拟，得到全河段符合不同区划水域水质目标要求的水环境容量，校核、分析、确定水环境功能区、河流、地市、省、流域不同层次的水环境容量，为管理提供科学基础和技术平台，为总量分解和排污许可证发放奠定基础，为制定水环境保护各专业规划提供依据。根据《全国水环境容量核定技术指南》所确定的原则，北京市地表水环境容量核定结果是：在选取水文保证率为 95%的设计流量条件下，以 COD 和氨氮作为容量计算控制因子、以水环境功能区对应环境质量标准为水质目标值，采用不考虑混合区的一维水环境容量模型，对五大水系 23 个水环境控制单元进行容量计算，北京市理想水环境容量 COD 为 6.98 万 t/a、氨氮为 3 149 t/a；水环境容量 COD 为 6.55 万 t/a、氨氮为 3 130 t/a；COD 最大允许排放量为 6.96 万 t/a，氨氮最大允许排放量为 3 330 t/a。

2005—2007 年，为摸清农村污染尤其是水产养殖业对水体的污染情况，市环保局组织市环科院开展了“农村地表水域生态保护技术研究”课题工作。该课题比较了生态养殖与传统养殖模式，选择数个小型淡水养殖塘作为实验对象，研究分析了饲料药物种类、环境条件、产量等对水环境质量的影响，通过试验对比提出生态养殖对削减环境污染、改善农村水体环境的积极作用，提出生态养殖推广的合理建议。

2008 年，北京市环保局根据国家污染源普查要求，并结合北京市特点而下达了“北京市水环境非点源污染研究”课题。该课题由市环保监测中心为技术牵头单位，主要参加单位有北京清华城市规划设计研究院、北京师范大学环境学院。主要研究内容包括：通过现场调查和监测，获得城市典型下垫面及各种典型小流域的非点源污染排放特征和排放规律；建立北京市城市和农村非点源污染评估技术平台，用于对非点源污染进行常规化的评价与管理；对城市和农村非点源污染的来源和对环境水体的贡献率进行解析和识别，初步建立城市和农村非点源污染排放源清单，并按照行政区界和五大水系流域分别统计非点源污染负荷和排放源清单；根据评估和计算结果，对北京市城市和农村非点源污染的控制和治理提出相应的建议，为北京市非点源污染防治奠定基础。课题分析研究了北京市（包括城市和农村）非点源水污染物排放特征和排放规律，系统集成了城市非点源和农村非点源污染模型，建立了全市范围的非点源评估技术平台，确定了全市非点源污染负荷和排放源清单。

2009 年，环保部环境规划院委托市环科院承担了“北京市地表水污染现状分析研究”课题，课题按照“水系—控制单元—污染源”的思路，分析掌握了北京市五大流域内生活源、工业源、农业源、集中处理设施污染物排放量和排污去向。课题研究了污染和水质响应的关系，识别了水体控制单元的主要污染源和污染特征，客观反映了五大流域的污染特征和水平，为北京市流域水污染管理、水污染物总量控制提供了技术支持。

2012—2013 年，为改善北京市河流出境断面氨氮浓度、确保“十二五”河流断面考核达标，市环保局委托市环科院开展了“污水处理厂排放口影响区域环境调查”“氨氮排放与水环境质量关系机理研究”“河流氨氮分布规律及调控机制研究”3 个课题研究工作。项目紧密围绕市环保局改善水环境质量的中心工作，详细调查了北京市下游北运河流域氨氮污染物的来源及贡献水平；通过科学设计实验，摸清了城市污水处理厂排放氨氮在河流中的迁移转化规律；利用水质模型方法优选出北运河出境断面氨氮达标方案。该课题掌握了北运河流域的氨氮污染物排放清单；摸清了氨氮在水环境中的转化机理；为管理部门进一步改善河流氨氮污染问题提出了合理方案，对北京市完成国家断面考核指标具有实际应用价值。

2013 年，市城市规划设计研究院委托市环科院完成“北京市水环境质量与流域生态健康状况研究”课题，课题系统分析了北京市水环境质量状况及变化趋势，分析了水污染物排放及构成，科学测算了北京市水环境容量，并评估了中心城区河流的生态健康。

（二）河流水系水污染防治

北运河水系水污染防治。北运河水系是北京市五大水系中唯一发源于北京市境内的水系，流域范围涉及东城、西城 2 个中心城区和延庆、昌平、门头沟、怀柔、海淀、顺义、朝阳、丰台、石景山、通州、大兴共 11 个郊区县，其流域范围覆盖了北京市城市化发展水平最高的区域，因此北运河水系也成为北京的主要纳污水系，水环境遭到破坏。北京市政府关注北运河流域的水环境问题，在各水系水污染防治科研中，北运河水系也成为科研工作的重点。

1973 年，在北京市委和中科院的支持下，由北京环境保护办公室组织领导，成立了由 34 个单位、近 200 名科研人员参加的协作组，开展“北京西郊地区环境污染调查与环境质量评价研究”工作，对水、大气、土壤、水生生物、人体健康等做了全面的调查评估。在水体污染研究上，成立了“北京西郊环境质量评价探索研究协作组”，由市环保所、中科院地化所、中科院地理所、市规划局、自来水公司、市水文地质大队、北京大学、北京师范大学、北京地质学院、市水利局、市环监所共 11 个单位组成。1973—1976 年，课题组对城中轴线以西的 350 km^2 范围内的主要水体污染源、地下水、地面水、工业废水渗坑（井）、降水、底泥、水生物进行了大量调查、试验、取样分析工作，取得数以万计的数据，基本摸清了西郊水体概况、水体污染源、水体污染状况、地面水中酚和氰污染自净规律、地下水污染状况与途径、生物监测及残毒、底泥污染状况等，并进行了综合分析评价，为环境规划与治理提供了科学依据，为控制西郊水源污染及消除西郊水体污染做出了贡献。课题对城市区域环境质量进行了首次有意义的探索实践，研究获 1978 年全国科学大会奖。

1976 年，市环保局下达了为期 3 年（1976—1978 年）关于“北京东南郊地表水、地下水污染调查及综合防治途径的研究”的科研任务，由市环保所、北京师范大学、北京地质局水文地质大队、中科院、北京大学、北京工业大学、市环保监测中心等单位组成了科研协作组，开展了大规模的科研工作。北京东南郊调查水系包括凉水河、通惠河、通惠灌渠、通惠西排干、半壁店明渠、大柳树明沟、观音堂明沟、东南郊灌渠。在地表水调查评价中，对地表水水量平衡进行了科学估算，调查和评价了地表水水质、河道底泥、河道生物和放射性污染现状，研究了生化需氧量、酚、重金属在地表水中的迁移转化规律，提出东南郊地表水体污染综合防治途径。在地下水调查评价中，研究了城近郊区地下水的水化学特征及硬度变化趋势、东南郊环境特征及其对地下水硬度的影响、土壤中钙和镁元素的含量及其分布。

1983—1985 年，市环保所承担国家“六五”攻关项目“北京市高碑店污水系统污染综合防治研究”工作，组成由市环保监测中心、市农林科学研究院、中国预防医学中心、友谊医院等 21 个单位 160 人参加的课题组。高碑店污水系统位于北运河流域，是当时北京市规模最大的城市污水系统，集水面积 125 km^2，污水流量占全市污水量的 40%。课题开展了高碑店污水系统污染源调查及控制方案研究、高碑店污水系统有机化学毒物的分析研究、高碑店城市污水人工处理方法研究、高碑店污水系统污水入渗过程污染物迁移变化规律机理及对地下水污染影响研究、高碑店污水系统重金属污染研究等子课题研究工作。项目解决了污染防治中的主要技术问题，科学提出高碑店污水系统污染综合防治方案。

2008 年 1 月，在北京市第十三届人大第一次会议上，通州、昌平、顺义、朝阳等代表团联名提出了“关于北运河水系治理的议案”，市人大常委会主任会议将此建议确定为常委会领导重点督办建议，由市人大常委会主任亲自督办北运河水系治理工作。在市人大的统一领导下，2008 年 4—7 月，市环保局组织市环科院开展了“北京市北运河水系污染状况调研”课题的研究工作。课题全面掌握了北运河流域范围内生活污染源、工业污染源、农业污染源、集中处理设施等污染源排放情况，分类别、分行业、分区县、分流域对污染源进行统计分析，研究污染负荷空间分布规律，筛选出重点污染源；对流域内各河流汇水范围内排放口进行调查，确定直接入河污染物总量、污染物空间分布情况。根据历史和现状监测数据，对北运河水系水体污染的成因、现状及发展变化趋势进行客观的评价和分析，确定污染强度和水平，科学提出北运河流域存在的主要水环境问题和措施建议，为水系综合治理方案的制订提供依据。

2009—2012 年，市环科院承担了国家水体污染控制与治理科技重大专项“海河流域水污染综合治理与水质改善技术与集成示范”项目中“北运河水系上游典型污染区污染控制技术研究与示范”课题的“畜禽养殖废水处理技术研究与示范”子课题。畜禽养殖污染作为北运河水系的重要污染因素之一，一直缺乏适宜的处理技术。畜禽废水水量波动大，含渣量、有机物和氮磷浓度高，处理技术不成熟，很多规模化养殖场出水水质尚未达到《北京市水污染物排放标准》（DB 11/307—2005）的二级排放标准。课题根据北运河上游水系范围内畜禽养殖业发展现状和技术水平，以资源回收和节约为导向，研究和开发了适合于本地区经济社会发展水平的畜禽养殖废水治理技术，以利于本地区畜禽养殖业整体水平的提高和地区产业结构调整，最大程度地降低对北运河水系长期污染防治的不利影响。课题研发了同步脱氮去碳高效厌氧循环颗粒悬浮床反应器技术、基于磷回收和短程硝化的生物膜强化脱氮 A^2/O 组合技术、畜禽养殖废水的安全回用技术 3 项关键技术，对北运河水系水质改善具有重要意义。课题形成具有自主知识产权的专利技术 2 项，建成畜禽养殖废水处理回用技术示范工程 1 项，建立和完善畜禽养殖废水治理模式技术政策 1 套。

潮白河水系水污染防治。潮白河流域位于北京市的东北部，北京境内流域面积 5 700 km^2。潮白河流域是确保首都水源安全、供水安全和经济社会发展的重要水源地，近 10 年间平均每年向城市供水 9.2 亿 m^3。因此北京市对潮白河流域的水环境保护和治理非常重视。

2010 年 1 月北京市第十三届人大第三次会议上，部分代表提出了“潮白河流域水系综合治理”的建议。市人大高度重视此项工作，将此建议作为重点督办建议来推动。成立了市水务部门牵头、市相关委办局和相关区县政府组成的“潮白河流域水系综合治理”建议办理工作小组。根据职责分工，2010 年 4—6 月，由市环保局主要领导挂帅成立工作组，市环科院作为承担单位开展“潮白河流域污染源调查研究”工作。该课题归纳分析了潮白河流域范围内生活污染源、工业污染源、农业污染源、集中处理设施 4 大污染源的排放情况，识别了主要污染源；分析了水资源开发利用、水环境质量现状和趋势、各河流汇水范围内的污水处理情况；科学提出了潮白河流域主要水环境问题，提出了解决污染问题的措施建议。课题成果为《潮白河流域水系综合治理规划》的制订提供第一手技术资料。

蓟运河水系水污染防治。蓟运河水系上游支流泃河发源于河北省兴隆县，从河北蓟县进入平谷境内，先后接纳错河（洳河）、金鸡河来水，蓟运河境内流域面积 1 377 km^2，平原区流域面积 688 km^2。

2008—2009 年，市环科院与意大利蒂凡思（DFS）工程咨询公司合作完成“北京可持续人居环境水质修复——北京泃河试点项目”，该项目对蓟运河流域中泃河流域污染现状进行研究，结合历史数据对泃河流域污染源进行系统分析，建立了工业源、生活污染源、畜禽养殖源、面源 GIS 数据库，确定畜禽养殖和居民生活为泃河流域的主要污染源。课题利用 MIKE11 水质模型建立了泃河水质模型，针对蓟运河出境控制断面东店的短期和中期水质目标进行模拟，结合国内外治理经验提出一系列污染防治的措施和建议，并模拟给出各方案的投资和运行维护费用。该研究吸取了国际领先的污染控制理念和技术，对保护蓟运河流域的生态环境、保护地下水资源、保障下游地区居民的饮水安全具有重要意义，对北京市其他水系水污染防治和水环境管理工作的开展具有借鉴意义。

永定河水系水污染防治。永定河境内流域面积 3 168 km^2，其中山区流域面积 2 491 km^2，是京西绿色生态走廊与城市西南的生态屏障。永定河由洋河、桑干河和妫水河在官厅附近汇合而成。官厅水库以下称永定河，官厅至三家店为永定河山峡地段，永定河在大兴石佛寺附近入河北省。永定河流域科研主要集中于官厅水库库区保护方面，非库区水污染防治科研主要有以下 2 项。

2004 年，延庆县环保局委托市环科院承担了“妫水河—官厅水库流域生态恢复方案研究”课题。妫水河是永定河流域的主要河流，是官厅水库三大入库河系之一，流域面积 1 026.28 km^2，平均年径流量 1.18 亿 m^3。课题调研了妫水河流域的生态功能、自然条件、断面历年水质状况，统计分析了城乡生活污水、农药化肥、畜禽养殖、工业污染、生活垃圾等污染源排放总量，研究提出了流域污染治理工程、节水措施、节水工程和生态修复、生态建设措施，进一步编制了《保护母亲河——妫水河行动纲要(2004—2008年)》。课题为控制妫水河流域水环境污染，提高妫水河的入库水质提供了科学支持。

长期以来永定河缺乏河道生态用水，河流水陆生态系统退化，利用再生水补充河道用水已成为缓解永定河生态危机的有力措施。再生水虽然达到排放标准，但其中含有大量的营养盐分、微量有机污染物、固体悬浮微粒和微生物，使得再生水回用区及临近区域生态环境面临污染风险。2010—2011年，市科委“永定河生态构建与修复技术研究与示范”项目子课题“再生水作为永定河生态用水的水质强化处理技术及总体方案设计”由市环科院承担，课题采用臭氧-生物活性炭工艺对再生水进行深度处理，确定并优化了臭氧-生物活性炭工艺的设计参数，在进水为城市再生水厂二级出水的前提下，确保了出水满足相关限值要求。

（三）湖泊水污染防治

1998—2012年，中国环科院、北京佳业佳境环保科技有限公司、市环科院合作完成了“863”计划课题“基于水平流复氧与生物膜联合的景观水直接净化技术”工作。该课题开发了水体底部水平流复氧与生物膜联合生境改善的工艺方法、水体底部水平流射流复氧与流量放大设备，构建了富营养化水体中易于微生物附着并与景观结合的生物膜填料，开发了富营养化水体水华清除的技术与设备。该项目已授权5项工艺发明专利和设备发明专利，自2004年以来项目成果先后应用于钓鱼台国宾馆、故宫筒子河治理等政府工程，以及数十项住宅区人工湖泊治理工程。

2004—2010年，市环科院承担了“城市景观水体生态修复技术研究”课题，针对北京市缺水型城市景观水体的富营养化问题，以市政府宽沟招待所人工湖景观水体水质生态修复工程为依托（2004 年开始建设），采用了基于人工湿地、新型深层曝气塘等生态技术措施，辅以强制循环、微絮凝过滤等物理、化学措施，既能做到有效降低水体中化学需氧量、氮、磷等污染物含量，又能有效抑制悬浮性藻类生长，解决人工湖富营养化问题，长期保持较好的水质。该课题技术已应用在汉石桥湿地景观水体、北京会议中心景观水体、什刹海湖系水体和大观园人工湖水体，取得良好效果。

昆明湖位于皇家园林颐和园内，水域面积约占颐和园总面积的 3/4。2005 年中法文化年闭幕式在颐和园举办前夕，昆明湖出现了多年未遇的大面积水华，引起了国家环保总局和北京市有关领导的高度重视。环保总局和北京市在颐和园召开现场办公会，指示相关部门采取切实有效的技术和管理手段，解决昆明湖水华问题。2005—2008 年，市环保局立项并委托市环科院承担了“昆明湖水质恢复方案研究”课题。通过污染源和水质监测分析，研究得出昆明湖富营养化成因包括营养元素氮、磷过多，水动力条件差，温度影响等因素。基于富营养化成因和污染源特性，提出昆明湖水质恢复的措施包括采用人工基质、搅拌循环、高等水生生物的内部水质修复措施和以调整生态补水、建设人工湿地为主的外部水质修复措施。该课题为昆明湖富营养化治理提供了技术途径和理论依据，同时将昆明湖治理放到 2008 年“绿色奥运”的大背景中，为“绿色奥运”提供了保障。

2006—2009 年，市环科院承担了中意合作项目“北京市什刹海水体修复示范项目”。项目由意大利政府资助，在对什刹海地表水的污染现状、污染成因及污染趋势进行系统的研究分析基础上，提出水体修复模型和什刹海地表水污染治理方案，建设了日处理量 2 160 m^3 的污水处理厂和配套的退水工程、管网工程作为示范工程。项目为北京市湖泊水体修复提出了治理思路，在水体修复模型技术和水处理技术方面积累了经验。

2010 年，市环科院完成了“北京会议中心水质治理工程”研究。北京会议中心是北京市五环内最大的园林式会议接待单位，其内部人工湖之一北区人工湖占地 2 710 m^2，平均水深 1.1 m，多年来富营养化严重，水华连年暴发，造成了负面影响。受北京会议中心委托，市环科院根据该人工湖特点，采取因地制宜、景观和功能兼具的技术路线，采用水平潜流人工湿地技术，辅以快滤、水力循环等措施，有效地削减了人工湖污染物，湖水清澈见底，水质达到了《地表水环境质量标准》（GB 3838—2002）Ⅲ类标准。2013 年，该项目相关核心技术已经取得 1 项实用新型专利授权：水平潜流人工湿地应用于景观水体净化的预处理装置，专利号为 ZL 201220400533.5。

2011 年，市环科院完成了“北京大观园公园人工湖水质改善工程”研究。北京大观园是北京市极富特色的古典园林，其人工湖占地 15 000 m^2，水量 12 000 m^3，水华现象极为严重。针对大观园人工湖水质改善任务，市环科院采取了一套综合技术措施，主要包括异位净化设施、生态强化系统（水力循环、推流曝气等设施）、湖内生态工程等，实现了该公园人工湖总磷的削减和藻类的抑制，改善了水体水质，有效地抑制了水华。该项目立足于生态学的思路，将工程措施与生态景观有机结合，技术路线合理、设施运行稳定、费用合理，实用性较强。2013 年，该项目相关核心技术“生态净化浮床”已经取得 1 项实用新型专利授权：一种立体生态净化浮床，专利号为 ZL 201220400385.7；1 项发明专利授权：一种景观水的处理方法，专利号为 ZL 201210287464.6。

第三节　固体废物污染防治和资源化

随着国民经济的快速发展和人民生活水平的不断提高，包括工业固体废物、生活垃圾、危险废物在内的固体废物产生量也随之增加，由此造成的环境污染问题日益显现，特别是污染土壤对人体健康、地下水的威胁，因此，如何最大限度地利用固体废物成为主要的研究热点。20世纪 70 年代以来，为解决固体废物污染问题，实现固体废物的“减量化、无害化、资源化”处理处置，北京市开展了大量的有针对性的固体废物污染防治与资源化研究工作。

一、一般工业固体废物

1973—1984 年，冶金部建研院开展“利用工业废渣生产人造轻骨料”的研究，利用热熔高炉矿渣内含有的大量气体，采用高压水，经高速滚筒离心作用，生产出颗粒状的新型轻骨料膨珠。该轻骨料可用于制作内墙体、大楼板等构件，工业与民用建筑的保温外墙板，在北京前三门高层建筑工程中大量使用。该研究获 1978 年全国科学大会奖。

1977 年，市建材所、北京工程兵基建指挥部、石景山发电厂等单位进行了“磨细粉煤灰的性能及其应用研究”。经实验研究证明，磨细粉煤灰按合理比例掺入水泥混凝土中可改善混凝土性能、提高工程质量、节约水泥、降低工程成本。在地铁的混凝土结构层和加强层高标号混凝土中应用，均获得很好的效果，推动了磨细灰的开发和粉煤灰在水泥及混凝土方面的利用。

1983—1988 年，北京市政工程研究所开始进行粉煤灰用于水泥混凝土挤压管、水泥混凝离心管及预应力钢筋混凝土输水管生产的研究。结果表明，利用粉煤灰可节约 10%～50%的水泥，不但产品内在质量符合标准，而且外观质量明显改善。该技术 1988 年正式用于北京第二制管厂挤压管和输水管生产。

1986—1990 年，在国家攻关项目“燃煤固硫新型循环床锅炉技术开发”课题中，清华大学、冶金部建研院等单位开展了“硫化床炉燃煤固硫渣制建材的研究”。5 年中进行了大量试验工作，取得了万余组数据，研究了固硫渣中硫的形态及其特性，完成了固硫渣制水泥和水泥混凝土空心砌块的研究。此外，进行了用固硫渣制作膨胀水泥和水泥混凝土膨胀剂的研究。固硫渣水泥已用于宜昌市道路工程及生产大型屋面板和预应力钢筋混凝土空心楼板；固硫渣膨胀剂已成功用于亚运会北京老山自行车训练场跑道不裂面层和八达岭缆车索道基础锚杆锚固工程，以及宜昌市刚性防水屋面，经 3 个雨季考验，无渗漏。

1990 年，现代新型建材公司与市建筑设计院研究所共同承担“多层节能住宅新体系”科研课题，建成的实验楼，最大限度地采用该厂生产的粉煤灰系列建筑材料，每平方米折合用灰 600 kg，经测试，住宅耗热量达到国家 2000 年建筑节能标准。

1994—1997 年，市环科院等单位开展了“锅炉废渣综合利用技术与示范工程”课题研究。该项研究利用通县华飞化工总公司电厂沸腾炉渣及化工厂的造气渣生产出非承重砌块建材，既解决了企业内的固体废物污染，又为建筑市场提供了新型建材。根据中试取得的基本工艺参数，设计并建造了一条年产 5 万 m^3 的生产线，1996 年 10 月投产。年处理锅炉炉渣 7 万 m^3，年节约土地 1 万 m^2，3 年后可收回投资。研究成果可应用于建筑、市政、电力及环境保护等领域。

1999—2002 年，农业部技术发展中心、市环科院联合承担了农业固体废物（猪粪）发酵和制肥示范工程的研究。通过引进国外堆肥发酵、固液分离技术和设备，建成处理规模在万头以上的猪场猪粪堆肥厂和相配套的颗粒有机肥生产基地。

2005 年 11 月—2007 年 11 月，轻工环保所承担了农村固体废物处理成果推广应用技术研究课题。科研人员经过大量的试验研究后，于通州区东方种猪场成功实施，建成了年处理猪粪、农村固体废物 3 万 t 左右，同时年产 1 万 t 高品质有机肥料的产业化工程。该项目的技术特点主要是采用“三角形长垄”堆肥法处理工农业可利用的有机废弃物。其原理就是利用三角形长垄堆肥的特殊造型，使大量较低温度的空气从底部空间自然进入高温堆肥中，不需要特别的鼓风设备和能源消耗，在与大量的微生物菌体和物料（包括水分）进行接触过程中，冷空气变成较热空气而上升，从堆肥的顶部排入空中，由于热空气上升能带走大量的水分，这就是所谓的利用“烟囱效应”原理。合理调控堆肥中的废水含水率，就可以在高温堆肥的同时处理大量的高浓度有机废水，实现废渣废水综合处理后生产高效有机肥料的效果。在处理农村固体废物工艺流程中，能稳定做到65℃以上高温堆肥发酵15天以上，堆肥工程作业中，不排放任何污水和废气物质，不会带来二次污染。由于堆肥中同时大量蒸发处理高浓度有机废水，使得生产的有机肥料产品中的氮、磷、钾总含量，不添加任何化肥就能够达到约10%的水平，高于农业部有机肥料标准（NY 525—2002）要求的（大于或等于4%）2倍以上。

2009年，为解决北京城市污水处理厂的市政污泥出路问题，北京金隅北水环保科技有限公司筹建首条年处置污泥16.7万t的城市污水厂污泥处置线。市发改委、市科委、市水务局等9家单位将该项目列为北京市2008年节能节水减排技术推广计划，2009年被列为北京市折子工程。设施包括：干燥车间、湿泥接收车间、污水处理站附属用房、消防泵房；主要工艺单元包括：污泥来料储存及输送系统、水泥窑烟气加热导热油系统、成品污泥输送系统、臭气输送系统和废水处理系统。项目建成后，各项性能指标均达到运行要求，各项污染物排放满足国家和地方排放标准，应急体系完备、有效，未发生二次环境污染事故。

2011年12月，“北京市大宗工业固体废物环境安全评估”项目通过结题验收。该项目由市地质工程勘察院承担，项目组通过资料收集和现场调查，针对北京市29处大宗工业固体废物贮存场地进行了现状调研，初步查清了黄金矿尾矿、铁矿尾矿、煤矸石及粉煤灰4类主要大宗工业固体废物的贮存地点、数量、贮存方式等，在调研基础上，对以上29处大宗工业固体废物贮存场所的主要环境问题进行了环境安全评估，提出各贮存场地存在的问题主要为水、大气、土壤等环境污染风险及对生态景观的破坏。项目研究成果为北京市工业固体废物环境监管提供了一定的技术支持。

2011 年，北京化工大学、市环科院等几家院校联合开展了“典型生物质基为原料加工业废渣高效制备生物燃气集成技术与示范工程”项目。该项目以典型生物质基原料加工业（如粮食、木材、烟草、果蔬等加工业）废渣为主要研究对象，根据废渣的不同性质，分别研发了相应处理工艺并集成处理设备，建设了废渣年处理能力 1 000 t 以上的示范工程。

2014—2015 年，市环科院开展了“北京市工业固体废物产生及利用量的统计方法研究”项目。通过对北京市工业固体废物统计方法现状的调查和分析，并结合国内外工业固体废物管理及统计方法的发展趋势，提出了适用于北京市的工业固体废物统计方法，同时，对北京市工业固体废物统计调查动态更新机制提出了建议，为北京市加强危险废物及工业固体废物污染防治工作提供了指导。

二、危险废物

1987—1990 年，市环保所在用电镀污泥做陶瓷色料试验研究的基础上，与大兴县礼贤电镀厂协作，开展了“北京市电镀污泥集中处理实现资源化研究”。该项研究成功利用电镀污泥制造无机颜料的工艺和设备，该工艺在处理含铬电镀污泥方面优于填埋、混凝土固化、制砖等处理方式，有效地防止了重金属的二次污染，是一种更安全的废渣处理方法。利用电镀污泥制成的陶瓷色料可在陶瓷、马赛克、彩砂等建材生产中使用，生产成本明显低于市场价格，不仅实现了资源的综合利用，也为寻找替代纯氧化铬的配方开辟了新途径。

1988 年，市环保监测中心完成“北京市有害废弃物的排放现状与管理办法研究”，查清了北京市糠醛渣、电石渣等 80 种工业有害废弃物的产生量、排放量、堆存量、综合利用及处理处置情况，其中化工与冶金行业的有害废弃物产生量占全市的 86.5%。同时，完成了 71 个企业的 61 种废物评价，提出应优先控制的有害废弃物是含氰尾矿砂、多氯联苯废物、石油化工污泥、硼泥等；并提出适合北京地区有害废物管理的建议，为了解北京市有害废物的情况及污染防治做了基础性工作。

1990 年，市环保监测中心完成了“北京市重点行业有害废物调查及环境影响研究”。该项研究自 1989 年开始对几十种有害废物进行了浸出毒性试验和腐蚀性试验，对 28 种有害废物及含有机污染的废物进行了有害成分的测试，对 92 种废物和 150 个污染源进行了评价；普查了北京市 18 个区县境内有害废物堆存点，查明集中堆存量 151 万 t，占地面积 18 万 m^2，其中重点研究了北京市两个最大的石油化工和无机化工渣堆对环境的影响，认定有害物的任意堆存已经对环境造成严重污染，并对人体健康存在潜在威胁。该项研究为制定有害废物管理法律法规提供了科学依据，为建立有害物处理中心提供了可靠的基础数据。

1995 年，中科院化工冶金研究所等单位完成了氨浸法从电镀污泥中回收重金属示范研究（后改名为氨浸法从电镀污泥和不锈钢酸洗液中回收重金属）。该项研究自 1991 年开始开发出电镀污泥-不锈钢酸洗废液协同治理集成技术，从电镀污泥和不锈钢废液两类重金属污染物中可同时高效回收铜、镍、锌、铬、铁全部有价金属，并化学固结重金属残量，彻底消除了污染。重金属铜、镍、锌、铬回收率达 90%。所得金属盐类产品可直接返回生产系统，实现资源再生循环利用。

1999—2007 年，全国首条水泥窑协同处置城市工业废弃物示范线建成。北京红树林环保技术公司通过深入研究水泥煅烧技术，利用金隅北水公司新型回转式水泥窑焚烧处置危险废物，同时配套建设废液处理系统、废酸处理系统、废白土等固态危险废物处理系统、浆渣制备系统、污泥泵送系统等预处理及上料设施和相关贮存设施，彻底解决传统固化填埋、专业焚烧等方式产生二次污染的问题，其中浆渣处置工艺和废液处置工艺两项技术获得国家专利。2004 年建成拥有国内首家利用水泥窑处置城市工业废弃物的示范线，处置能力 10 万 t，2007 年正式完成调试验收，2010 年 3 月 11 日正式获得首个《危险废物经营许可证》。投产后的示范线排放烟气符合《水泥窑协同处置固体废物污染控制标准》（GB 30485—2013）、北京市《危险废物焚烧大气污染物排放标准》（DB 11/503—2007）和北京市《水泥工业大气污染物排放标准》（DB 11/1054—2013）对应的允许排放浓度限值。截至2010年收集处置北京市危险废物超过23.66万t，占北京市危险废物产生总量的90%以上。

2004年，市环科院对北京市石化行业危险废物处理设施开展了专项调查，在此基础上对燕化公司内部处理设施进行全面评价。调查内容包括：危险废物现状能力、处理量、处理设施完好率，现状处理方式合理性分析。根据燕化公司的发展规划，对燕化公司的内部处理设施规划方案进行了评价。

2007年，市环科院进行了“北京市电子行业、印刷行业危险废物情况调查及对策研究”。该课题进行了北京市电子行业、印刷行业危险废物产生量、处理处置情况调查，对国内外该行业的处理处置现状进行了技术调研，完成了相关技术、管理和防治对策的研究。

2008年，为解决北京市生活垃圾焚烧飞灰的资源化处置问题，开展了全国首例飞灰水洗预处理+水泥窑协同处置技术研究与示范，该项目是北京市科委2008年重点研发攻关项目，由北京金隅集团主持，北京金隅琉水环保科技有限公司、北京建筑材料科学研究总院和市环科院共同研发。该中试线处置规模500 t/a，将飞灰输送、洗涤、烘干、废水处理、煅烧处置及尾气处理等结合成有机的整体，通过水洗后的飞灰可作为水泥生产的替代原料，生产出符合国家标准的水泥产品并实现尾气达标排放，水洗液可进行深化处理回用，实现废水零排放。该技术处于国际领先水平，得到了环境保护主管部门的认可。

2009年，市环科院开展了促进危废处置设施高效运行的激励政策研究工作，对国内外危废处置设施高效运行的激励政策的类型、实施效果、经验和教训进行调研，对北京市危险废物集中处置单位设施运营、管理现状、处置技术及相关制度实施情况进行全面评估，结合北京市市情研究制定了《北京市危废处置设施高效运营激励框架方案》，提出针对不同危废处置技术的合理可行、可操作性强的激励措施建议。

2011—2012 年，市环科院、市固体废物管理中心（以下简称市固管中心）联合研究并设计适用于北京市的一次性医疗废物包装箱，并制定相关标准。标准结合北京市医疗工作的特点，规定了医疗废物一次性包装箱的尺寸、材质、箱体等技术参数，对北京市疫情期间医疗废物的管理工作起到了一定的支撑作用。

2012—2015 年，市环科院承担“危险废物污染防治立法调研”项目，在充分调研北京市及国内外相关危险废物污染防治管理现状的基础上，摸清了现有管理及法规存在的问题漏洞及缺失需求，结合北京市管理需要和国内外已有的相关立法经验，提出了最紧迫、最适合、最具可行性的立法建议。

2016—2017 年，市环科院在前期危险废物污染防治立法调研成果的基础上，继续开展《北京市危险废物污染环境防治条例（草案）》的编制工作，根据现有国内法规体系现状、北京市工作需求以及前期立法调研工作成果，编制形成《北京市危险废物污染环境防治条例（草案）》，以供政府部门在立法过程中参考使用。

三、生活垃圾

20 世纪 60 年代，医科院卫研所在北京进行了“粪便垃圾无害化处理及卫生评价研究”，获 1978 年全国科学大会奖。1979—1984 年，该所和北京、天津、河南、湖南、湖北、宁夏等省（市、区）卫生防疫站等 11 个单位，开展了“粪便无害化卫生标准的研究”，获 1985 年卫生部重大医药卫生科技成果甲级奖。《粪便无害化卫生标准》于 1987 年作为国家标准颁布实施，为城市粪便处理厂的设计建设提供了依据。

1980—1985 年，市环卫所开展了“城市垃圾和粪便无害化处理及综合利用的研究”，应用高温堆肥技术，建立了城市垃圾堆肥装置和 50 m^3/次的堆肥试验线，对堆肥参数、设备、工艺进行研究，应用填埋技术，进行了 500 m^3 城市垃圾填埋试验，研究填埋过程中气体的收集方法和产气规律，监测和研究填埋渗滤液中 26 种成分对地下水的污染。研究成果为大型垃圾填埋场的选址、设计和施工工艺确定提供了依据。该所还应用高温厌氧消化技术，建立了日处理量为 500 t 的城市粪便发酵装置，进行了高温、中温、低温厌氧发酵试验，研究了发酵参数和无害化变化规律。此外，开展了将堆肥产品用于大田种植、垃圾养殖蚯蚓和杨树叶栽培蘑菇等垃圾综合利用试验研究。

1985—1988 年，清华大学环境工程研究所开展了养殖蚯蚓处理（北京市）生活垃圾的研究，利用清华园垃圾作为代表性样品养殖山东海阳的露天红蚯蚓，取得 1.58 万个基础数据，将表征蚯蚓的主要变化特征归纳成 6 个参数，供设计和比较使用，并探讨了可采取的 3 种养殖模式。养殖蚯蚓不仅净化了环境，又实现了垃圾资源化和无害化，在北京市朝阳区花园畜牧科学养殖场等单位得到应用。

1992—1993 年，市环卫所开展了“垃圾烧结砖中试示范工程研究”。该项研究主要是改建了一条日生产能力为 30 万块垃圾砖的生产线，建立了配套的垃圾筛分线和供料系统。产品质量达到国家 GB 5101—85 中规定的一级黏土砖标准。与生产黏土砖相比，可节省黏土用量 40%；垃圾经制砖处理后，避免了其对环境的污染，环境效益良好。

2006 年，市环科院进行了“北京市生活垃圾处理设施专业规划大气环境研究”，该课题由北京市城市规划设计研究院设立，研究各种垃圾处理方式的大气环境影响因素分析；开展现状垃圾处理设施对大气环境影响的调查；进行各种垃圾处理方式对大气环境的影响分析。

2007 年，清华大学开发具有自主知识产权的炉排-复合循环流化床垃圾焚烧炉技术。该技术是根据中国城市生活垃圾的成分特点和燃烧特性，由清华大学经多年研究而开发的，焚烧炉采用炉排+循环流化床复合结构，配以特殊的进料和排渣系统，对防腐和积灰进行了有效的处理，并采取了严格的烟气净化工艺及措施。该技术结合了炉排和循环流化床的优点，能够很好地处理低热值、高水分、不分类的生活垃圾，各种排放物指标全部优于国家标准，大部分指标达到了欧洲 1#标准。

2008—2009 年，市环科院通过资料和现场调研，了解了生活垃圾填埋场恶臭污染现状及垃圾填埋场运行管理中存在的问题，提出了恶臭污染控制技术措施，完成了《北京市生活垃圾填埋场恶臭污染控制技术规范》的编制工作。

2014—2015 年，市环科院承担了北京市自然科学基金青年基金项目“利用餐厨垃圾乙醇发酵残渣半固态发酵生产 BT 生物农药的调控机理研究”，使用食堂垃圾为原料，经苏云金杆菌发酵生产微生物农药，并采用半固态发酵、菌株驯化、臭氧-超声波预处理、pH 定时调节等技术手段，使发酵系统中的目标产物产率由 520 mg/L 左右提高到 2 500 mg/L 以上。同时还探索开发了可与市售实验级 BT 菌粉杀虫毒效相当的自产 BT 生物农药及其缓释剂，为 BT 生物农药的进一步工业化推广提供一定的参考数据，具有很好的社会效益与应用前景。

2016—2017 年，市环科院承担了北京市自然科学基金青年基金项目“高炉渣余热回收协同转化生物质制氢机理研究项目”。提出使用高炉渣余热作为生物质气化热源，利用高炉渣中多种金属矿物对大分子的解构、断键和分解的催化作用，提高催化气化反应的选择性，提升气化产物——富氢气体的品位，实现对炉渣显热的回收和转换，将低品位的液态高炉渣余热转换成高品位的氢能。富氢气体中氢气含量最高可达 46.54%，其成本远低于目前采用的煤、天然气等制氢方法，具有一定的经济价值。

第四节 污染场地环境调查评估与修复

一、场地环境调查评估

1975—1983 年，市环保所、市环保监测中心、北京农业大学、清华大学等单位先后开展了“北京市土壤背景值及其应用研究”和“北京市污灌区土壤污染物状况分析调查”，较早地开展了对土壤中酞酸酯和多环芳烃类化合物的分析研究。

1979 年在市环保局的领导下，由 20 多个科研院所及生产单位组成专题协作组，承担了“北京东南郊环境污染调查及其防治途径研究”课题，其中子课题针对东南郊污罐区的土壤和农作物污染及其防治途径展开调查研究，表明该地区重金属在土壤、作物中属弱积累过程。

2004 年 4 月 28 日中午，北京市宋家庄地铁工程建筑工地的探井工人正在挖掘施工，当 31 号坑的 3 位工人挖掘到地表以下 3 m 处时，他们闻到一股强烈刺鼻的味道。由于施工方早有预先准备，3 位工人戴上了防毒面具，但当土坑被掘至 5 m 深处时，3 人均出现不适症状，其中一人开始呕吐。其后，3 位工人被送至铁营医院，其中症状最重的一人接受了高压氧舱治疗，至当日下午 4 时出院。出事地点原是北京一家农药厂的厂址，这家农药厂在 20 世纪 70 年代末 80 年代初被北京红狮涂料厂合并。这是北京市对场地（土壤）污染重视的开始。

2004 年以来，市环保局围绕污染场地开展了调查、评价、修复、验收、管理办法等一系列的研究工作，并组织进行了中试试验，掌握了大量翔实的一手数据资料。根据研究成果，结合北京市污染场地评价的实践，先后制定出多项地方标准、导则，较为系统地建立了我国第一个污染场地环境管理与技术监督体系，填补了我国污染场地环境管理及技术标准方面的空白。

2005 年，北京大学完成了“北京市环境土壤的二噁英类物质污染状况调查研究”工作，该课题进行了土壤中二噁英/呋喃的超痕量（ppt-ppq 级）检测，同时还进行了二噁英实验室的环境控制技术系统研究、前处理实验技术以及检测技术系统等研究工作，此外还进行了研究结果的质量保证和质量控制体系（QA/QC）的建设。研究中反映出的北京地区土壤中环境激素污染状况，引起北京市有关部门的高度重视。

2008 年 3 月，市环保监测中心与北京师范大学、轻工环保所分别签订合同，开展土壤背景点环境质量状况调查与比对分析、重点区域土壤污染状况调查与分析、城市土壤环境状况调查、加油站土壤污染调查等专题项目。

二、污染场地修复治理

2006 年年底至 2008 年，市环保局立项开展了“北京焦化厂搬迁场地环境风险管理技术研究”项目。由市环科院牵头，中国环科院、轻工环境保护科学研究所、北京市勘察设计研究院有限公司联合承担完成。项目开展了污染场地管理办法及标准、修复技术筛选方法的研究，为焦化厂案例研究提供了理论指导，同时焦化厂的应用实践为完善相关管理办法和技术标准提供了实践基础。研究成果包括：北京焦化厂场地风险评价和污染土壤治理/修复对策研究；总结出场地环境评价的步骤、污染识别方法、现场取样与分析方法及场地概念模型确定等，编制了《场地环境评价导则（初稿）》；根据风险评价方法，参考检出限、土壤背景值、国际同类标准等确定关注污染物的筛选值，编制《场地环境评价风险筛选值（初稿）》；通过焦化厂案例总结出《北京市污染场地管理办法（初稿）》，明确了政府各部门对污染场地管理的职责，对污染场地管理程序、场地环境评价、修复与验收提出了基本要求；制定了《北京市工业企业拆迁过程污染防治技术要求及环境监管技术规定》，为企业关停拆迁过程中的污染防治提供了技术支持。

2007—2010 年，在北京焦化厂搬迁场地环境风险管理技术研究成果的基础上，市环保局和意大利环境、领土与海洋部（IMELS）签订了“北京污染土壤评估与修复技术标准与规范合作（一期）”项目。该项目选取了北京市 3 个典型的工业污染场地作为研究对象，开展了初步调查与评估工作，通过实际工作验证《场地环境评价导则（初稿）》《场地环境评价风险筛选值（初稿）》的实操性；完成了针对焦化厂高强度复合污染的风险评估和修复技术筛选工作；对北京市污染土壤填埋场选址开展调查工作；通过开展典型示范工程应用，进一步检验并完善污染场地管理标准和技术规范，研究修订并发布了适合北京市的污染场地管理标准与技术规范：《场地环境评价导则》（DB 11/T 656—2009）、《场地土壤环境风险评价筛选值》（DB 11/T 811—2011）、《污染场地修复验收技术规范》（DB 11/T 783—2011）和《重金属污染土壤填埋场建设与运行技术规范》（DB 11/T 810—2011）。通过上述项目的实施，不仅为北京市污染场地的有效管理建立了污染场地信息管理数据库，同时为北京市培养了一批污染场地评价及治理修复领域的专业人才。

2008—2010 年 11 月完成的“北京市典型场地污染的关键原位修复技术研究与示范”项目，由中科院地理科学与资源研究所和北京市勘察设计研究院共同承担。该项目选择北京焦化厂污染最严重的粗苯车间场地作为试验基地，针对土壤中的苯系物等挥发性有机污染物，成功研发了具有自主知识产权的原位化学氧化、土壤气相抽提以及微生物修复共 3 套高效治理技术，原创性设计与研制了移动式污染场地修复设备、双罐式化学氧化修复设备和成套土壤气相抽提设备，该系统由抽气井、连接管线、汇流排装置、气液分离、真空抽提、尾气处理 6 部分组成。土壤气相抽提技术能有效修复苯系物污染土壤，去除量达到 90%以上。

2009 年，由市环科院牵头，北京师范大学、轻工环保所共同承担的“北京市典型场地污染的关键异位修复技术研究与示范”项目通过立项。该课题为市科委开展的重大科技项目“北京市搬迁企业污染场地再利用管理与典型场地修复技术研究与示范”的重要组成部分。课题研究了异位通风、生物堆、土壤洗涤和泥浆反应器等多项异位修复技术，通过开展中等规模的试验工程，对各项技术的适用性进行了系统分析；主要污染物去除率达到90%以上，修复成本只有国外平均水平的50%，关键设备国产化率达到100%。2011年5月19日，课题通过了市科委组织的专家验收。

截至2008年，北京市在污染场地管理方面做了大量有益的尝试，但尚未建立有效的污染风险管理体系，各个管理部门对于污染场地的全程管理缺乏信息沟通。为此，2008—2011年市环科院自主开发了一套适用于北京市污染场地全过程管理的信息决策系统。该系统以SUPERMAP地理信息系统为平台，采用SQL数据库和Microsoft.NET框架，实现了场地评价到开发利用全过程信息的输入输出和综合查询；采用适用于北京市的参数和模型，开发了基于C/S的健康风险评价体系；运用专家评分和层次分析法，构建了修复方案优选体系，实现修复方案的排序优选；开发了用户交互功能，实现高效的专家辅助决策和文件评审；构建了便捷的管理功能，可根据不同用户进行权限配置，并对数据库实时更新。

2008—2009年，国内首个污染场地修复与管理综合基地在市环科院大兴礼贤中试基地落成。这为污染场地修复技术的研究、示范与发展提供了合适的平台，为国内外污染场地管理与研究人员提供了教育与培训的场所，从而推动了我国污染场地评估与修复行业的产业化进程。

2010—2011年，市环科院开展了“中意污染场地修复技术合作项目（过渡期）——中意污染场地修复技术示范及修复技术中心建设项目”。在大量调研以及对市环科院和生态岛科技有限责任公司现有科研能力、组织运作模式等方面进行充分评估的基础上，完成了污染场地修复技术中心建设可行性研究及方案设计；在北京焦化厂完成了深层土壤和地下水原位修复空气注射技术的现场测试工作，获得了最优的操作参数，明确了应用空气注射技术在修复北京焦化厂浅层含水层的潜在适用性；通过相关模型计算修复所需时间和修复成本，设计了最终的AS/SVE技术修复焦化厂地下水和饱和层苯系物的方案；同时，自主非标加工了用于测定土壤中挥发性有机物挥发通量的土壤气通量测定仪；完成了水泥窑热脱附技术方案的设计工作，对装置尺寸、最佳加热温度、加热方式、合适的处理时间、尾气收集处置方式等进行了全面的分析，在北京生态岛建立了处理规模在100 t污染土壤的中试试验，对土壤中多环芳烃的处理率超过99%，土壤中有机质从0.6%下降到0.3%。

2012—2015年，市环科院开展了“新首钢高端产业综合服务区（首钢石景山主厂区）场地环境调查与风险评价项目”。对首钢停产搬迁后遗留的污染场地中的土壤和地下水进行了调查采样、健康风险评估，编制完成场地环境调查与风险评估报告，为促进首钢土地开发利用、保障未来人群居住健康提供了重要基础。

2012—2016年，市环科院开展了“中意污染场地修复技术合作项目（二期）——中意污染场地修复技术示范及修复技术中心建设项目”。在中意环境保护合作项目（SICP）的框架下，完善了北京市污染场地管理政策与标准体系，编制了《典型工业行业场地初步调查技术导则》《污染场地修复过程环境管理计划编制技术导则》《污染场地修复工程环境监理技术导则》等10项技术导则；完成了北京市内最重要的工业场地北京首钢场地的调查与初步评估工作，为北京市环保局针对特定场地的环境监管提供了技术支持。

2015年，市环科院开展了“天津港瑞海公司8·12火灾爆炸事故场地调查与风险评估项目”，对爆炸核心及周边共计57万m^2的区域开展了场地土壤与地下水采样分析及健康风险评估工作，形成了场地环境调查与风险评估报告和修复方案，确保了天津瑞海国际物流有限公司危险品仓库周边民众的健康安全。

2015—2017年，市环科院开展了环保公益性行业科研专项项目“污染场地土壤气体中挥发性有机物监测与评估方法及关键控制技术研究”。在充分调研国外相关管理框架及技术方法体系的基础上，研究制定了适合我国国情的污染场地 VOCs 呼吸暴露的“层次化—多证据”风险评估方法，开展了工程阻隔-生物降解技术研究与示范，编制了一系列污染场地 VOCs 环境管理技术导则，为指导我国污染场地 VOCs 调查、风险评估与控制全过程管理工作奠定了基础。

第五节　环境噪声污染防治

一、工业和固定声源污染防治

1966 年，中科院声学所对孔径为 1 mm 或更小的微穿孔板吸声材料在理论和试验上进行了研究，并绘制了设计图表。《微穿孔板吸声结构》的理论和设计获 1978 年中科院重大科技成果奖。1978 年后，市劳保所和中科院声学所等单位相继把微穿孔板应用到消声器中，解决了一些洁净环境和高速通风中的消声问题。

1974—1979 年，市劳保所、市耳鼻咽喉科学研究所、中科院心理研究所、北京医学院、市卫生防疫站共同对各类工业企业的噪声和不同噪声环境下工作的 1 万多名职工受噪声危害情况进行了调查，在此基础上编制了《工业企业噪声卫生标准（试行草案）》，卫生部、国家劳动总局于 1979 年 8 月颁布。1978—1983 年，市劳保所等 14 家单位协作，在对噪声危害、评价和标准、噪声调查分析和噪声工程设计等研究的基础上，编制了国家《工业企业噪声控制设计规范》，由国家计委批准，于 1986 年 7 月起施行。

1975—1985 年，中科院声学所完成了小孔喷注噪声和小孔消声器的研究，用若干小孔代替一个大喷口，明显降低了喷注干扰噪声，为小孔消声器的设计和应用提供了理论基础。1981 年，市劳保所应用小孔喷注理论，开展“排气放空噪声控制及配套消声器系列的研究”，研制出 3 个复合型消声器系列，具有体积小、效率高等优点，在北京和全国各地推广应用。

1975 年开始，中科院声学所、市劳保所、国家建研院物理所、市建筑设计院、清华大学等单位对噪声控制等系列产品和设备进行研究。1980 年，北京新型建筑材料总厂、北京市玻璃钢制品厂等单位引进国外先进设备开发新型声学材料，为噪声控制工程的实施提供了一批新材料和系列化消声器。1985 年开始，市劳保所等单位研制成功系列化橡胶隔振器和隔振垫。

为解决冷却塔噪声扰民问题，市劳保所、清华大学、机械部第四设计院等单位从噪声、空气动力性能、热工性能、玻璃钢结构等方面进行了研究，成功地研制出节能型超低噪声横流式和逆流式玻璃钢冷却塔，噪声下降 10～20 dB，耗能减少 30%～40%。

在上述研究成果的推动下，北京市的声学材料和噪声控制设备已形成规模，为消除各种机械设备及排气的噪声、振动做了开创性工作。这些技术和装备已推广到全国。

二、交通噪声污染防治

道路交通噪声是城市环境中最主要噪声源，许多国家的经验和教训表明，交通噪声必须采用系统工程方法进行综合治理，并应在城市规划建设阶段同步采取控制措施，北京市在交通噪声控制许多领域做出了开创性工作。

1981—1984 年，市劳保所与铁道部劳动卫生研究所及宣武区、崇文区、西城区环保局等单位协作，开展了“城市小区环境噪声评价与控制研究”，以北京陶然亭和厂桥小区二类混合区、交通干线两侧、幸福楼铁路沿线居民区为研究对象，对区域环境噪声评价方法及环境噪声控制进行了研究，提出了不同类型小区的环境噪声评价方法及冲床、风机、蜂窝煤机、冷冻机的消声、隔声措施，分析了铁路噪声的特点与规律，为北京市建设低噪声小区提供了技术支持。

2000—2001 年，由市环保局、市市政工程设计院、首都规划建设委员会、市园林局、市城市规划设计研究院、北京市交通管理局（以下简称市交管局）、市科学技术研究院、市劳保所、市环保监测中心、市园林所、中科院声学研究所、清华大学、市规委等课题组成员单位共同完成了“北京城市道路交通噪声污染控制对策”课题，这是我国首次组织多部门、多专业对城市道路交通噪声控制对策的综合性研究。课题研究了城市交通噪声与城市绿化、城市规划及北京市可持续发展的关系，城市道路交通噪声的评价方法，声源控制、路面-车辆噪声控制、规划、绿化降噪及交通管理问题，研究成果对改善北京市声环境质量有重要作用，提出现代城市交通问题应由 3 个要素组成，即交通通畅、交通安全和交通污染，而交通污染包括汽车尾气污染和噪声污染两个方面，解决城市道路交通噪声问题应该采取防治结合的方法。课题研究了城市交通噪声和实施城市可持续发展的关系，认为交通通畅和交通环境是发展现代城市交通应同时予以注意的重要要素。该课题回顾和分析了北京交通噪声的现状和较高的原因，在此基础上，根据北京城市发展的要求，对北京 2002 年和 2007 年交通噪声进行了预测，并提出了交通噪声的管理和控制目标。针对北京市交通噪声的特性，研究了北京市道路交通噪声控制对策，其中包括道路和区域规划、机动车辆噪声控制、车辆-路面噪声控制、绿化和声屏障降噪、临街建筑防护和交通管理对策等，并系统地提出了实施上述对策的建议。

2007 年，市环保监测中心承担了“噪声自动监测系统软、硬件技术要求研究”，该课题是中国环境监测总站“噪声自动监测系统与应用研究”总课题中的分课题之一。课题密切关注国际噪声自动监测技术前沿，并结合我国国情现状，深入研究了噪声自动监测系统软、硬件的技术指标。课题对国内外主要自动监测系统产品软硬件性能开展对比试验，掌握了系统的关键技术与环节，提出了噪声自动监测所需的技术规定。完成了《噪声自动监测软件技术要求》及编制说明、《噪声自动监测硬件技术要求》及编制说明。《功能区声环境质量自动监测技术规定（暂行）》《环境噪声自动监测系统技术要求》由中国环境监测总站以物字〔2011〕200 号发布试行，为我国噪声自动监测的实施提供技术基础，成为噪声自动监测的技术依据。研究成果在北京 2008 年奥运会噪声自动监测系统建设中得到直接应用，建成了含奥运场馆在内的 112 个噪声监测子站的声环境自动监测系统，为绿色奥运做出了贡献。

2010—2011 年，由市劳保所、清华大学、北京汽车研究总院、北京公交集团公司、北京地铁设计研究所等共同承担并完成了“北京道路交通噪声综合防治研究”，该项目是由市科委立项的北京市科技计划重大项目，市环保局为项目主持单位。主要研究内容包括：①公交车噪声排放限值；②轨道交通上盖建筑噪声与振动控制；③轨道交通地面段噪声监测与评价方法研究。主要工作包括：①完成全市 1 000 辆公交车噪声测试及数据分析工作，建立了全市公交车噪声排放的特征数据库；完成了 3 类典型公交车的声源特征识别诊断和声贡献率分析，提出了公交车降噪改进与限值验证方案，编制了《公交车行驶车外噪声限值及测量方法》草案和编制说明。②完成国内外各城市上盖建筑的调研、轨道交通正线及车辆段上盖建筑开展测试评价、北京市轨道交通噪声与振动传播特性分析、北京市现有减振措施实际减振效果评价工作，建立了北京市轨道交通减振措施效果数据库，提出了城市轨道交通上盖建筑可行性评价论证指标及噪声振动控制方案，制订了《北京市城市轨道交通上盖建筑噪声与振动控制指南》草案和编制说明，提交了《北京市城市轨道交通上盖建筑可行性研究报告》，对噪声与振动控制问题进行了可行性分析。③完成对城市轨道交通（地面段）噪声监测及沿线居民主观调查、轨道交通（地面段）噪声测试分析，通过噪声评价量和评价方法研究及筛选，建立了城市轨道（地面段）噪声评价方法，编制了《北京市城市轨道交通（地面段）噪声监测和评价方法》草案和编制说明，提出了与居民感受相符合的噪声评价规范的排放限值。项目成果除上述 3 项草案及编制说明外，还有《地铁噪声与振动控制规范》草案及编制说明。在成果推广应用方面，《地铁噪声与振动控制规范》已正式发布为北京市地方标准，标准号为 DB 11/T 838—2011，并于 2012 年 4 月 1 日正式实施，其他相关标准也进行了更新。这些车辆和轨道标准的颁布，将有效控制城市道路和轨道交通噪声振动对居民的环境影响，缓解目前道路和轨道交通噪声振动污染状况，为建设绿色宜居的国际化大都市提供必要保障。

第六节　放射性和电磁污染防治

20 世纪六七十年代开始，北京市逐步开展了放射性污染防治和环境电磁辐射研究。在放射性污染防治方面，开展了包括辐射环境背景资料的收集和调研、同位素示踪技术在环境保护中的应用研究、环境放射性水平和分布现状、辐射环境标准体系研究、北京市放射性污染源调查、部分环境监测致肺癌物质氡气浓度的分析与对策、辐射环境质量的自动监测探索与建设研究、非密封放射性同位素的安全风险与管理规范研究、放射性物品运输货包和运输车辆辐射检测技术指南研究、北京市废旧放射源再利用的调查研究等。在环境电磁辐射研究方面，也进行了包括辐射防护装置，建设项目电磁辐射环境评价大纲、评价内容与评价方法，北京市电磁辐射污染分布规律及控制，电磁辐射水平调查等研究。

一、放射性污染防治

1963 年，建工部市政工程研究所组建了环境辐射实验室。1965—1969 年进行了医用同位素放射性废水、核爆落下灰污染水、含铀和含氟废水等处理技术的研究。

20 世纪 70 年代开始，市环保所与有关科研、生产管理单位协作，开展辐射环境背景资料的收集和调研、核技术在环境保护中应用的研究及辐射环境质量评价等工作。同期市卫生防疫站也进行了辐射环境背景资料调查。

1972 年，市卫生防疫站开展了“放射性本底和辐射剂量测量科研协作项目”中的“人骨中锶 90 水平调查”研究工作。

1975—1979 年，市环保所对北京地区放射性污染源和水中放射性水平进行调查，查清了北京地区主要生产和应用同位素的单位以及放射性废水、废物处置情况；全面获取了北京地区γ环境辐射水平、宇宙射线剂量率、土壤中放射性核素比活度及水体中放射性核素浓度等环境放射性水平资料；绘制了北京原野γ辐射剂量率、北京地区土壤中天然放射性核素分布图，为北京市环境放射性管理提供了科学依据。调查显示，北京地区环境放射性水平属正常水平，未发现异常地区。

1979—1990 年，清华大学与北京核工程研究设计院合作，开展了“三烷基氧膦的萃取性能及从高放射性废液中萃取分离锕系元素的研究”，发现了三烷基氧膦是从高放射性废液中提取锕系元素的有效萃取剂，研究了接近实际情况下的萃取，得到分配比的数学模型，找到了反萃取剂及其最佳参数。

1980 年开始，市环保所开展了同位素示踪技术在环境保护中的应用研究，如钙在土壤中的迁移，甲苯和二氯乙烷在土壤中的行为，氟在罗非鱼体内的行为，对苯二甲酸厌氧生物降解途径和上流式厌氧污泥床反应器流态示踪等。此外，还用同位素示踪法测定地下水流速和流向，并用同位素示踪剂进行地下水弥散系数的就地测量工作。

1981—1986 年，清华大学核能技术研究院受水利电力部环保办委托，完成了国内有代表性的 61 个电厂燃煤及其灰分中放射性水平和对环境影响的评价，采用中子活化分析方法测得北京高井电厂大同煤中含铀 1.22 μg/g、钍 5.5 μg/g、^{40}钾 0.21 μg/g，灰分中浓度分别为 8.2 μg/g、

20.0 μg/g 和 1.21 μg/g，均低于全国平均水平；提出了粉煤灰用于民用建材的最大掺加量。

1982—1989 年，市卫生防疫站进行了“北京地区天然本底辐射水平及所致公众剂量评价研究”，对 1982—1988 年北京地区天然辐射水平及照射剂量进行了全面研究，包括由于宇宙射线和地表辐射所致的外照射剂量和经吸入、食入放射性核素所致的内照射剂量，得到了国内第一份完整的地区性天然辐射水平和照射剂量的资料，为制定核安全和环境保护政策提供了依据。

为了全面了解全国本底现状，为放射性污染防治打好基础，1983—1990 年，国家环保局组织全国各省、自治区、直辖市的环保所或环监站等单位完成了国家攻关课题“中国环境天然放射性水平调查研究”。该课题在全国统一规划、统一测量分析方法和数据处理方法、严格质量控制和保证的前提下，全面系统地调研了全国的环境放射性水平和分布现状（包括陆地γ辐射、天然贯穿辐射、土壤中放射性核素含量、水体中天然放射性核素浓度等）。该课题是辐射环境保护的一项重要基础工作，为制定辐射防护标准、辐射环境管理及评价提供了背景资料和依据。

1986—1989 年，市环保所对北京地区环境中辐射水平、土壤中放射性核素含量和水中放射性核素浓度按网格布点进行调查，获取了北京地区环境辐射水平、宇宙射线剂量率、土壤中放射性核素比活度及水体中天然放射性核素浓度等资料。

1986—1989 年，市环保所负责完成了“北京市环境放射性水平调查与评价”课题，是“中国环境天然放射性水平调查研究”的分课题，于 1990 年获市市政管委奖，入选“八五”科技成果。该课题首次在北京按网格布点，全面系统调研了北京地区环境辐射水平、土壤中放射性核素含量、各类水体中天然放射性核素浓度，绘制了北京市辐射剂量率等值分布图、土壤中天然放射性核素 ^{238}铀、^{232}钍、^{226}镭、^{40}钾含量等值分布图，建立了土壤样品库；并与核工业部北京第三研究所合作，将汽车

γ谱仪系统用于环境辐射水平高密度测量。该课题为北京市环境辐射研究提供了背景资料和基础数据。

1992—1995 年，中国地质科学院生物环境地球化学研究中心主持、卫生部工卫所参加开展了“氡与地质结构及肺癌相关性研究”课题。在北京地区，主要进行氡与地质结构关系和氡潜势图的编制。在研究工作中，采集土壤和岩石样品，进行了放射性核素的分析，土壤氡放射率测定、室内氡测量、土壤孔隙度测量、地下水氡浓度测量，测量了地铁 1 号线和 2 号线共 31 个监测点的氡浓度并估算了工作人员的受照剂量。

1993 年，市环保所完成了国家环保局下达的“辐射环境标准体系研究”及“全国放射性污染源调查”课题中的“北京市放射性污染源调查”，并于 1994 年建立了北京市放射性污染源动态数据库。

1993 年，市环保所按照市环保局和北京市粉煤灰专业委员会的部署和要求，开展了“北京市发电厂粉煤灰放射性水平调查研究”课题，对粉煤灰及其建材中的天然放射性水平作出了评价，提出了北京市综合利用粉煤灰的建议。

1993—2000 年，市环科院和市辐射环境管理中心开展了“工业废渣及建筑材料的天然放射性水平”调查，测量了 29 个粉煤灰样、11 个煤渣样、58 个铝矾土样、24 种品牌花岗岩样品的天然放射性水平，主要包括原料和成品堆场表面γ照射量率和样品中天然放射性比活度，对部分建材测量了建筑物室内γ辐射剂量率，对结果进行评价，对建材产品的检测和管理提出建议。

1996 年，中国原子能院完成“中国原子能院净化废水排放方案优化研究”及“放射性碘废气净化设施的研制和运行”，净化设施 1989 年建成并运行。

1996—1997 年，由北京减灾协会组织，中国地质大学（北京）负责，中国地质科学院生物环境地球化学研究中心、核工业北京地质研究院、市环科院等单位共同参加完成了“北京市部分环境监测致肺癌物质氡气浓度的分析与对策”研究课题。重点在崇文门—呼家楼—八里庄一带，同时在中关村—紫竹院一带、学院路—和平里一带布点进行氡浓度监测。由监测结果估算人员接受氡及其子体产生的辐射剂量，提出了防治氡危害的方法和措施。

1997年，市环科院完成了市环保局下达的为北京辐射环境管理提供科学依据的3项课题：①北京市辐射环境管理实施细则；②北京市辐射环境管理限值；③北京市环境放射性排污费征收标准。

2004年，北京市建筑节能与墙体材料改革办公室组织了“墙体材料放射性调研及对策”课题。由北京市基建物质行业协会和北京市建筑材料质量监督检验站共同承担。对北京市墙体材料所用的原材料种类及其放射性水平进行了全面调研，并对北京市建筑工程所用的各种墙体材料的放射性水平和典型结构住宅的室内氡浓度进行了监测，对墙体材料的使用提出了建议。

2005年，市环保局开始了辐射环境质量的自动监测探索与建设研究，考察国内外辐射环境自动监测现状，借鉴国内外已建自动监测系统的成功经验，结合国内辐射环境质量实际情况，先后开展了如下两方面的研究：①市辐射环境管理中心开展了“国内外环境放射性监测网现状及发展趋势”研究，于2006年3月完成。通过调研国际上辐射环境监测系统（监测网）的特点和运行情况，结合北京市辐射环境实际特点，制定了北京市的辐射环境自动监测系统建设方案，对北京市的辐射环境自动监测系统建设有重要的实际意义。②市辐射安全技术中心开展了“国内外核设施流出物在线监测现状调研”，于2010年年底完成。通过调研，完成了国内外核设施流出物监控的现状、北京市核设施放射性流出物监测和排放等相关参数的调研。根据调研成果，对监测设备和能力进行调研，完成了设备选型，根据设备选型和源项以及核设施的内部调研，给出了设计系统建设方案的预算。

2010年，按照市质量技术监督局的安排，市环保局辐射安全管理处完成了“北京市非密封放射性同位素的安全风险与管理规范研究”“北京市放射源智能安全管理和监控跟踪系统”（石景山区）和“北京市射线探伤行业风险等级和安全防范要求”等研究工作。

2011—2012 年，市放废中心开展了“北京市核技术应用放射性废物解控管理对策研究”。该项目采用法律法规文献调研与现场调查相结合的方法，通过对国内外清洁解控法规标准和医疗科研行业放射性废物管理策略的调研，以及对北京市核技术利用产生的放射性废物的统计分析，初步提出了一整套针对北京市医疗和科研行业短半衰期放射性废物的分类、解控、监管、最终处置的技术体系和管理策略。

2011—2013 年，市辐射中心开展了基础性研究项目“核与辐射数据交换标准及其应用研究”，该项目是 2011 年度环保公益性行业科研专项，属于《国家中长期科学和技术发展规划纲要（2006—2020 年）》优先主题的范畴，目标是建立市辐射中心与环保部的数据交换与信息共享应用平台。

2011—2013 年，市辐射中心开展了“放射性物品运输货包和运输车辆辐射检测技术指南”的研究。依据《放射性物品运输安全管理条例》和《放射性物质安全运输规程》的相关要求，调研国内外放射性物品运输管理、监测先进经验，以北京市放射性物品运输监测常规工作和现场实验测量为基础，结合相关调查数据，分析放射性物品运输监测过程中的各个技术环节，提出《放射性物品运输货包和运输车辆辐射检测技术指南》。

2012—2013 年，市放废中心开展了“北京市废旧放射源再利用的调查研究”。通过调研国内外废旧放射源的再利用现状，结合北京的实际情况，对北京市废旧放射源再利用提出了建议。

除此之外，北京市基本上在人民生活的各个方面遇到的与放射性有关的问题均做了相关的研究工作，如对居民膳食中天然放射性核素水平及所致内照射剂量进行的研究，对低中水平放射性废物浅地层处置安全评价方法的研究，对放射性人体损伤方面的研究等。

二、电磁辐射污染防治

20 世纪 60 年代开始，中科院物理所、电子工业部六所、市劳保所等单位与工厂协作进行电磁辐射吸收材料的研究，研制成谐振型吸波材料、匹配型吸波材料、抑制器等产品。

1974 年，针对北京塑料十四厂高频热合机的高频辐射对附近居民区电视信号造成严重干扰等情况，北京市无线电管理委员会、市环保局、广播电影电视部、卫生部等组织力量，对电磁辐射进行现场调研与场强测量。市劳保所、冶金部北京有色金属研究院、邮电部邮电科学研究院半导体所等单位先后与工厂合作，研制成高频淬火炉辐射防护装置、高频熔炼屏蔽室、射频测射屏蔽室、微波炉防护装置、高频焊管电磁辐射抑制装置等，用于电磁辐射防治。

1978 年开始，北京医学院经过 10 年研究，于 1988 年编制了国家《环境电磁波卫生标准》，由卫生部颁布实施。该标准提出了“分级标准”的概念，划定了“安全区”与“中间区”电磁辐射容许强度，实用性强。

1980 年开始，市劳保所研究制定了《建设项目电磁辐射环境评价大纲、评价内容与评价方法》，用于中央气象局扩建卫星地面站、中国人民银行卫星通信专用网及北京站等建设项目的电磁辐射环境影响评价中。

1982—1986 年，经市科委批准，市环保局和市无线电管理委员会共同组织有关科研单位和院校进行了“北京市电磁辐射污染分布规律及控制研究”。研究结果表明：市区 99.1%的地区电磁辐射场强值小于 1 V/m，但局部地区的场强对居民健康已构成威胁，对电视、通信信号造成干扰和破坏。该项目还研究了主要污染源的治理技术，其研究规模、内容在国内属首次。

1984 年开始，市劳保所与工厂合作，先后研制成铝膜屏蔽、复合型屏蔽材料和防静电、防微波辐射的织物，研制成的高频热合机阻波抑制器在北京市推广应用。

1990 年，市劳保所完成了“新型轻体屏蔽的设计研究”，开辟了建造新型电磁屏蔽室的新途径。

2002—2003 年，市辐射中心开展了“北京市输变电系统电磁辐射水平研究”，对不同类型的变电站、高压线进行了电磁环境监测，并进行了不同水平距离、不同垂直高度、不同湿度、不同架设方式的对比监测，选取典型线路进行了 24 小时监测，摸清了 110 kV、220 kV、500 kV、高压线、变电站的电磁环境影响情况。

2005—2006 年，市辐射中心开展了“北京市电磁辐射水平调查”，对北京市的广播电视发射台、通信台站、输变电设施、轨道交通设施等主要电磁设施的工作原理、电磁辐射水平和环境影响等情况进行了分析研究。

第七节　生态环境保护

一、城市生态与碳排放

1983—1985 年，市环保所、北京师范大学、清华大学、北京工业大学、市环保监测中心、市园林所等单位，完成了全国最早的城市生态系统研究——“北京城市生态系统特点与环境规划研究”，研究了规划市区 750 km^2 范围内，人口、经济（工业）、资源（水资源、能源、土地利用）和环境（污染、绿化）、人群健康等之间的相互关系，探索城市环境问题产生与发展的规律、城市发展与环境之间的基本矛盾及其解决的途径，并从战略高度研究了城市发展与环境和有关政策、决策的关系。该项研究采用人类生态学观点和理论剖析城市环境问题，认为解决城市环境问题必须改变传统的发展与环境的价值观，从高层次探索协调人与自然、经济与环境关系的各种途径。该项研究认为，北京城市生态系统是一个增长型的、较为脆弱的和稳定性较差的系统，城市发展与环境之间的矛盾基本表现为经济发展与首都功能、经济目标与环境目标、环境目标与整治环境费用之间的矛盾，提出了相应的规划方案、环境规划的理论依据和指导思想、一系列具体方法和手段。

1985—1986 年，市环保所与东城区有关单位合作，开展了“北京东城分区城市生态系统影响分析”研究，对东城分区城市生态系统中人与土地资源的关系（现状与规划）进行了可能和满意度等多目标决策分析，提出了东城区 2000 年总人口为 30 万人是较为现实的最佳方案。

1994 年，市环保监测中心完成了中国与加拿大合作项目——“北京市温室气体排放及减排对策研究”。该研究自 1992 年开始，以北京市为示范城市，建立了编制北京温室气体排放清单的方法，预测了 2000 年和 2010 年的排放水平，提出了控制温室气体排放、防止环境污染、提高能源效率的可行性措施。该研究提供了一个大都市温室气体排放清单编制的典范，为国家清单的编制和其他城市清单的编制创造了条件，对发展中国家清单编制具有参考和指导意义。

1995 年，清华大学核能技术研究院完成了“我国二氧化碳排放预测及减排技术选择研究”。该研究自 1991 年开始，采用宏观模型分析与具体经济技术评价相结合的方法，系统研究中国未来二氧化碳排放趋势、减排技术选择及其宏观经济影响。主要成果已被国家科委等部门采用，对制定全球气候变化对策和开展国际谈判及国际交流做出了贡献，也为有关部门制定能源规划与节能技术政策提供了参考。

2007—2008 年，市环保局承担了“北京奥运碳排放增量估算方法研究”，该项目是市科委专项项目“城市管理中的关键技术研究”的软科学研究类课题。研究目标是：计算北京奥运会期间的二氧化碳排放量，以及为迎接绿色奥运的召开而开展的减排工作所减少的二氧化碳排放量，并研究“碳中和”的实施方案。研究思路是：①确定基线情景，即通过基线确认哪些增量为与奥运会相关的碳排放；②在基线情景下，因举办奥运会，各类相关活动可能产生的碳排放增量；③因实施绿色奥运理念与行动等，已经或者即将减少的碳排放量；④估算最终没有被抵消的碳排放量；⑤提出可能的碳抵消途径和政策建议。研究内容包括：①北京奥运场馆，尤其是新增场馆的建筑面积、能源使用方式、建筑节能方式，以及奥运期间保障场馆正常运行使用的能源消耗情况；②调研国外大型活动，如都灵冬季奥运会、世界杯“碳中和”情况，尤其是场馆运行能耗所造成的二氧化碳排放的核算方式；③研究建筑节能、可再生能源使用，以及场馆赛时运行能耗的二氧化碳排放的计算方法；④研究制定北京 2008 年奥运“碳中和”活动方案。该课题是首次针对夏季奥运会开展的碳排放增量估算方法研究，建立了基于碳排放增量和碳排放减量以及抵消路径的碳排放核算思路，对相关重大国际赛事的“碳中和”计算方法进行了比较详细的分析，并在此基础上研究确定了北京奥运碳排放增量/减量变化计算方法；在明确界定估算范围的基础上，充分利用了目前最佳可得数据，进行了碳排放增量/减量变化核算；明确提出了不宜直接将北京 2008 年奥运会办成“碳中和”奥运会，而是应秉承绿色奥运理念，推动低碳社会实践，在实现本地环境改善的同时取得碳减排的协同效应。课题成果起到了决策支持作用，同时对绿色奥运和低碳城市研究等具有借鉴意义。

2008 年开始，北京市开展了市科委科技计划项目——“北京市应对气候变化方案研究”，市环科院负责 2005 年北京市温室气体（CO_2、CH_4 和 N_2O）排放清单编制，提出了中国城市温室气体清单研究方法，根据北京市实际特点，确定了不同行业、类别排放源的排放因子和活动水平；计算了不同排放源的主要温室气体排放量，筛选了控制温室气体排放的关键领域。该研究成果应用于北京市应对气候变化方案及北京市“十二五”期间节能减排和低碳发展规划中。

2009 年，市环保局、市环科院完成了“加强地方履约能力建设——

北京市消耗臭氧层物质调研及淘汰政策研究”。该调查结果表明：北京市没有 ODS（Ozone Depleting Substance，消耗臭氧层的物质）生产企业，北京市是一个 ODS 消费城市；北京市 2008 年前国家方案中需完成的 ODS 淘汰工作已经完成，北京市在淘汰 ODS 方面已有良好的工作基础和经验。

2010 年，北京市环境保护科学研究院开展了国家自然科学基金项目“消费模式下京津冀城市群温室气体排放时空差异特征及影响机制分析”，完善了城市温室气体排放核算分析框架与理论体系，构建了京津冀地区城市温室气体排放系数和排放总量数据库；阐述了京津冀城市群温室气体排放时空差异特点，识别了影响温室气体排放的主要因素和作用方式，形成了规范实证分析，揭示了温室气体排放驱动因素的关系与机制，为京津冀城市群温室气体减排提供了决策参考与借鉴。

二、生态农业与自然生态

1982—1987 年，市环保所在大兴县留民营村开展了“留民营生态农业系统的建设与研究”，包括生态农业建设和理论研究两大部分。在生态农业建设方面进行了系统产业结构的调整与建设、新能源（生物能和太阳能）的开发建设和利用、农业有机废料的综合利用和土壤肥力的现状与发展趋势的研究；在理论研究方面建立了全村的生态经济模型，对系统能量流、系统人工辅助能投入产出比、系统物质流以及系统价值流进行了计算、分析与研究，并建立了一套评价生态农业建设成效的指标体系。通过 6 年的研究建设，留民营村取得了显著的经济效益、环境效益和社会效益。该项目是国内第一次对生态农业进行全面、定量的研究。研究成果受到国家环保局及联合国环境规划署的重视，国内各省市先后建立了数百个试验点推广该项成果，有 120 个国家和地区的专家到现场参观考察，给予了高度评价。

1985—1987 年，市环保所对怀柔县喇叭沟门地区自然生态进行了考察，在对自然环境、社会经济生产和生活方面全面调查研究的基础上，提出了保护自然生态、发展经济生产的措施。

1989 年，市环保所与北京动物园协作进行“动物园水生生物净化研究”，利用生态工程净化北京动物园水禽湖中的氮磷，生产性试验的出水水质达到要求，生产的水生植物不但供水禽、养鱼等作饲料，还美化了环境。

1998 年 2—11 月，根据国家环保总局和国家发展计划委员会关于制定各省、直辖市、自治区自然保护区发展规划（1999—2010 年）的要求，由市环保局和市计委主持，市园林局、水产局、地矿局和市环科院组成规划编制组，完成了《北京市自然保护区发展规划（1999—2010 年）》，11 月通过专家评审。规划提出的总体目标是，截至 2010 年建成自然保护区 46 个，初步形成类型多样、分布合理、面积适宜、管理科学、效益良好的全市自然保护区系统（网络）。自然保护区面积达到 19.03 万 hm^2，占国土面积的 11.32%。自然保护区建设规划划为 4 个大区：京东平原区、京南平原区、京西山区和京北山区。

2005 年，根据 2000 年国务院颁布的《全国生态环境保护纲要》，要求开展全国生态功能区划工作；2005 年国务院《关于落实科学发展观加强环境保护的决定》再次提出“抓紧编制全国生态功能区划”的要求，市环保局和中国科学院合作开展了《北京市生态功能区划》编制研究。该区划将北京市划分为 3 个生态区，即西部北部山区、东部南部平原区、城市及城乡接合区。在此基础上，又进一步根据流域细化为 11 个生态亚区。最后根据生态服务功能重要性以及生态环境敏感性空间差异，划分为 41 个生态功能区。

2005 年，市环保局承担完成了“北京市自然保护区扩建、新建方案研究”课题。该课题是属于市科委立项的“城市建设新工艺新技术应用”项目的软科学研究类课题。该课题在生物多样性调查、现有保护区建设与管理评价以及景观效果与空缺分析的基础上，对主要保护区之间、自然保护区与保护小区之间、物种的特性、植被恢复的景观整体性进行分析，提出通过北京自然保护区的新建、扩建、合并，力争计划在 2008 年之前，将北京自然保护区的总面积增加到 18.77 万 hm^2，占北京市国土面积的 11.43%，而数量仍保持在 20 个，最终形成北京周边自然保护区“两条走廊带，三个关键区”的格局。该课题具体研究的主要问题包括：①北京需要新建哪些自然保护区；②北京现有自然保护区如何调整（包括扩建与合并）。利用遥感数据与地理信息系统（GIS）综合以上时间序列的理论数据和空间序列的案例依据，并结合系统论等研究方法，课题最终完成成果如下：①提出了 2006—2008 年北京市自然保护区新建和扩建研究方案，符合北京市实际，反映了我国自然保护区发展的趋势，符合有关法律法规和北京市城市发展总体规划要求。②采用了保护区调查—保护区总体比较法、保护区快速评估和优先性确定（RAPPAM）等手段和方法，研究了北京市自然保护区现状和存在的问题，提出了“二带三区”的自然保护区布局方案。研究目标明确，指导思想合理，具有一定的可操作性、前瞻性和创新性。③提出了新建永定河门头沟段、白河峡谷、金海湖三个自然保护区和扩建松山、百花山、雾灵山三个自然保护区的方案，该方案依据充分，具有可操作性。④对北京市自然保护区建设中的关键问题进行了研究，为北京市自然保护区建设和管理的决策提供了科学依据。

第八节　环境质量综合调查

北京市在“环境综合调查研究”领域开展了大量工作。从最早“北京西郊环境污染调查”和“北京东南郊环境污染调查”开始，覆盖工业污染源、农业污灌区等区域，涉及水（地表水、地下水）、气、声、渣及放射性元素等多方面的环境调查，形成了把能源、水资源和环境污染联系起来研究的思路，并发展出适用于环境综合调查研究的诸多新技术。

1974—1976 年，市环保所与有关单位协作，在“北京西郊地区环境污染调查与环境质量评价研究”课题中，运用环境生态学观点，研究了酚、氰、镉、铅、锌、铜、砷等主要污染物在污水灌溉生态系统中的分布、迁移和积累的规律及其生态效应，并开展了污水灌溉对蔬菜、作物和人体健康影响的研究。测定了西郊地区降水、降雪、地表水、地下水的 pH，首次对煤烟型污染造成酸雨的可能性进行了研究。

1979 年，市环保所与北京师范大学地理系、中科院地理所、市水文地质大队、市农科院环保所、市环保监测中心、北京工业大学等单位联合完成了“北京东南郊环境污染调查及其防治途径研究”课题，于 1976—1979 年对通惠河、凉水河系及其之间的超过 300 km^2 地区进行了比较详细的调查研究，并完成了该课题的重点科研项目“北京东南郊主要工业污染源的调查与评价”“地表水污染调查及综合防治途径”“北京东南郊污灌区土壤及农作物污染调查及防治途径研究和东南郊主要工业污染源调查评价”。这是北京市在 1973—1975 年完成《北京西郊环境质量评价》的基础上，进一步开展的第二次区域环境污染调查、环境质量评价工作。在区域环境污染调查方面，组织规模大、涉及领域广；在环境评价研究方面，首次把能源、水资源和环境污染联系起来研究，为环境系统分析和探讨区域综合防治途径奠定了良好的基础，也对聚类分析方法在区域环境质量评价汇总的应用进行了探索。对环境污染调查和评价研究中得到的东南郊主要环境污染系统，运用数学模型和经验数据定量化相结合的方法，进行了初步系统分析、参数演算和优化防治途径选择。在总结东南郊区域环境研究程序和方法的基础上，提出了区域环境研究方法论方面的原则内容和看法，可供区域环境研究工作借鉴。

1981—1983 年，市环保所与北京师范大学低能物理所及化学系进行了“利用中子活化分析方法调查北京市城近郊区地下水中元素含量及其分布”研究。该科研项目经历两年的细致工作积累了丰富的资料，在此基础上进行比较系统的分析论证，获得了一些规律性的认识。该项科研就国内较大规模运用这种测试手段测定地下水中较多种元素的含量而言，尚属首次，对查明北京市城近郊区的水文地球化学环境及地下水污染的特征、成因，确定地下水污染防治措施有一定的实际意义，第一次提供出北京市城近郊地下水中的某些金属元素含量。

1986 年，北京市环科环境工程设计所完成“高碑店污水系统污染源调查及控制方案的研究”，该调查研究是“六五”期间国家攻关项目“北京市高碑店污水系统污染综合防治”的二级课题，是为研究北京市最大城市污水系统污染问题而设立的，对控制本系统污染状况、促进城市经济发展有重要意义。该课题主要调查近年来城市工业污染源（包括医院）污水分散治理的效果及主要污染物继续流失的现状。所研究的污水系统的流域面积为 125 km^2，有 1 000 余家工厂，流量达 50 万 m^3/d。该课题综合研究了常规污染物、病原微生物、重金属及有机化学毒物等多种指标的污染问题及其排放标准；研究了工厂内部现有处理设施的效果、医院污水消毒的效果；研究了污染源的控制规划、节约工艺用水、河道还清、完善管网和城市集中污水处理厂规划的综合分析。在该课题中，提出了尽量以集中处理代替分散处理的优点，适合当时我国的国情，应用整数规划方法判断工厂水污染的控制程度等方面所用的研究方法在当时处于先进水平。

2008 年，按照《北京市土壤污染状况调查实施方案》的进度安排，市环保监测中心完成了土壤采制样品、实验室分析等工作培训；参加了全国统一的重金属、多环芳烃、有机氯农药等项目的土壤监测能力验证试验；采取了标准物控制、加标回收试验等方法的各类质控措施，建立了质量保证体系；同时，完成了土壤污染状况调查、背景值比对、重点区域调查等各专题调查方案，并对土壤污染状况调查 180 余个土壤样品的采集和制备以及部分样品进行了分析，产出有效分析数据 3 000 余个。2009 年，开展了土壤环境质量状况调查、土壤背景点环境质量调查、重点区域土壤污染调查及污染土壤修复 4 项专题工作。结合北京市的实际情况编制了《北京市土壤环境监管试点工作方案》，指导北京市开展土壤环境监管试点工作。2010 年，全市土壤污染调查工作全面完成。

第九节　环境规划政策标准

20 世纪 70 年代，北京市开始编制中长期环境规划时，因缺少科学的预测手段，多采用定性分析。为使其更准确、更具有预见性，自 80 年代开始，市环保局决定由市环保所固定研究人员，结合历次中长期环境规划编制，开展经常性的环境规划研究工作。

一、环境规划研究

1983 年，中共北京市委研究室会同中央在京有关单位，组织有关部门开展北京城市基础设施建设与管理专题调查研究。市环保局、市环保所、市环保监测中心参加了“城市基础设施与环境保护”子课题的研究。该课题在规划中引进了城市生态系统的概念，采用市环保所建立的“北京城市用水系统的资源-环境投入产出模型”及“北京城市生态系统仿真模型”，对北京市 1990 年、2000 年的环境质量进行了综合性预测。

1985 年，市环保所与有关单位完成了“北京城市生态系统特点与环境规划研究”，运用已开发的预测方法，对实现北京市环境目标进行了宏观性规划研究，提出了改善环境质量的基础设施投资与效益的 3 个方案及环境规划的原则意见。同年在“北京市大气质量控制研究”中，对尘、二氧化硫、氮氧化物和一氧化碳等主要污染物在 2000 年的排放量及浓度值进行了预测，对实现大气环境质量目标的控制优化方案作了系统研究，提出了 1990 年和 2000 年改善大气质量规划方案的建议。研究成果被有关部门采用，对制定首都发展战略发挥了重要作用。

1985—1987 年，由市环保局、市环保所完成了“北京城乡生态环境现状评价及 1990 年、2000 年预测和对策研究”，对北京城市和农村（包括平原和山区）生态环境保护规划目标进行了宏观分析研究，提出了战略对策建议。该研究获1987年北京市科技进步三等奖。

1988—1990年，为制定北京市环境保护长期规划，市环保所、市环保监测中心、市农业局完成了“2000年北京市环境保护规划研究”。在此基础上，市环保局编制了《2000年北京市环境保护规划》。该研究获1990年北京市科技进步三等奖。

1990年年初在“北京环境项目”筹备初期由世界银行提出设立“北京环境总体规划研究”项目，市人民政府接受建议，并与世界银行签订协议。1992年成立项目领导小组和课题研究组，由市环保局负责组织实施，项目分为规划研究、仪器购置和计算机应用系统研究3个部分，工作时限为1992年7月至1996年7月。项目领导小组由市计划委员会、市经济委员会、首都规划委员会、市市政管理委员会、市环境保护局等单位组成，指导和协调子项目的工作。课题下设7个研究组，组织了北京市40多家有关单位的科技人员参加，由北京市环境保护科学研究所的20名技术人员组成核心组，聘请美国科程环保公司（Parsons Engineering Science Inc.）为项目顾问，执行过程中还先后聘请了瑞典斯德哥尔摩环境研究所（Stockholm Environmental Institute）和美国雷霆公司（Radian Co.）提供咨询服务。规划研究对北京市的环境目标及污染趋势作了较深入的研究分析，提出了北京市的水质、大气、工业固体废物和城市垃圾管理规划，以及有关的环境政策、法规、标准和机构。从汽车保有量、排放标准、尾气控制技术、尾气监测和管理、燃料种类以及政策等方面提出了汽车污染控制措施；分析了北京大气污染的原因，主要来自冬季采暖锅炉；提出了北京市固体废物和生活垃圾综合管理规划；从环境经济政策及法规方面提出了改善北京市环境质量的措施，如使用者收费政策、提高燃料和水价等政策。研究成果汇编成3本内部资料，达55万字，所制定的1991—2015年北京市环境管理规划中提出的环保目标和对策、措施，已纳入《北京国民经济和社会发展“九五”计划和 2010 年远景目标纲要》中，也为自 1998 年北京市连续实施的 16 个阶段的大气污染控制措施提供了重要支撑。但研究最终仅印刷了研究成果，并未上升为系统完整的政策应用以规划的形式发布实施。

1997 年 10 月，市市政管理委员会和市环保局启动了“北京市机动车排气污染控制管理规划及实施方案”研究项目，委托清华大学环境科学与工程系和市环科院负责该项目的研究工作，市环保监测中心和市交通工程研究所也参与了该项目。项目实施时间为 1997—2000 年。研究运用 MOBILE5 排放模式、ISCST3 扩散模式等先进的模式方法和 GIS 工具手段，建立了北京市机动车污染物排放清单和管理数据库，以此定量地分析了北京市机动车污染物的排放状况以及由此产生的对北京市大气环境质量的影响。借鉴国外的经验教训，结合北京市的环境经济现状，设计了 3 种机动车排放控制综合方案，并对这些控制方案的污染物削减潜力、费用效果以及对目标年空气质量的改善程度进行了定量分析，确定了推荐方案。本研究得到的实际应用成果主要有北京市《轻型汽车排气污染物排放标准》（DB 11/105—1998）和《汽油车双怠速污染物排放标准》（DB 11/044—1999），已经在北京市的机动车污染控制工作中取得明显的成效。

2002 年，市科学技术委员会根据中央提出的以合理利用自然资源和加强生态环境保护为根本的西部大开发战略思路，结合北京市具体情况，提出了“北京市生态环境保护与合理用水”的研究课题。研究课题下设 12 个课题组，组织了市环保局、市环科院、北京林业大学等 17 家单位的科技人员参加。研究内容从生态恢复与生态用水、水循环与水消耗、地下水、用水与节水、水污染防治与废水资源化、周边地区对北京地区的影响 6 个方面展开。以城市生态、生态经济学和可持续发展理论为依据，提出了生态环境保护是实现首都城市现代化和可持续发展的根本，水污染防治是北京市一项长期、艰巨的任务，减少水资源消耗就是增加可用水量，地下水资源是支持北京用水安全和生态完整的基础，调整用水结构、向节水型社会转变是实现北京城市生态良性循环和可持续发展的关键5项结论，并提出改善措施与政策建议。

2005—2006年，市环保局承担了“北京‘十一五’期间煤烟型污染区域控制规划研究”。该项目在充分利用现有科研成果并深入调研的基础上，研究各地区燃用煤炭全过程的大气环境影响，科学地提出全市各地区“十一五”期间对燃料用煤的限制要求、确定可适量使用煤炭的区域与用量、相应的洁净煤技术政策与管理政策；参照清洁能源供应及管网建设等方面的规划，科学地协调“十一五”期间全市清洁能源与煤炭利用的合理布局，为主管部门实现2010年燃煤总量控制目标和燃煤设施审批、燃煤全程管理措施、制定远郊供热发展规划等提供科学依据。主要成果包括：①应用CALPUFF空气质量模型模拟了2004年和2010年分区分行业燃煤排放对当地和市区的空气质量影响，分析了可能发生的不利因素，基于模型计算结果提出了“十一五”期间燃煤总量及使用方向的控制规划和建议，为煤炭的合理使用与污染控制提供了科学依据；②制定了2010年分区分行业燃煤及二氧化硫排放总量控制指标和实施建议，指出了适宜发展清洁能源和集中供热的区域范围，列出了远郊区县改燃气、集中供热的燃煤锅炉清单，提出了燃煤的全过程管理政策与措施。

2008—2009年，市环保局按照《国务院关于编制全国主体功能区规划的意见》（国发〔2007〕21号）和北京市主体功能区划编制工作方案的要求，为做好北京市主体功能区划的编制工作，启动“北京市主体功能区环保政策研究”项目，项目由市环科院实施。研究依托北京市区功能定位，分析各功能区在环境领域的发展现状、存在问题及发展趋势，研究国内外环保政策的启示与经验，开展针对各功能区的环境保护政策研究，确定首都功能核心区、城市功能拓展区、城市发展新区以及生态涵养发展区等主体功能区的环境建设目标及环保任务，并提出依据功能区定位实行环保分类管理、探索排污权交易、推动绿色政府采购、开展环境污染责任保险、完善生态补偿机制等政策建议。

2009—2010年，市环保局为了做好“十二五”环保专项规划的编制工作，组建了规划编制领导小组、办公室和技术组，由北京市环科院牵头，联合北京师范大学、市劳动保护研究所、辐射环境管理中心等多家科研单位共同开展了规划前期研究，设立了包括大气、水、噪声、固体废物、核与辐射、生态等主要环境要素以及总量控制、体制机制、保障措施在内的共15个专题。在“十一五”回顾和存在问题、“十二五”面临形势和压力分析的基础上，经过深入调研和测算，提出了规划目标和任务。2010年，所有专题研究通过专家验收。在前期研究成果的基础上，市环保局编制发布了《北京市“十二五”时期环境保护和建设规划》和20个专项规划。

二、环境政策研究

1996—1997年，市环科院、北京市公用局承担了“北京市发展燃气用户配套环保政策研究”，开展了燃气用户及燃气分配方案的环境经济费用效益综合分析，提出了引进10亿m^3天然气的合理分配方案。

2004—2005年，市环科院承担了市环保局课题“北京市排污收费工作部分行业污染当量值、排放量计算方法、排污系数研究”。该课题采用施工现场监测实验的方法获得计算排放量所需的各种参数，建立了四维通量法等施工扬尘量计算模型和方法，得到了北京市施工扬尘排放因子。基于上述研究成果，提出根据建设工程的建筑面积（市政工程为施工面积）、施工期和采取的扬尘防治措施，采用物料衡算法来计算和核定实际施工扬尘排放量，施工扬尘排放量包括基本排放量和可控排放量。2005年8月3日，国家环保总局批复了《关于北京市施工工地扬尘排放量计算方法的复函》（环函〔2005〕309号）。江苏、河北、大连、太原、深圳等省市先后参照北京市施工扬尘排污费征收方案，开始了施工扬尘排污收费工作。

2005—2007年，市环保局委托市环科院开展了“促进北京市老旧机动车淘汰经济政策研究”课题，并在此基础上提出加速老旧车淘汰的财政补贴方案。通过研究国内外老旧机动车淘汰经济激励相关政策，北京市老旧机动车车型、品牌、市场、价格等基本情况，车主意愿，机动车排放影响因素与排放因子，老旧车补贴经济政策等方面的内容，制定出一套合理可行、可操作性较强的老旧车淘汰补贴标准及管理办法。研究同时对激励政策的实施效果和环境效果进行评估，为政府决策提供技术依据。

2013 年 12 月，市委市政府要求结合新形势、新任务、新要求，进一步深化对首都发展阶段性特征和规律的认识，为此，北京市政府组织社会研究机构和有关政府部门开展了首都经济社会发展综合规律专题研究。本次研究包括综合研究课题和经济、城市、社会三大类 18 项子课题，其中城市领域设立了“首都环境污染结构性规律及综合对策研究”子专题，并由市环科院承担。该专题在总结 2000 年以来环保工作实际的基础上，剖析了首都环境质量—污染结构—社会经济发展历程及三者之间的关联性；以问题为导向，研究了城市规模、布局、发展定位、能源结构、污染防治措施等对生态环境质量演化的影响，分析了首都环境污染的成因及问题；分析了国外典型城市、区域生态建设和污染防治历程及对北京的借鉴意义，研判了首都环境问题的阶段性特征和环境保护新形势，从科学认识科学应对、强化城市发展的生态环境约束、创新环境保护机制、总结经验教训优化宏观决策等方面提出了首都发展和环境保护的综合对策建议。

三、标准体系研究

为了落实科学发展观，充分发挥标准化工作对构建社会主义和谐社会首善之区的支撑作用，实现北京市标准化工作的跨越式发展，2007 年 4 月，北京市质量技术监督局印发了《关于开展北京市重点行业、重点领域标准发展规划（2008—2012 年）编制工作的通知》。此后，市环保局设立专项课题，组织市环科院开展了北京市环保标准发展规划研究，分析了国家和地方强制性环保标准的现状，针对环境污染防治各领域存在的问题，提出了相应标准的需求。同时还编制了规划文本，确立了2008—2012年地方环保标准体系发展的指导思想和目标、原则、主要任务和保障措施。2009年9月4日，北京市环境保护局、北京市质量技术监督局联合发布了《北京市地方环保标准体系发展规划（2008—2012年）》（以下简称《2008—2012年规划》）。《2008—2012年规划》立足于北京作为国家首都、宜居城市的特点和定位，在分析本市环境状况、存在问题以及环境管理需求的基础上，结合国家环保标准的现状与发展趋势，确定了未来几年本市地方环保标准体系发展建设的总体目标和基本原则，提出了地方环保标准建设的重点任务和保障措施，并编制了北京市环保标准体系表。该环保标准规划和标准体系表为全国首个正式发布，北京市环境保护局因此获得了“2009年北京市政府行政管理创新创优奖”。

2009年，市环保局设立并由市环科院完成了“欧盟环境指令及标准体系研究”课题。课题针对大气、水、固体废物等领域开展了欧盟环境指令与标准的分析研究，内容包括欧盟法规标准体系框架及相互之间的关系、污染控制的思路、排放限值的沿革、目前执行的最佳可行技术、可实现的排放水平等。与国家标准和北京市地方标准进行比较，重点是污染控制思路、控制项目、控制方式、标准限值、标准的实施方法和手段、可实现的排放水平等。提出了关于北京市地方环境标准制定与实施的建议，为北京市的环境标准体系建设提供了借鉴和技术支持。

2015年，市环保局组织开展“京津冀及周边地区深化大气污染控制中长期规划”研究，并设立“区域大气污染控制和管理的一体化标准体系构建”专题，由市环科院具体承担。该项目以京津冀及周边七省区市的钢铁、建材、化工、有色、涂装、锅炉、火电等工业源以及干洗、车辆维修、饮食业油烟等生活源为重点研究对象，系统梳理了这些行业在用的清洁生产标准、大气污染物排放标准和环境管理技术规范，分析了各地污染源在标准实施方面的差异性、协调性及其对京津冀区域联防联控环境质量达标需求的适用性；考虑区域内重点行业的大气污染排放贡献、所占的经济比重、地区间的行业重合度等因素，提出了区域大气环保标准一体化体系构建思路和具体方案，建议在电力、黑色金属冶炼、非金属矿物制品等十二大类工业行业以及餐饮、汽修、干洗三大生活相关领域，按照行业分批次、地区分类别、限值分时段的实施步骤推动构建区域一体化的大气污染物排放标准体系。该研究成果作为区域大气污染防治对策之一纳入《京津冀及周边地区深化大气污染控制中长期规划（建议稿）》，可为下一阶段区域内重点行业标准一体化的实施提供参考借鉴。

第七章　获奖成果与专利*

1973 年，国务院在北京市召开的第一次全国环境保护会议，推动了包括科学研究在内的各项环境保护工作的深入开展。40 余年来，市环保局系统的各有关单位在环境污染防治、生态保护建设等方面做了大量的科学研究工作，取得了较为突出的成绩，众多科研项目获得了国家级奖及部、市、局级奖，申请了 30 余项发明专利，为北京市的环境保护提供了科学依据，也对全国的环境保护工作起到了积极推动作用。

第一节　获国家级奖科研成果

1978—2016 年，市环保局系统的各有关单位开展的环境保护科研项目，共有 28 项获得国家级奖励，其中官厅水系水源保护的研究、北京西郊地区环境污染调查与环境质量评价研究等 12 项科研成果荣获全国科学大会奖；留民营生态农业系统的建设与研究等 15 项科研成果获国家科技进步奖；JFA 膜材料及其在镀铬漂洗废水中的应用成果获国家发明奖（表 7-1）。这些成果不仅推动了北京市环境保护事业的发展，也在全国起到一定的示范、引领作用。

* 本章内容为文献参考资料，不作他用依据。

表 7-1　获国家级科技进步奖一览表

序号	项目名称	主要完成单位	奖励名称	奖励等级	年份
1	官厅水系水源保护的研究	中科院地理所、北京师范大学、北京大学、医科院卫研所、中科院贵阳地化所、市环保所、中科院植物所、市农科院环保所、市卫生防疫站等 39 个单位	全国科学大会奖	—	1978
2	北京西郊地区环境污染调查与环境质量评价研究	市环保所、中科院贵阳地化所、市水文地质大队、市卫生防疫站、中科院大气所、市园林局、市农科院、中科院地理所、石景山区卫生局、北京医学院等 34 个单位	全国科学大会奖	—	1978
3	大气污染监测车的研制	市环保所、北京分析仪器厂、中科院环化所、医科院卫研所、北京大学等 24 个单位	全国科学大会奖	—	1978
4	氯丁污水处理科研设计项目	大同合成橡胶厂、市环保所、西南给排水设计院、中南给排水设计院、中科院微生物所、西南化工研究院等	全国科学大会奖	—	1978
5	石油炼油厂污水处理技术	市环保所、北京石化总厂东方红炼油厂、抚顺石油炼制研究所	全国科学大会奖	—	1978
6	丙烯氨氧化合成丙烯腈——污水处理技术	市环保所、山东淄博石油化工厂、山东胜利石油化工总厂、中科院微生物所	全国科学大会奖	—	1978
7	反渗透超过滤技术在工业废水处理方面的应用	市环保所、北京广播器材厂、第四机械工业部第十设计院、北京汽车制造厂	全国科学大会奖	—	1978
8	电渗析技术在废水处理方面的应用	市环保所	全国科学大会奖	—	1978
9	电影洗片废液再生回收污水处理	八一电影制片厂、南开大学、市环保所	全国科学大会奖	—	1978

序号	项目名称	主要完成单位	奖励名称	奖励等级	年份
10	用290离子交换树脂再生回收TSS显影废液	八一电影制片厂、南开大学、市环保所	全国科学大会奖	—	1978
11	用0610离子交换树脂再生回收CD—3显影废液	八一电影制片厂、南开大学、市环保所	全国科学大会奖	—	1978
12	用261离子交换树脂再生回收重铬酸钾漂白液	八一电影制片厂、南开大学、市环保所	全国科学大会奖	—	1978
13	JFA膜材料及其在镀铬漂洗废水中的应用	市环保所、北京工业大学、北京广播器材厂、第四机械工业部第十设计院	国家发明奖	三	1983
14	溢油分散剂	交通部交通科学研究所、大连油脂化工厂、市环保所	国家科技进步奖	三	1984
15	全国粮食与出口食品农药（六六六、滴滴涕）污染调查研究	中国环境监测总站、市粮食局中心化验室、市农科院环保所、市环保监测中心、国家商检局等	国家科技进步奖	二	1985
16	北京东南郊环境污染调查及其防治途径研究	市环保所、北京师范大学、中科院地理所、市农科院环保所等26个单位	国家科技进步奖	三	1985
17	环境污染分析方法的研究及其标样的研制	中科院环化所、市环保监测中心、中国环境监测总站	国家科技进步奖	三	1985
18	北京城市生态系统特点与环境规划研究	市环保所、北京师范大学、清华大学、北京工业大学、市环保监测中心、市园林所	国家科技进步奖	三	1986
19	北京航空遥感综合调查与研究	中科院遥感所、市环保所	国家科技进步奖	一	1987

序号	项目名称	主要完成单位	奖励名称	奖励等级	年份
20	国家大气环境质量标准的制定	中国环科院、沈阳市环保所、北京大学、中科院植物所、市环保监测中心等	国家科技进步奖	三	1987
21	我国9省市主要经济自然区农业土壤及主要粮食作物中污染元素环境背景值的研究	农牧渔业部环保科研监测所、北京农业大学、市农科院环保所、中科院地理所、北京师范大学、北京师范学院、清华大学、水利水电科学院水利研究所、市环保监测中心等31个单位	国家科技进步奖	三	1987
22	留民营生态农业系统的建设与研究	市环保所、大兴县留民营村	国家科技进步奖	一	1988
23	我国防治水污染技术政策研究	市环保所	国家科技进步奖	三	1988
24	防治水污染技术政策研究	交通部交通科学研究所、大连油脂化工厂、市环保所	国家科技进步奖	三	1988
25	京津地区水资源政策与管理	天津市水资源政策与管理组、北京市城市水资源政策与管理组	国家科技进步奖	二	1989
26	城市污水水解—好氧生物处理工艺示范工程研究	市环科院	国家科技进步奖	二	1999
27	中小型锅炉实用脱硫除尘工艺及设备的筛选评价	市环科院	国家科技进步奖	三	1999
28	荒漠化地区大型煤炭基地生态环境综合防治技术	中国神华能源股份有限公司神东煤炭分公司、中国矿业大学、内蒙古农业大学、市环科院	国家科技进步奖	二	2008

注：表中内容为不完全统计。

第二节　获部、市（省）级奖科研成果

1979—2016年，市环保局系统的各有关单位承担完成的环境保护科研项目共有206项成果获得奖励，其中北京市级科技奖励122项，国家环保部级奖励57项，其他省部级奖励9项，其他奖励18项（表7-2）。这些科研成果在环境管理和污染治理方面发挥了科技支撑作用。

表7-2　获部、市（省）级奖科研成果一览表

序号	项目名称	主要完成单位	奖励名称	奖励等级	年份
1	北京市东南郊主要污染的调查与评价	市环保所、中科院地理所、北京工业大学	北京市科技成果奖	二	1979
2	水中超滚量挥发性N-亚硝胺的测定	市环保所	北京市科技成果奖	二	1979
3	氧气顶吹转炉除尘污水水质净化研究	市环保所、首钢钢研所、首钢设计院、首钢第二炼钢厂	北京市科技成果奖	二	1979
4	大气飘尘中多环芳烃类化合物的分离鉴定	市环保所	北京市科技成果奖	三	1979
5	772型、783型水质自动采样器	市环保所、北京环保仪器厂、长途电信设备二厂	北京市科技成果奖	三	1979
6	旋风除尘器热态运行评价与研究	市环保所	北京市科技成果奖	三	1979
7	化学发光法氮氧化物分析器的研制	市环保所、医科院卫研所、北京工业大学、北京分析仪器厂	卫生部科技成果奖	甲级	1980
8	北京东南郊环境污染调查及其防治途径研究	市环保监测中心、中科院地理所、北京师范大学地理系、市环保所、市水文地质大队、市农科院环保气象所	北京市科技成果奖	一	1980

序号	项目名称	主要完成单位	奖励名称	奖励等级	年份
9	首钢高炉煤气洗涤水的循环利用	冶金部建研院环保所、首钢公司、市环保所	冶金部科技成果奖	二	1980
10	焦炉煤气脱硫、脱氰试验	首钢公司焦化厂、鞍山热能研究所、北京石化总厂、市环保所等	北京市科技成果奖	二	1980
11	聚砜酰胺膜的研制及其在镀铬漂洗废水中的应用	市环保所、北京工业大学、北京广播器材厂、第四机械工业部第十设计院	北京市科技成果奖	二	1980
12	活性炭吸附法深度处理炼油废水	北京石化总厂东方红炼油厂、市环保所、石油化工部抚顺石油炼制研究所	北京市科技成果奖	三	1980
13	电渗析工艺参数的设计	市环保所、北京化工厂、西南市政工程设计院	北京市科技成果奖	三	1980
14	FG—H 型反渗透器的研制	市环保所、河北廊坊地区永红氮肥厂	北京市科技成果奖	三	1980
15	钴 60—γ射线对医院污水污泥消毒试验研究	市环保所、北京市结核病医院	北京市科技成果奖	三	1980
16	北京市区燃煤和燃料油造成的二氧化硫污染现状、发展趋势及其控制途径	市环保所、北京大学、市气象所、市环保监测中心	北京市科技成果奖	三	1980
17	硝基氯苯洗涤废水蒸馏、吸附试验	市环保所、市化工研究院环保所	北京市科技成果奖	三	1980
18	医院污水臭氧消毒试验研究	市环保所、北京市结核病医院、通县结核病研究所	北京市科技成果奖	二	1981
19	化学发光法高浓度氮氧化物分析仪研制	市环保所、医科院卫研所、北京工业大学、北京分析仪器厂	北京市科技成果奖	二	1981

序号	项目名称	主要完成单位	奖励名称	奖励等级	年份
20	东炼污水厂活性炭吸附及臭氧氧化中试	市环保所、清华大学、石油化工部抚顺石油炼制研究所、北京市化工设计院、北京石化总厂东方红炼油厂	化学工业部科技成果奖	三	1981
21	SV-72 型数字式分光光度计的研制	市环保所、中科院环化所	北京市科技成果奖	三	1981
22	污水中抑制生物处理的有害物质允许浓度测定方法的研究	市环保所	北京市科技成果奖	三	1981
23	低浓度氯化氢废气治理	市环保所	北京市科技成果奖	三	1981
24	活性炭采样管的研制	市环保所	北京市科技成果奖	三	1981
25	工业和民用燃煤锅炉排尘特性的研究	市环保所	北京市科技成果奖	三	1981
26	北京市自产水果、淡水鱼有机氯农药残留量调查研究	市环保所、市环保监测中心	北京市科技成果奖	三	1981
27	北京等地古建筑环境中汞污染的研究	市环保监测中心	北京市科技成果奖	三	1981
28	防治有机氯农药污染——有机氯农药污染动态的研究	市环保监测中心、市农科院环保气象所、市食品研究所、市粮食研究所、市卫生防疫站、市环保所	北京市科技成果奖	三	1981
29	KZS 双层炉排蒸汽锅炉、LRS 双层炉排立式热水锅炉	市环保局、北京四季青锅炉厂、北京通县锅炉厂	北京市科技成果奖	三	1981
30	氟毒理学	市环保所	北京市学术奖	一	1981

序号	项目名称	主要完成单位	奖励名称	奖励等级	年份
31	环境样品中有机成分的化学分离和诱变试验	市环保所	北京市学术奖	—	1981
32	机械化养鱼综合技术研究	北京市水产局、市水产科学研究所、市农业机械研究所、北京师范大学、市环保所、市卫生防疫站等	北京市科技成果奖	二	1982
33	化学发光法高浓度氮氨化物分析仪研制	市环保所	北京市科技成果奖	二	1982
34	机械化养鱼综合技术研究——水质净化处理	市环保所、市卫生防疫站、市农机研究所	北京市科技进步奖	二	1983
35	D8210 型 SO_2、D8220 型 NO_x、D8230 型 O_x 分析仪	市环保监测中心、北京工业学院	北京市科技进步奖	三	1983
36	XJC-1 型β射线飘尘监测仪的研制	市环保监测中心、北京地质仪器厂	北京市科技进步奖	三	1983
37	PFA、PFB 飘尘采样器	航天部二院 206 所、市环保监测中心	航天工业部科技进步奖	三	1983
38	大气环境自动监测系统研制	市环保监测中心、北京地质仪器厂、中国科学院环境化学研究所、市环保局、中国医科院预防医学研究中心卫生所、辽阳石油化纤总公司环监站、电子工业部七八一厂、电子工业部五〇部、中国科学院计算技术研究所	北京市科技进步奖	一	1984
39	官厅水库供水区城市水资源系统的初步分析及经济效益与经济管理手段的探索研究	市环保所	北京市科技进步奖	三	1984

序号	项目名称	主要完成单位	奖励名称	奖励等级	年份
40	北京市市区尘污染状况及其控制途径研究	市环保所、北京大学	北京市科技进步奖	三	1984
41	上流式厌氧污泥床—射流曝气串联处理肉联厂废水	市环保所、北京市肉联厂	北京市科技进步奖	三	1984
42	矾山磷矿环境影响评价研究	市环保所	北京市科技进步奖	三	1984
43	大流量空气分级采样器的研制	市环保所、市计算机研究所	北京市科技进步奖	三	1984
44	电镀废水处理技术综合评价	市环保所	北京市科技进步奖	三	1984
45	CO-A 型和 CO-B 型控制电位电化学法一氧化碳测定仪	市环保监测中心、北京大学	北京市科技进步奖	三	1984
46	北京地区地表水功能分级和环境水质建议标准研究	市环保监测中心	北京市科技进步奖	三	1984
47	北京市大气一氧化碳环境基准研究	市环保监测中心、北京医学院	北京市科技进步奖	三	1984
48	大气环境质量标准	市环保监测中心	北京市科技进步奖	二	1984
49	制定地方大气污染物排放标准的技术原则和方法	市环保监测中心	国家环保局科技进步奖	三	1984
50	燕山地区环境影响分析评价	中科院环化所、中科院大气物理所、北京燕化公司、市环保监测中心、市环保所	国家环保局科技进步奖	二	1985
51	燕山地区环境影响评价	市环保所、中科院环化所、北京燕化公司	北京市科技进步奖	二	1985
52	北京环境质量评价——大气质量评价部分	市环保监测中心、市环保所、北京大学、北京工业大学、市汽车研究所、市园林所等 11 个单位	北京市科技进步奖	二	1985

序号	项目名称	主要完成单位	奖励名称	奖励等级	年份
53	上流式厌氧污泥床反应器处理酒精糟滤出液中试研究	市环保所、山东酒精总厂	北京市科技进步奖	二	1985
54	逆流漂洗-薄膜蒸发系统回收处理电镀含铬废水	市环保所、北京市第二量具厂	国家环保局科技进步奖	三	1985
55	污染农田土壤成分分析标准物质的研究	市环保监测中心、核工业部原子能研究院等16个单位	北京市科技进步奖	三	1985
56	北京市西郊水源三厂、四厂地区地下水污染防治方案研究	市水文地质公司、市自来水公司、北京大学、市环保监测中心、市农科院	北京市科技进步奖	三	1985
57	北京市重点污灌区饮水井中有机污染物研究	市环保监测中心、中科院环化所	北京市科技进步奖	三	1985
58	北京市土壤环境质量评价及预测研究	市农科院环保所、中科院地理所、北师大环保所、市环保监测中心	北京市科技进步奖	三	1985
59	留民营生态农业系统的建设与研究	市环保所、大兴县留民营村	国家环保局科技进步奖	一	1986
60	北京城市生态系统特点与环境规划研究	市环保所、北京师范大学、清华大学核能所、北京工业大学、市环保监测中心、市园林所	国家环保局科技进步奖	一	1986
61	城市污水水解（酸化）——好氧生物处理工艺	市环保所、市政工程管理处城市污水管理所	北京市科技进步奖	一	1986
62	北京市环保所住宅小区中水道试点工程	市环保所	国家环保局科技进步奖	二	1986
63	全国环境监测分析方法标准化研究	市环保监测中心、中科院环化所	国家环保局科技进步奖	二	1986
64	北京市空气质量监测系统的引进与消化吸收	市环保监测中心	国家环保局科技进步奖	二	1986

序号	项目名称	主要完成单位	奖励名称	奖励等级	年份
65	我国9省市主要经济自然区农业土壤及主要粮食作物中污染元素环境背景值的研究	农牧渔业部环保科研监测所、北京农业大学、市农科院环保所、水利水电科学院水利研究所、市环保监测中心等	农牧渔业部科技进步奖	二	1986
66	北京市高碑店污水系统污染综合防治研究	市环保所、市环保监测中心、市农科院环保所、中国预防医学科学院、北京农业大学等	北京市科技进步奖	二	1986
67	我国防治水污染技术政策研究	市环保所	北京市科技进步奖	二	1986
68	北京市大气质量控制研究	市环保所、北京市煤炭利用研究所、北京大学等	北京市科技进步奖	二	1986
69	首钢高炉煤气洗涤水的循环利用	冶金部建研院环保所、首钢公司、市环保所	国家环保局科技进步奖	三	1986
70	焦炉煤气A.P.S法脱硫、脱氰中间试验及宝钢脱硫催化剂研制	鞍山热能研究所、首钢公司、宝山钢铁总厂、鞍山焦化耐火材料研究院、市环保所	国家环保局科技进步奖	三	1986
71	SB-01型便携式气相色谱仪的研究	市环保所	北京市科技进步奖	三	1986
72	八九〇厂建设工程环境影响评价	市环保监测中心	北京市科技进步奖	三	1986
73	发展我国城市污水处理厂的技术经济政策研究	市环保所、天津市环保所、无锡市环保所	北京市科技进步奖	三	1986
74	总碳氢分析仪	中科院化学所、市环保监测中心、北京地质仪器厂、北京第二环保仪器厂	北京市科技进步奖	三	1986

序号	项目名称	主要完成单位	奖励名称	奖励等级	年份
75	北京市水污染物排放标准	市环保局、市政工程管理处、市环保所、市环保监测中心、市卫生防疫站	北京市科技进步奖	三	1986
76	高压静电吸附法除飘尘酸雾	北京工业学院、市环保局	北京市科技进步奖	三	1986
77	焦炉大气颗粒物的化学污染及某些生物效应	市环保所	北京市学术奖		1986
78	遵化飞机洞库可燃气体变化规律的研究	市环保所、北京大学	全军科技进步奖	一	1987
79	污染源统一监测分析方法	中国环境监测总站、市环保监测中心、医科院卫研所及各省市环境监测站等	国家环保局科技进步集体奖	二	1987
80	京津地区水资源政策与管理的研究（北京地区）	市环保所、市水利规划设计研究院、市水文地质公司	北京市科技进步奖	二	1987
81	北京市水污染物监测方法标准研究	市环保监测中心、市化工研究院、市纺织所、北京工业大学	北京市科技进步奖	二	1987
82	整体块装高灶	西城区环保局	北京市科技进步奖	三	1987
83	QZH-700 型倾斜转筒过滤机	市环保所、河北省泊头第二环保设备厂	北京市科技进步奖	三	1987
84	北京城乡生态环境现状评价及 1990 年、2000 年预测和对策研究	市环保局、市环保所	北京市科技进步奖	三	1987
85	喇叭沟门地区（乡）自然生态考察	市环保所	北京市科技进步奖	三	1987
86	密云、怀柔水库水质现状评价及旅游对水库水质的影响	市环保监测中心	北京市科技进步奖	三	1987

序号	项目名称	主要完成单位	奖励名称	奖励等级	年份
87	糖蜜酒精废液厌氧-好氧生化处理中试	市环保所、福建仙游糖厂	北京市科技进步奖	三	1987
88	北京市工业污染源调查与评价研究	市环保局、市环保监测中心	北京市科技进步奖	三	1987
89	JXL-86 型节能消烟沥青锅研制与应用技术	北京市建筑工程总公司、北京市环保技术设备中心、北京市环保监测中心、北京市密云县金属结构厂、北京市密云县环保局、北京市第五建筑工程公司	北京市科技进步奖	三	1987
90	精对苯二甲酸（PTA）生产废水处理工艺技术	市环保所、抚顺石油化工研究院环保所	中国石油化工总公司科技进步奖	二	1988
91	城市区域环境噪声标准和测量	中科院声学所、市环保监测中心	国家标准局科技进步奖	三	1988
92	FRF-1 型鱼类呼吸频率测定仪	市环保所	北京市科技进步奖	三	1988
93	为持续发展确定资源价格	市环保所	北京市科技进步奖	三	1988
94	汽车尾气监测车的研制	市环保监测中心、国营 761 厂	北京市科技进步奖	三	1988
95	《北京地下铁道复兴门至八王坟段工程》环境影响评价	市环保监测中心、北京地下铁道公司、北方交通大学、北京地下铁道研究所	北京市科技进步奖	三	1988
96	精对苯二甲酸（PTA）生产废水处理技术的研究	市环保所、中国石油化工总公司抚顺研究院环保所、北京燕化公司聚酯厂	北京市科技进步奖	二	1989
97	北京市电磁辐射污染分布规律及控制研究	市劳保所、北方交通大学、北京无线电管理委员会监测站、航天医学工程研究所、市环保局	北京市科技进步奖	二	1989

序号	项目名称	主要完成单位	奖励名称	奖励等级	年份
98	北京市大气污染预测预报及其应用	市环保监测中心、北京大学环境科学中心、市气象所	北京市科技进步奖	二	1989
99	燃煤锅炉烟道气中苯并[*a*]芘的研究	市环保监测中心	国家环保局科技进步奖	三	1989
100	北京市近郊区蔬菜基地环境污染改善及防治对策的调查研究	市农业局环保处、市农科院环保所、市环保监测中心、市水文地质公司、市水文总站	北京市科技进步奖	三	1989
101	超过滤在洗毛废水中高效回收羊毛脂新技术的研究及应用	市环保所、北京市海淀区兴峰选洗毛厂	北京市科技进步奖	三	1989
102	甲醇中苯并[*a*]芘标准物质的研究	市环保监测中心、国家标准物质研究中心	北京市科技进步奖	三	1989
103	北京市取暖小煤炉减污节能技术研究	市环保所	北京市科技进步奖	三	1989
104	人体接触多环芳烃的指标—尿中 1-羟基芘的研究	市环保所	北京市科技进步奖	三	1989
105	低污染节能小型燃煤设备的研制	西城区环保局、北京市型煤炉具厂等	北京市科技进步奖	三	1989
106	污水芦苇湿地处理示范工程	市环保所	北京市科技进步奖	二	1990
107	高浓度氮氧化物标准气的研制	市环保所	北京市科技进步奖	二	1990
108	中小城镇污水资源化与回用技术研究	市环保所	北京市科技进步奖	二	1990
109	恒定电位化学法 BDEP-01 型携带式氮氧化物现场监测仪的研制	市环保监测中心	国家环保局科技进步奖	三	1990
110	驱鲨剂对鱼类毒理学研究	市环保所	空军科技进步奖	三	1990
111	北京市电镀污泥集中处理实现资源化研究	市环保所、大兴县礼贤电镀厂	北京市科技进步奖	三	1990

序号	项目名称	主要完成单位	奖励名称	奖励等级	年份
112	对苯二甲酸厌氧生物降解机理及途径研究	市环保所	北京市科技进步奖	三	1990
113	2000 年北京市环境保护规划研究	市环保所、市环保监测中心、市农业局	北京市科技进步奖	三	1990
114	北京市有毒化学品优先控制名单研究	市环保监测中心	北京市科技进步奖	三	1990
115	北京市土壤环境背景值及其应用研究	市环保监测中心、北京农业大学、清华大学、北京师范学院	北京市科技进步奖	三	1990
116	北京市 2000 年水环境预测和水污染防治措施的研究	市环保监测中心、北京市水文总站、北京市城市规划设计研究院	市市政管委系统优秀科技成果奖	二	1990
117	工业废水监测方法的研究	市环保监测中心	市市政管委系统优秀科技成果奖	三	1990
118	高放废液分析技术	中国原子能院	核工业部科技进步奖	二	1990
119	大型蚤急性毒性测定方法标准的测定	市环保监测中心	市市政管委系统优秀科技成果奖	二	1991
120	官厅水库水质现状监测评价——官厅水库水质富营养化程度的研究	市环保监测中心	市市政管委系统优秀科技成果奖	二	1991
121	用新吸收剂吸收喷漆产生有机废气及新型漆雾絮凝剂的研究	市环保监测中心	市市政管委系统优秀科技成果奖	三	1991
122	水质—微型生物群落监测 PFU 法	市环保监测中心	国家环保局科技进步奖	一	1992
123	北京市重点行业有害废物调查及堆存对环境影响研究	市环保监测中心	北京市科技进步奖	二	1992
124	清河特区造纸废水处理与利用	市环保所、北京市清河农场	北京市科技进步奖	二	1992

序号	项目名称	主要完成单位	奖励名称	奖励等级	年份
125	北京地区大中型电磁辐射台站调查与污染防治措施研究	市环保监测中心	市市政管委系统优秀科技成果奖	二	1992
126	橡胶工业控制排放的主要有毒化学污染物的确立	市环保监测中心	市市政管委系统优秀科技成果奖	三	1992
127	密云水库网箱养鱼对水质影响研究	市环保监测中心、北京师范大学环境科学研究所	北京市科技进步奖	三	1992
128	三烷基氧膦的萃取性能及从高放废液中萃取分离锕系元素的研究	清华大学核研院	教育部自然科学奖	一	1992
129	公共汽车柴油车尾气中多环芳烃的研究	市环保监测中心、中科院生态环境研究中心	北京市科技进步奖	三	1993
130	含有干扰基体的 COD 标准物质	市环保监测中心	北京市科技进步奖	三	1993
131	七十一项水质国家环境标准的制定	市环保监测中心	国家环保局科技进步奖	二	1994
132	十三陵抽水蓄能电站地下水污染与水质恢复	市环科院、北京环保科技咨询公司	北京市科技进步奖	二	1994
133	潜在有毒化学品优先控制方法与品名录的研究	市环保监测中心	国家环保局科技进步奖	三	1994
134	制定大型蚤急性毒性测定方法标准研究	市环保监测中心	国家环保局科技进步奖	三	1994
135	YQ-2 型自动控温烟尘采样器的研制	市环保监测中心	市市政管委系统优秀科技成果奖	二	1994
136	北京市温室气体排放及减排对策研究	市环保监测中心	北京市科技进步奖	三	1994
137	环境空气降尘的测量——重量法	市环保监测中心	市市政管委系统优秀科技成果奖	三	1994

序号	项目名称	主要完成单位	奖励名称	奖励等级	年份
138	鸡场废弃物污染调查与综合利用环境效益分析	市环保监测中心	市市政管委系统优秀科技成果奖	三	1994
139	北京市水资源数据管理系统	市环科院、北京市经济信息中心、市环保局等9个单位	北京市科技进步奖	二	1995
140	固体废物样品采取和制备方法的研究	市环保监测中心	辽宁省政府科学技术进步奖	三	1995
141	工业锅炉复合式除尘脱硫技术和产品的开发与应用	市环科院、张家口热能工程技术研究所、北京西山除尘器厂	北京市科技进步奖	三	1995
142	CAL-1 型便携式多种气体校准系统	市环保监测中心	市市政管委系统优秀科技成果奖	二	1996
143	中国环境天然放射性水平调查研究	国家环保局、全国各省市环监、环保所（包括市环保所）	国家计委科技进步奖	二	1996
144	放射性碘废气净化设施的研制和运行	中国原子能院	核工业总公司奖	二	1996
145	玉渊潭中央广播电视塔环境电磁辐射分布与污染控制研究报告	市环保监测中心	市市政管委系统优秀科技成果奖	三	1996
146	密云铁矿开采排污控制对策研究	市环保监测中心	北京市科技进步奖	一	1997
147	柴油车自由加速烟度监测技术规定	市环保监测中心	市市政管委系统优秀科技成果奖	三	1997
148	北京市空气中颗粒物污染的优化监测及控制途径研究	市环保监测中心	环境保护总局科技进步奖	二	1998

序号	项目名称	主要完成单位	奖励名称	奖励等级	年份
149	水和废水监测分析方法及指南	中国环境监测总站、市环保监测中心、中科院生态环境监测中心、杭州市环境监测站、（原）化工部北京化工研究院环保所	环境保护总局科技进步奖	二	1998
150	苏州角直镇工业开发区综合污水治理示范工程的建设和研究	市环科院、苏州吴县市角直镇农工商总公司	环境保护总局科技进步奖	三	1998
151	染色废水处理工程示范研究	市环科院	环境保护总局科技进步奖	三	1998
152	环境空气质量标准	中国环境监测总站、山东省环境监测中心、市环保监测中心、北京大学环境科学中心、包头市环境监测站	环境保护总局科技进步奖	三	1998
153	水中多组分混合标准物质研制	市环保监测中心	北京市科技进步奖	三	1998
154	北京市高架“道、桥”交通噪声状况调查与污染防治对策研究	市环保监测中心	国家环保总局科技进步奖	三	1999
155	空气和废气监测分析方法	中国环境监测总站、中国预防医学科学院环境卫生与卫生工程研究所、市环保监测中心、北京大学环境科学中心、上海市环境监测中心站	国家环保总局科技进步奖	三	1999
156	密云水库水源保护区农、林、牧业发展与非点源污染相关关系研究	市环保监测中心、首都师范大学、密云县水土保持工作站	北京市科技进步奖	三	1998
157	密云水库水质保护管理技术研究	市环保监测中心、清华大学环境工程学院、市环科院、中国环科院	北京市科技进步奖	二	2001

序号	项目名称	主要完成单位	奖励名称	奖励等级	年份
158	高效单元处理设备的研究和开发（“九五”滚动项目）	市环科院	北京市科学技术奖	二	2002
159	北京城市道路交通噪声污染控制对策研究	市劳保所、市环保局、市园林科学研究所、市城市规划设计研究院、市环保监测中心、市市政工程设计研究总院、中科院声学研究所、清华大学建筑学院、市公安交通管理局、市园林局、市规委	北京市科学技术奖	二	2002
160	北京市城近郊区空气污染预测预报研究	市环保监测中心、市气象科学研究所	北京市科学技术奖	二	2002
161	北京市大气污染控制对策研究	北京大学、清华大学、市环保监测中心	环境保护科学技术奖	二	2003
162	北京市水泥使用过程中粉尘排放的分析研究	市环科院、北京市散装水泥办公室	北京市科技技术奖	二	2003
163	高效单元处理设备的研制和开发	市环科院、清华大学环境科学工程系、中国环科院	环境保护科学技术奖	三	2003
164	内循环三相生物流化床及其设备化技术	清华大学、市环科院	北京市科技技术奖	三	2003
165	SBR 反应器设备化技术研究	市环科院、中国环科院	北京市科技技术奖	三	2003
166	贫困山区经济社会可持续发展能力建设与研究——以河南新县为案例	市环科院、新县环境保护技术推广中心	北京市科学技术奖	二	2004
167	城镇污水处理厂污染物排放标准	市环科院、中国环科院	环境保护科学技术奖	三	2004

序号	项目名称	主要完成单位	奖励名称	奖励等级	年份
168	绿色奥运建筑评估体系	清华大学、北京市可持续发展科技促进中心、中国建筑科学研究院、中国建筑材料科学研究院、北京市城建技术开发中心、北京市环境保护科学研究院、北京市建筑设计研究院、北京工业大学、中华全国工商业联合会住宅产业商会	北京市科技技术奖	一	2005
169	交替式内循环活性污泥工艺（AICS）的开发与工程应用	国家环境保护工业废水污染控制工程技术（北京）中心、市环科院	环境保护科学技术奖	二	2005
170	废水处理设备化技术及产业化研究	市环科院	环境保护科学技术奖	三	2005
171	高效厌氧生物反应器研制与应用	市环科院、清华大学、济南十方环保有限公司、西安交通大学	环境保护科学技术奖	二	2006
172	曝气生物滤池污水处理技术	市环科院	环境保护科学技术奖	三	2006
173	交替式内循环活性污泥工艺（AICS）的开发与工程应用	市环科院	北京市科技技术奖	三	2006
174	大气颗粒物碳质组分测定与单颗粒分析表征	国家环境分析测试中心、市环保监测中心、中国环科院	环境保护科学技术奖	二	2007
175	高效好氧生物流化反应器研制与应用	清华大学、市环科院、江苏一环集团有限公司、上海师范大学	环境保护科学技术奖	二	2008
176	北京及周边区域大气污染控制研究与示范应用	北京工业大学、市环保监测中心、中科院合肥物质科学研究院、中国环科院	北京市科学技术奖	二	2008

序号	项目名称	主要完成单位	奖励名称	奖励等级	年份
177	城市可吸入颗粒物污染源排放清单构建和排放特征研究	中国环科院、市环科院	环境保护科学技术奖	三	2009
178	北京市污染源监控方案研究	市环保监测中心	环境保护科学技术奖	三	2009
179	北京市大气污染物综合排放标准	中国环科院、北京工业大学环境与能源工程学院、市环保监测中心	环境保护科学技术奖	三	2009
180	北京市平原区砂石坑综合利用规划研究	市城市规划设计研究院、市规委、清华大学、市地质工程勘察院、市水利规划设计研究院、市环科院	北京市科学技术奖	三	2009
181	《奥运工程环保指南》编制与实施跟踪	市环科院、中国建筑材料检验认证中心、北京工业大学、市园林科学研究所、市环境卫生设计科学研究所、市劳保所	北京市科技进步奖	三	2009
182	北京焦化厂搬迁场地环境风险管理技术研究	市环科院、市固体废物管理中心、中国环科院、轻工环保所、北京勘察设计研究院有限公司	北京市科技进步奖	三	2009
183	国家环境技术管理体系建设	市环科院、清华大学、天津市环境保护科学研究院	环境保护科学技术奖	二	2010
184	新型污泥喷雾干化-回转窑焚烧技术集成及一体化装备开发与应用	清华大学、浙江环兴机械有限公司、市环科院	环境保护科学技术奖	二	2010
185	北京市大气环境污染现状和污染源研究	市环保监测中心	环境保护科学技术奖	二	2010

序号	项目名称	主要完成单位	奖励名称	奖励等级	年份
186	《声环境质量标准》等环境噪声系列标准	中国环科院、中国环境监测总站、市劳保所	环境保护科学技术奖	三	2010
187	北京市空气质量集成预报系统研究	市环保监测中心	北京市科技技术奖	三	2010
188	中意合作污染场地评估与修复项目（一期）：标准、导则和案例研究	市环科院、北京市固体废物和化学品管理中心、中国环科院、轻工业环境保护研究所、北京市课程设计研究院有限公司	环境保护科学技术奖	二	2012
189	我国铁路环境噪声影响、防治措施及管理对策研究	中国铁道科学研究院、环保部环境工程评估中心、市劳保所	环境保护科学技术奖	二	2012
190	城市景观水体生态修复技术示范研究	市环科院	环境保护科学技术奖	三	2012
191	北京市环境保护标准体系研究	市环科院	环境保护科学技术奖	三	2012
192	北京市水环境非点源污染研究	市环保监测中心、北京清华城市规划设计研究院、北京师范大学	环境保护科学技术奖	三	2012
193	火电厂氮氧化物防治技术政策研究	市劳保所、中国环科院、中国环境保护产业协会	环境保护科学技术奖	三	2012
194	固定式汽柴一体化机动车尾气遥感监测系统	中国科学技术大学、安徽宝龙环保科技有限公司、中国环科院、市环保监测中心、中科院合肥物质科学研究院、中国人民解放军电子工程学院	环境保护科学技术奖	一	2013
195	基于水平流复氧与生物膜联合的景观水直接净化技术	中国环科院、北京佳业佳境环保科技有限公司、市环科院	环境保护科学技术奖	二	2013

序号	项目名称	主要完成单位	奖励名称	奖励等级	年份
196	城镇污泥处理处置关键技术创新、装备产业化及区域解决方案示范	清华大学、浙江环兴机械有限公司、北京中持绿色能源环境技术有限公司、市环科院	环境保护科学技术奖	二	2013
197	高浊度矿井水井下高效过滤系统	中国矿业大学（北京）、中国环科院、市环科院	环境保护科学技术奖	二	2013
198	北京市噪声污染防治战略研究与规划	市劳保所	环境保护科学技术奖	三	2013
199	北京市环境监测一张图系统建设	工程业主单位：市环保监测中心，工程承建单位：二十一世纪空间技术应用股份有限公司	中国地理信息产业协会中国地理信息产业优秀工程	金奖	2014
200	北京地区空气质量遥感监测技术与工程化应用	市环保监测中心、中国科学院遥感与数字地球研究所	北京市科学技术奖	二	2014
201	城市尺度 VOCs 污染源排放清单编制技术方法研究与示范	市环科院	环境保护科学技术奖	三	2014
202	印钞擦版废液综合处理和回用技术研究与应用	市环科院、北京印钞有限公司	环境保护科学技术奖	三	2014
203	北京市大气环境 $PM_{2.5}$ 污染现状及成因研究	市环保监测中心、清华大学、中国环科院	北京市科学技术奖	一	2015
204	北京市环境遥感与地面综合监测“一张图”关键技术研究及集成应用	市环保监测中心、二十一世纪空间技术应用股份有限公司、首都师范大学	环境保护科学技术奖	二	2016
205	石油污染土壤强化生物修复技术及油田应用示范	中国环科院、市环科院、重庆大学、滨州学院	环境保护科学技术奖	二	2016
206	火葬场大气污染管控关键技术研究与工程应用	市环科院、民政部一零一研究所、江西南方环保机械制造总公司	环境保护科学技术奖	三	2016

注：表中内容为不完全统计。

第三节　市环保局系统发明专利

1983—2016 年，市环保局系统的各有关单位共申请了 40 余项发明专利（表 7-3）。

表 7-3　市环保局系统主要发明专利

序号	名称	专利号	专利权人	发明人
1	城市污水水解—好氧生物处理工艺	86106883.1	市环保所	郑元景、王凯军、刘玫
2	用于回收蛋白质的新型絮凝剂	ZL90104461.X	市环保所	陈祖辉、石志梅
3	交替式内循环好氧生物反应器	ZL200410009048.5	市环科院	王凯军、贾立敏、崔志峰、宋英豪、吾理之
4	过滤式高效分离内循环三相流化床反应器	ZL200510012015.0	市环科院	贾立敏、王凯军、宋英豪、曹从荣、赵淑霞
5	高浓度有机废水深度脱氮处理方法	ZL200710090244.3	市环科院	杜兵、孙艳玲、刘寅、曹建平、何然
6	铁碳亚硝化硝化方法及应用此方法的反应器和污水脱氮方法	ZL200710097295.9	市环科院	杜兵、孙艳玲、刘寅、曹建平、何然
7	乳化油废水处理方法及设备	ZL200710105720.4	市环科院	杜兵、刘寅、孙艳玲、曹建平、何然
8	亚硝化—厌氧氨氧化单级生物脱氮方法	ZL200710105719.1	市环科院	杜兵、刘寅、孙艳玲、曹建平、何然
9	磷回收结晶反应器及磷回收方法	ZL200910157928.X	市环科院	宋英豪、王焕升、贾立敏、刘俐媛、廖日红、何刚
10	厌氧微孔曝气氧化沟反应器及污水处理方法	ZL201010527386.3	市环科院	宋英豪、贾立敏、崔志峰、朱民、王焕升、徐晶、林秀军

序号	名称	专利号	专利权人	发明人
11	一种废水处理用模块化柔性连接填料容器及其制作方法	ZL201110131187.5	市环科院	杜兵、曹建平、刘寅、何然、王珊
12	一种处理有机复合污染土壤的异位耦合修复系统及方法	ZL201110167494.9	市环科院	姜林、姚珏君、钟茂生、夏天翔、樊艳玲、张丹
13	循环水冲洗环保厕所及厕所污水处理方法	ZL201110187458.9	市环科院	杜兵、刘寅、曹建平、何然、王珊
14	基于膜浓缩技术的畜禽粪污处理系统及方法	ZL201110095056.6	市环科院	魏泉源、阎中、梁康强、朱民、贾立敏
15	便携式土壤中挥发气体采集系统及其采集方法	ZL201110121263.4	市环科院	姜林、钟茂生、姚珏君、夏天翔、张丽娜、朱笑盈、张丹、王琪、梁竞
16	多环芳烃类污染土壤洗涤废液处理系统及方法	ZL201110235468.5	市环科院	姚珏君、姜林、樊艳玲、钟茂生、夏天翔、王琪
17	原位修复地下水中挥发性污染物的空气注射系统与方法	ZL201110449705.8	市环科院	姜林、张丹、樊艳玲、姚珏君、钟茂生
18	膨胀型气体阻隔装置及其用于地下水污染的注射修复方法	ZL201110449555.0	市环科院	张丹、姚珏君、姜林
19	一种内循环水解反应器及其工艺	ZL2012102528304	市环科院	熊娅、徐晶、宋英豪、朱民、林秀军、梁康强
20	污染场地挥发性有机物挥发通量测定装置及方法	ZL201110099387.7	市环科院	姜林、姚珏君、菲洛•吉奥瓦尼、尤金尼奥•拿玻里、钟茂生、马克•克雷莫尼尼、张丹、樊艳玲、张丽娜、朱笑盈、梁竞、夏天翔
21	一种强化污泥利用的水解反应器及其工艺	ZL201110438149.4	市环科院	熊娅、梁康强、宋英豪、贾立敏、林秀军、徐晶、王敏、杜理智

序号	名称	专利号	专利权人	发明人
22	一种酵母废水预处理方法	ZL201210407759.2	市环科院	荆降龙、朱民、李子富、宋英豪、林秀军、梁康强、代琳琳
23	一种景观水的处理方法	ZL201210287464.6	市环科院	李安峰、徐文江、潘涛、李箭、郭行
24	土壤热脱附回转炉测试系统及其测试方法	ZL201210340236.0	市环科院	夏天翔、姜林、魏萌、姚珏君、钟茂生、贾晓洋、梁竞
25	内循环生物滤池反应器及污水处理方法	ZL201210364079.7	市环科院	杨政、潘涛、杜义鹏、聂永山
26	一种酵母废水深度处理脱色方法	ZL201210407611.9	市环科院	荆降龙、林秀军、宋英豪、李子富、朱民、代琳琳、梁康强
27	模拟人体消化特征的重金属可给性翻转式测试装置和方法	ZL201310388339.9	市环科院	钟茂生、姜林、姚珏君、彭超、夏天翔、张丹
28	一种六氯苯污染土壤的生物修复方法	ZL201310494031.2	市环科院	王琪、姜林、刘辉、姚珏君
29	一株好氧反硝化菌及其在污水脱氮中的应用	ZL201410078681.3	市环科院	李安峰、骆坚平、刘玉娟、潘涛、董娜、郭行
30	道路移动源非尾气管污染物排放因子测算方法	ZL201410080683.6	市环科院	樊守彬、李钢
31	一种道路冲洗方法和冲洗系统	ZL201410229779.4	市环科院	李钢、樊守彬
32	一种道路清扫过程中扬尘排放测量系统及测量方法	ZL201410536163.1	市环科院	樊守彬、闫静
33	一种微污染水同步脱氮除磷的装置及方法	ZL201410376653.X	市环科院	荆降龙、林秀军、朱民、王凯军、刘桂中、宋英豪、阎中
34	一种道路交通扬尘控制措施效果评估系统及评估方法	ZL201410535047.8	市环科院	樊守彬、闫静

序号	名称	专利号	专利权人	发明人
35	一种电镀混合水的处理方法和装置	ZL201410753472.4	市环科院	李安峰、徐文江、宁艳英、潘涛、董娜、骆坚平
36	臭氧预处理强化微生物降解修复污染土壤的系统及方法	ZL201410812893.X	市环科院	张丹、姜林、蔡月华、姚珏君、夏天翔、钟茂生、贾晓洋、朱笑盈、樊艳玲、刘辉
37	一种测定平房燃煤大气污染物排放量的方法	ZL201410425338.1	市环保监测中心	李令军、赵文慧、姜磊
38	一种融合地面监测与卫星影像的建筑裸地大气颗粒物测算方法	ZL201410425356.6	市环保监测中心	李令军、赵文慧、姜磊
39	一种沙尘暴监测方法及装置	ZL201510161856.1	市环保监测中心	李令军、赵文慧、姜磊、张运刚、张大伟
40	用聚乳酸为载体制备缓释生物农药的方法及所得产物	ZL201510262940.2	市环科院	张文毓、邹惠、姜林、姚珏君、梁竞

注：表中内容为不完全统计。

第八章　国际交流与合作

20 世纪 70 年代初，北京市已经开始了环境保护国际交流活动。1972 年，北京市派员随中国政府代表团赴瑞典斯德哥尔摩，参加联合国第一次人类环境会议。同时，参加由国家有关部门组织的赴日本、英国、美国等发达国家代表团，进行环保考察和学术交流活动。

中共十一届三中全会以后，随着我国的改革开放，环保国际交流日趋频繁。北京市陆续接待来自欧美及日本等发达国家的环保专家、学者，共同探讨环境问题、污染控制和治理技术，并组团出访。

20 世纪 80 年代后期，环境保护国际交流从一般性的出国考察和接待来访，逐步转向有目的地进行专业交流与合作。通过承办或出席国际会议，邀请国外专家讲学，吸收引进国外先进技术和经验，获得较好的效果。

20 世纪 90 年代，北京市申请世界银行和亚洲开发银行等国际金融组织的贷款和赠款，组织实施“北京环境项目”和“环境改善项目”，学习国外的先进管理理念和治理技术，为环境基础设施建设和环境质量的改善奠定了基础。

北京市成功申办 2008 年奥运会以后，北京的环保工作受到国际社会的广泛关注，国际交流与合作进一步拓展。北京市与联合国环境规划署等国际环保机构，美国、法国、意大利、日本等发达国家政府、环保部门及研究机构，开展了全方位的环保交流与合作，共同开展科学研究和技术示范工程、组织人员培训及技术交流等。通过实施合作项目，提高了环境管理和技术人员的素质，加强了环保机构的能力建设，为实现北京“绿色奥运”承诺发挥了作用。

2010 年以后，根据中央对北京环保工作的要求，以及公众对美好环境的向往，北京市提出建设国际一流和谐宜居之都的目标。形势要求我们必须站在新的起点上，加强环保国际交流与合作，深化拓宽与国际环保组织、环保部门的合作交流渠道，通过“走出去”“请进来”的方式，学习先进理念和治理技术，借鉴国际大都市的管理经验，为控制北京大气污染和环保外交服务，同时采取多种方式，宣传近年来环保工作的成效，树立北京国际大都市形象。

第一节　国际金融组织贷款项目

一、世界银行贷款项目

（一）世行贷款北京环境一期项目

1. 背景

20 世纪 80 年代末，北京已经制订了一整套的环境法规，建立了环境监测体系和环境监测网络。改革开放 10 年来，北京的经济和城市建设高速发展，人口达到 1 030 万人，并有超过 100 万流动人口，给环境带来了不良的影响，环境质量出现恶化趋势，大气质量、水质、工业固体废物、有害废弃物和城市垃圾管理等各个方面都面临挑战。采暖期二氧化硫（SO_2）和总悬浮颗粒物（TSP）的浓度远远超过当时的国家环境空气质量标准二级标准；城市污水产生量达到 200 万 m^3/d，污水一级处理率不足 8%，二级处理率不足 2%，城区下水道系统基本都是雨污合流；垃圾年产生量约 500 万 t，市区内有约 160 个垃圾转运站，将城区产生的垃圾进行收集和转运，处理方式基本是在郊区露天堆放，造成了蚊蝇滋生、老鼠繁殖、水污染等卫生问题和环境问题；北京大约有 5 700 家工业企业，49%位于市区，日工业废水产生量约为 100 万 t，接近全市废水产生量的 50%，占废水污染总负荷的 60%，工业企业每年产生的烟粉尘占全市产生量的 24%，每年产生 400 万 t 固体废物，其中超过 50% 为危险废物。北京市环保局制定了 2000 年要达到的环境质量目标和规划，需要投资进行大量环境基础设施的建设。

2．项目总体情况

1988 年 11 月，世行驻中国代表处代表林重根先生向市政府表示，世行决定将环境保护作为贷款的重点之一，可向北京市提供约 1 亿美元的贷款。同年 12 月 10 日市计委向国家计委报出“申请世界银行无息贷款，建设北京市环境治理工程项目建议书”。项目建议书涉及保护水源、大气污染防治、工业污染控制、固体废物处理及加强环保科研监测共 5 个方面。

1989 年，市计委、市财政局、市环保局等单位组成临时工作班子，1990 年成立了项目领导小组和办公室，负责项目的准备和实施管理工作。1989—1991 年项目办公室与世行派出的项目考察团、准备团、预评估团和评估团进行了多次研究、论证，于 1991 年 3 月通过了项目评估。1991 年 9 月 30 日至 10 月 4 日，在华盛顿举行了世界银行贷款“北京环境项目”的谈判，确定贷款总金额 1.25 亿美元，赠款 2.256 亿日元。同年 12 月签订贷款协议，1992 年 3 月合同正式生效。

该项目总投资 32.43 亿元人民币，其中世界银行贷款 1.25 亿美元，8 000 万美元用于 5 个市政子项目，4 500 万美元贷款用于工业污染控制。项目自 1992 年开始实施，1999 年年底全部执行完毕，发挥了较好的环境效益和经济效益。

项目主要包括 5 个市政子项目：

（1）区域供热子项目

该子项目主要工程是建设石景山热电厂至市中心区 17.5 km 的供热管线和两座回水加压泵站，联结 4 个供热锅炉房、监控系统及双榆树供热厂，总供热面积 1 500 万 m^2。项目完成后，可使 80 万人口摆脱冬季小锅炉、小煤炉取暖的严重污染，减少 1 370 台锅炉，年节约燃煤 90 万 t，减少二氧化硫排放 1.35 万 t、飞灰 2 万 t、灰渣 12 万 t。

（2）污水子项目

污水子项目分两部分：第一部分是市区南部河道污水截流，管线总长 19.4 km。包括建设 6.5 km 的南护城河城市污水管线，4.3 km 的天坛东路、体育馆路污水管线和 7.9 km 通惠河南岸污水干线，工程完工后使市区南部 244 万人口的污水全部截流进入高碑店污水处理厂，减轻了南部河道的污染，为南护城河及通惠河上段河道还清创造了条件。第二部分是在水源三厂保护区修建闵庄路 5.1 km、远大路 1.5 km 污水截流管。建成后使地下水供水能力为 37 万 m^3/d 的北京第二大地下水源厂的水质得到保证。

根据世行建议，为推动污水处理工作的专业化运营，北京市政府同意仿照上海的安排设立北京排水公司。1993 年 12 月成立北京排水公司，1995 年 9 月开始运营，负责管理北京市所有的污水设施（排水官网、泵站和污水处理厂），行政上归北京市政工程管理局领导。

（3）垃圾填埋子项目

该子项目内容是建设日处理 2 000 t 的阿苏卫垃圾卫生填埋场，1995 年 12 月正式运行，日填埋量最高达 3 000 t，到 1998 年年底累计填埋垃圾 349 万 t，运行正常。为了减少渗沥液对附近水体的污染，原计划二期工程建设的污水处理系统提前建设。垃圾子项目工程投入使用后，解决了东城、西城区生活垃圾的无害化处理，产生了良好的社会效益和环境效益。

（4）“北京环境总体规划研究项目”和“工业有害废物管理研究”子项目

这两个子项目都是与国外咨询公司合作完成的。其研究成果为在建立社会主义市场经济、改革开放中如何搞好环境保护工作提出了指导性政策、规划和措施，并对工业有害废物的产生、法规等进行了调查和研究。总体规划研究制定了到2000年、2015年防治水、大气、固体废物污染规划及对策，部分对策已纳入《北京市环境污染防治目标和对策（1998—2002年）》，如低硫煤的推广使用、天然气发展、汽车尾气污染控制等措施已在1999—2000年控制北京大气污染过程中实施，均获得明显效果。

（5）工业污染控制子项目

北京环境项目中共包括10个工业污染控制子项目，其中有4个是从城市中心区迁往郊区，同时采用清洁生产工艺，彻底解决城市的污染；另有6个项目属原地技术改造，采用清洁生产工艺和“三废”治理，也较好地解决了污染。如北京有机化工厂醋酸乙烯（VAC）技术改造项目于1994年9月建成，生产负荷及产量均达到日设计水平，产品质量提高，成本降低。原污染严重的VAC车间及为其供应主要原料的化工二厂石灰窑、电石炉等均于1995年5月全部拆除。每年减少废气排放6 400万m^3、粉尘5 000 t、废水110万t、废渣6万t，消灭了北京市的一个大污染源。

北京制药厂Vc技术改造工程由世行贷款315万美元，总投资1.11亿元人民币。该项目包括将生产装置从光华路迁至双桥制药一分厂、采用我国首创的二步法硝酸新工艺和引进国外先进设备等。自1993年6月开始建设，1995年年底双桥制药一分厂投入试运行并一次试产成功，生产出合格的古龙酸7.7 t、Vc3.7 t。试生产结果表明，缩短了工艺流程，原材料消耗大幅度下降，同时减轻了对周围环境的严重污染。

3．北京环境总体规划研究

北京环境总体规划研究项目由市环保局实施，1990年启动，1997

年完成。项目使用世行贷款 248.46 万美元、日本政府赠款 2 000 万日元。

1989—1990 年“北京环境项目”的谈判期间，为加强北京市环境规划制订和实施的能力，世行与北京市双方同意开展此项目。

1990 年，北京市利用世行提供的技术合作信贷（TCC）7.99 万美元，聘请英国环境资源公司（EGL）对建议项目进行可行性研究并草拟工作大纲。项目目标是：提高北京市制订环境规划的水平及实施规划的能力；研究到 2015 年的大气、水环境质量及固体废物管理的总体规划方案；提出调整部门发展规划建议，使环境规划与城市发展规划协调一致。

项目于 1996 年 6 月完成了研究总报告，1997 年年初完成了全部工作。国外咨询专家带来了现代环境保护理念，开拓了中方研究人员的思路，提供了先进的规划经验和方法。

北京市环境总体规划的研究，对北京市的水价政策、能源政策、垃圾收费政策的制定，都起到了推进作用。该课题成果得到了较好的应用，为宏观决策、部门规划调整、实施环保项目等提供了参考依据。如在制订“九五”环保专项规划、市政府关于加强环保工作的决定等重要文件的过程中，该课题的结论和成果，均有重要的参考价值；在燃料结构调整、机动车污染防治、污水与垃圾等市政设施建设、工业污染防治等规划的制订中，该课题结论提供了重要依据（表 8-1）。

项目效益：项目全面实现了预定目标，并取得如下效益。

利用先进规划技术水平和保证规划实施能力大大改善。通过规划研究，首先了解了国外环境规划的工作动态，使用并改善大量数学模型，为规划方案的科学合理提供了保障。例如，在引进计算机系统的基础上正式组建了信息服务中心，并于 1998 年开始通过局域网发布工作信息。

课题成果得到了较好的应用，为宏观决策、部门规划调整、实施环保项目等提供了参考依据。例如，在制订“九五”环保专项规划、市政府关于加强环保工作的决定以及一系列重要文件中，项目成果均提供了重要参考。项目的结论和方案为完善燃料结构调整、机动车污染防治、污水与垃圾等市政设施建设、工业污染防治等规划提供了重要依据。

表 8-1 《北京环境总体规划研究》项目构成

目　标	项目构成
提高北京市制订环境规划的水平及实施规划的能力	通过国内外培训和环境总体规划研究过程的实践，提高规划水平及实施能力
	北京环境总体规划应用系统（BEMPAS）
	增加监测设备
研究到2015年的大气、水环境质量及固体废物管理的总体规划方案	社会经济发展预测研究
	水环境质量管理规划研究
	大气环境质量管理规划研究
	固体废物管理规划研究
	经济与财务可行性分析
	工业污染控制规划研究
	法规及体制可行性研究
	北京市机动车污染排放控制研究
提出部门规划调整意见	能源与供热规划的调整建议
	污水处理系统规划调整建议
	垃圾处理规划调整建议
	其他，如水价政策调整建议等

监测仪器的引进，尤其是引进大气自动监测系统仪器，提高了北京市环境污染状况的监督能力。例如，1998 年年底，根据北京大气污染严重情况，实施控制大气污染紧急措施，就是根据大气环境自动监测系统提供的市区环境质量数据。

4．北京工业有害废物管理和处理项目

该项目由北京市工业有害固体废物管理中心实施，1991 年启动，1999 年结束。项目总投资 1 692 万元，其中利用世行贷款 96 万美元（合 500 万元人民币），配套人民币 1 192 万元。

项目包括：筹建市工业有害固体废物管理中心办公用房，并购置了部分实验室检测仪器、2 辆运输车及其他辅助设备；建设有害废物临时堆放场；聘请国内外专家开展 6 个课题的研究，即提出有害废物管理条例和政策；调查核实有害废物产生数据；调查现有的有害废物处理和处置设施；开发信息和数据处理软件；研究有害废物管理的最低费用战略；研究价格、财务和经济激励方式。

该项目是由北京市经济委员会、市环保局、市公安局等多部门合作，北京市工业有害固体废物管理中心具体承担完成的。该项目的实施使北京市成立了全国第一家工业有害固体废物管理中心，培训了一批具备专业知识的管理人员，为北京市危险废物的规范管理奠定了基础。

项目效益。2001 年，隶属于市经委的北京市工业有害固体废物管理中心划归到市环保局，使一个危险废物处置技术单位成为环境保护行政主管部门所属的分支机构，成为全市危险废物管理和监督执法的专业队伍。

6 项课题的研究成果，提高了政府主管部门和技术人员对管理及无害化处置技术的认识，推动了北京市危险废物管理政策、法规的不断完善。管理力度的不断加大及管理水平的不断提高，对危险废物的污染防治发挥了重要作用。同时，促进了北京市危险废物管理，解决了危险废物长期临时堆放问题，为规范管理处置危险废物起到了示范作用。

该项目全部工作于 1999 年完成，实现了工程建设目标，提交了《北京环境总体规划研究》和《北京工业有害废物管理研究》两项环境管理纲领性研究报告，推动了北京排水公司和北京工业有害废物管理中心的建立，为北京市的环境基础设施建设和管理提供了可以借鉴的经验和成功案例。

（二）世行贷款北京环境二期项目

1. 背景

1998 年，北京市常住人口达到 1 230 万人、流动人口约 250 万人，机动车保有量达到136万辆。全年总悬浮颗粒物（TSP）、二氧化硫（SO_2）和氮氧化物（NO_x）的平均浓度分别为78 μg/m^3、120 μg/m^{3}和150 μg/m^3，分别超过国家标准的89%、100%和204%；全市污水处理率不足1/3，水环境受到不同程度的污染。

为缓解北京市大气污染日益加重的趋势，市政府发布了《北京市政府关于治理空气污染紧急措施的通告》，在市区划定无燃煤区，将分散的中型燃煤供暖锅炉置换成天然气锅炉，但燃煤向燃气锅炉的置换存在着技术新、市场规模小、运营成本高等诸多问题。

该项目确定的目标是通过工程和能力建设，减轻北京市的空气污染和水污染，强化北京市的环境管理机构，获得可持续的效果。具体内容包括：燃煤锅炉的清洁能源置换、推进供暖节能、建设重要的污水截流干线管道和处理厂，以及加强环保机构能力建设等。

2．项目总体情况

1995年2月，市环保局向市计委提出了利用世行贷款的第二批建议项目，包括保护饮用水水源、市区地面水环境治理、大气污染防治和工业污染治理4个方面共9个项目。市计委向国家计委报送了《关于北京市申请使用第二批世界银行贷款环境项目的请示》，拟将东南郊垃圾焚烧供热厂、郑王坟污水场污水干线、汽车尾气监测实验室等8个项目，列入世行贷款北京环境工程项目中。1995年8月，财政部世界银行司通知北京市，已将北京环保二期项目列入1998财年，要求尽快开展前期工作。

1999年12月，世行代表团对北京环境二期项目进行了预评估，基本确定了项目内容、世行贷款额度和使用方向。项目计划使用世行贷款3.49亿美元，其中1.7亿美元贷款用于2 200台燃煤锅炉置换为燃气锅炉，1.9亿美元贷款用于建设吴家村、卢沟桥和小红门3个污水处理厂、修建清河和凉水河流域 60 km 污水干管。此外，世行为北京市争取了2 500万美元全球环境基金（GEF），其中1 700万美元用于支持设立北京世环洁天公司锅炉技术中心进行技术开发和能力建设，800 万美元支持供暖节能中心的燃煤锅炉和供暖系统提高能源效率措施。利用世行贷款 258 万美元、赠款 68 万美元，用于加强环境监测和决策支持系统建设。

2000 年 5 月 1—5 日，中国代表团在美国华盛顿世行总部与世行工作小组就世行提供 3.49 亿美元贷款、全球环境基金提供 2 500 万美元赠款开展北京环境二期项目建设进行了技术谈判，双方讨论通过了中华人民共和国与国际复兴开发银行之间的贷款协定和 GEF 赠款协定，同时，北京市方面与世行工作小组讨论并通过了北京市与国际复兴开发银行之间的项目协定。2000 年 10 月 10 日，中国政府与世行代表正式签订了北京环境二期项目《贷款协定》《赠款协定》以及《项目协定》。2001 年 5 月 11 日，世界银行致函中华人民共和国财政部，批准北京环境二期项目，2001 年 5 月 11 日起正式生效。

世行贷款北京环境二期项目包括的内容见表 8-2、表 8-3。

表 8-2　北京市利用全球环境基金项目情况

项目名称	建设内容	GEF 赠款/万美元
燃气锅炉的市场和技术发展	包括： ①技术模式和能力扩展 ②置换市场营销和支持 ③示范试点和安装培训 此项由世环洁天公司承担	1 650
供暖节能	包括： ①最佳实用技术开发和推广 ②能源审计和节能援助 ③试点和示范装置 ④供暖节能中心的建立和发展 以上由供暖节能中心承担	730
	⑤能源和环境研究 由市 21 世纪议程工作办公室和市环保局承担	120

表 8-3 北京市利用世行贷款环境二期工程项目

项目名称	建设内容	总投资/万元	利用国外贷款数/万美元	配套资金/万元
市区燃煤锅炉置换项目	对市区燃煤锅炉进行天然气置换	464 600	20 000	298 600
吴家村污水处理厂项目	建设日处理 8 万 t 污水处理厂及 9.1 km 污水管线	35 400	1 699	21 400
卢沟桥污水处理厂项目	建设日处理 20 万 t 污水处理厂及 11.1 km 污水管线	56 125	2 819	32 478
小红门污水处理厂项目	建设日处理 60 万 t 污水处理厂及 7.8 km 污水管线	144 100	7 389	82 700
凉水河污水截流管道项目	共建污水截流管道 20.96 km	51 305	1 250	40 930
清河污水处理厂污水截流管道项目	共建污水截流管道 27.3 km	39 564	1 300	28 625
加强环境监测和开展能源与环境管理改善研究项目	增加大气自动监测站、电磁波监测的仪器设备。开展能源和环境管理研究，建立大气环境决策支持系统	4 067	333	930
总　计		795 161	34 790	505 663

3．加强环境监测和开展能源与环境改善研究子项目

该项目为世行贷款北京环境改善二期项目子项目之一，由市环保局负责实施，2001 年启动，2006 年完成。

该项目的任务是：更新、完善市区 6 个大气监测子站，在二氧化硫控制区新建 5 个空气质量监测子站；建立大气环境决策支持系统；开展能源与管理研究。购置环境监测仪器设备和建立大气环境决策支持系统由市环保局实施，开展能源与环境管理研究由北京市 21 世纪议程工作办公室承担。

北京市计委于 2001 年 7 月 17 日批复该可行性研究报告（京计基

础字〔2001〕1299号）。项目总投资4 067万元，其中利用世界银行贷款258万美元，全球环境基金（GEF）赠款120万美元，国内配套资金930万元。

二、亚行贷款北京环境改善项目

（一）背景

1992年11月，市计委与市环保局共同研究提出了拟向世行和亚行申请第二个贷款项目的建议，内容包括保护上游水源、引进天然气市内工程和高碑店热电集中供热管网、加强环境监测系统、建设汽车尾气实验室和工业有害废物处置工程等。经国家计委研究，建议北京市使用亚行贷款。

（二）项目基本情况

1993年1月，亚行国别规划团访问北京，启动了项目准备工作，初步确定列为1994财年项目，总贷款额约2亿美元。同年3月，北京市向亚行提交了包括9个子项目共1.8亿美元的贷款计划；10月，亚行安排赠款资金，聘请美国西图国际咨询公司编制亚行贷款北京环境改善项目的可行性研究报告。

1994年1月9—11日，根据亚行贷款程序要求，在北京人民广播电台午间新闻和《北京日报》上刊登了亚行贷款北京环境改善项目的主要内容。市环保所对高碑店热电厂集中供热工程及引进陕甘宁天然气市内工程建设区范围内的1 000户居民进行了调查，以征求公众意见。调查结果显示，95%的人员赞成并支持该项目。

1994年1月20日，亚行国家项目规划团来京与北京市商定项目内容，确定为高碑店热电厂集中供热工程、引进陕甘宁天然气市内工程、保护密云和怀柔水库水质防止泥石流工程、北京化工三厂技术改造工程、北京工业有害固体废物处置工程，以及加强市环保局机构能力建设共6个子项目，贷款1.57亿美元，并列入1994财年贷款计划。

1994年7月，亚行评估团对北京环境改善项目进行了评估，亚行、中国人民银行和北京市代表签署了三方谅解备忘录。10月24—28日，北京市和中国人民银行派代表团赴马尼拉，参加亚行贷款北京环境改善项目谈判。11月29日，亚行执董会批准为北京环境改善项目贷款1.57亿美元。

1995年10月10日，亚行批准提供60万美元技术援助赠款，开展“市环保局及其环境机构能力建设”项目；42万美元技术援助赠款，开展“北京市工业有害废物管理中心能力建设”项目。11月28日，亚行贷款北京环境改善项目《项目协议》《贷款协定》由亚行塞托行长、中国驻菲律宾大使关登明在马尼拉签约，项目正式启动。

（三）亚行贷款北京环境改善项目

该项目总投资57.6亿元人民币，其中利用亚行贷款1.57亿美元，项目于1995年11月28日签约，1996年5月贷款协议生效。

北京环境改善项目包括6个子项目：

1．高碑店热电厂集中供热工程

该项目计划建设39 km热水输配管线，2.86 km蒸汽管线及自动监控系统。项目完成后，可增加供热面积1 900万m^2，为21个企业提供500 t/h蒸汽，可减少1 000多个低效锅炉和5万台低空排放的小炉灶的污染。

2．引进陕甘宁天然气市内管网工程

该项目计划建设110 km长的高、中压管网、门站、调压站、贮气罐及自动监控系统。项目完成后，每年可输配7亿m^3天然气，为城市100多万户居民、市区大灶、茶浴炉及部分采暖锅炉提供清洁燃料。

3．密云、怀柔水库水源保护及泥石流防治工程

该项目计划对水库上游 436 km^2 面积的 7 个小流域进行综合整治，采用生物防治措施，防止水土流失及污染水库，建立泥石流预警预报系统。

项目完成后，该地区的林木覆盖率可达到 69%，入库泥沙减少 70%，使北京市区 70%的自来水水质得到保证，项目区内 70 万农民年人均收入可提高 50%，13 万人免遭泥石流灾害。

4．北京化工三厂多元醇技术改造及搬迁工程

该项目将引进国外先进清洁工艺，将位于居民区的北京第三污水排放大户——化工三厂搬迁至通县次渠工业区。项目完成后，可消灭市区一个重大污染源，新装置不仅提高了经济效益，而且消除了苯并[*a*]芘的污染，减少甲醛和污水的排放，废水和废渣全部得到处理，达标排放。该项目招标后，由于财务风险太大及搬迁资金不落实等原因，1999 年决定停建撤项。

5．工业有害废物处理和处置示范工程

该项目将建设北京集中工业有害废物处理设施，年处理能力 2 万 t。项目完成后，可防止工业有害废物对大气、水及土壤的污染。后在北京水泥厂建设了水泥窑协同处理有害废物项目，此项目撤销。

6．加强环境保护机构能力

该项目通过聘请国外咨询专家，帮助市环保局对其机构设置、经济政策、法规体系等进行研究，提出改善措施，并为其所属单位配备必要的监测、科研设备，增强环境管理能力。

亚行贷款北京环境改善项目投资情况见表 8-4。

表 8-4 亚行贷款北京环境改善项目投资计划

项目名称	建设内容	总投资/万元	其中	
			亚行贷款/万美元	配套资金/万元人民币
高碑店热电厂供热工程	主干线和输配管网共 44 km，热交换站和监控等；供热面积 1 900 万 m^2，可供 21 个工厂生产用气 500 t/h	153 120	5 500	105 270
陕甘宁天然气市内工程	高压管线 55.6 km，中压管线 203.3 km，高、中压调压站、监控系统等；每年可输配 7 亿 m^3 天然气	182 700	7 000	121 800
密怀水源保护及防治泥石流工程	两库上游种植防护林 5 700 hm^2，修梯田 2 400 hm^2，筑谷坊坝 36 000 道，排水渠 32 km，护林坝 6.4 km，共治理 436 km^2	14 790	600	9 570
化工三厂多元醇引进清洁工艺及搬迁工程	将 2 个多元醇生产车间迁至通县次渠乡，同时引进先进的工艺技术，以大量减少废水、废气的污染，改善环境，提高产品的质量和产量	28 710	1 900	12 180
工业有害废物处理、处置工程	建设焚烧炉、安全填埋场、无害化处理装置、回收工业有害废物集中处理和处置设施等	11 310	700	5 220
加强环境机构	为市环科院、市环保监测中心和培训中心配备科研、监测仪器和设备；进行环境治理技术、环境经济、管理和立法等方面的培训	2 610	200	870
总计		393 240	15 900	254 910

（四）加强环保局机构能力建设

市环保局及其下属机构能力建设项目，由市环保局负责实施，于 1996 年 1 月正式启动，2002 年 6 月全部完成。

项目目标。通过研究分析，全面评价北京市环境机构、政策、环保法规体系的现状、问题，提出强化机构的途径和措施；改善现有水污染源监测及空气质量监测系统，以及科研、实验室装备水平；增加对环保人员职业培训的手段，提高环境管理人员业务素质和管理水平，促进环保事业的发展。

项目投资。项目原计划总投资 2 732 万元，其中利用亚行贷款 200 万美元，亚行技术援助赠款 60 万美元，国内配套人民币 470 万元。后经市计委、国家计委同意，亚行贷款额调整为 257 万美元，国内配套人民币调整为 650 万元，总投资增加至 3 408 万元。

项目内容。本项目主要包括三个部分：机构及政策研究、监测仪器设备采购、培训设备采购及管理人员培训。机构及政策研究主要内容包括机构现状评价与研究、环保法规体系评价、环境经济政策研究。监测仪器设备采购包括新建污染源废水排放流动监测站一座、采购便携式空气质量监测仪器、采购空气质量自动监测子站以及污染源监测实验室设备更新。培训设备采购及管理培训内容包括采购环保技术培训中心电化教育设备、为北京市环保系统管理人员举办国内培训、组织北京市环保管理人员赴国外考察培训。

项目实施。市环保局成立了以赵以忻局长为组长的项目领导小组，并抽调专门人员组成了项目办公室，局总工张燕如担任项目办主任。项目办公室负责整个子项目的协调管理，并负责组织实施研究及培训。利用亚行赠款聘请英国 AEA 技术公司提供咨询服务，1996 年 1 月 8 日咨询工作开始，1997 年 3 月提交咨询工作最终报告。期间，在中方人员配合下完成了机构、政策及法规的现状评估与研究，并提出了加强机构能力的建议；在项目实施过程中，组织了国内培训、国外考察和培训，短期和长期的境外培训交流活动及研讨活动（表 8-5）。设备采购的具体工作分别由仪器设备的使用单位（市环保监测中心、市环科院和北京环境保护培训中心）负责，局项目办负责督促协调。

表 8-5　培训情况

培训方式	内容	时间	参加人数
环境管理考察	环保局高级管理人员赴英国、荷兰及比利时考察环境规划、立法、政策	2 周	7
环境技术考察	环保技术人员赴英国学习考察大气及水污染防治技术	2 周	20
中期培训	赴英国环境机构进行在职培训	8 周	4
项目研讨会	对项目成果进行研讨	3 天	100

咨询公司递交的最终报告，提出了关于组织机构与管理能力建设、人员配备及培训要求、大气污染控制及环境管理、水污染控制与环境管理、实验室建设与仪器设备配置五个方面的建议。多数建议已经落实，如扩充环保局机构人员，建立固体废物管理中心、信息中心，修订大气、水、固体废物等污染防治法规以及相应的排放标准，工业企业开展清洁生产审计和 ISO 140001 环境管理体系认证，开征二氧化硫排污收费，引进天然气改变燃料结构等措施已经陆续实施等。

项目效益。咨询专家通过对北京市环境管理方面存在问题的研究，提出了建议，北京市从机构、管理、信息、监测等方面制订了实施计划并加以落实，在提高北京市污染控制及管理水平方面发挥了一定作用。

利用亚行贷款采购的仪器设备已投入使用，为环境管理和政府决策提供了技术支持。

第二节　国际机构间合作

一、联合国开发计划署

为改善北京市的环境质量，1980 年 9 月，经联合国开发计划署（UNDP）批准，向北京市提供 30 万美元，支持开展“北京市环境污染控制项目”研究。市环保局成立了项目小组，负责该项目的组织执行，由市环保所和市环保监测中心负责具体实施。1981 年 4—7 月，市环保局先后派出 3 个考察团，重点考察“美国水污染控制及工业废水处理”“英国水的区域管理及工业废水处理”和“美国环境影响评价”。通过考察，了解了美英两国水污染控制及环境影响评价的程序和方法，向市政府提出建立统一管理水的机构，开展工业废水回用及城市污水综合利用等建议。1982 年 3 月，市环保监测中心从美国引进 4510GC/MS/DS 系统色质联机一台，建立了以有机污染鉴定为目标的色质联机实验室，该实验室参加了国家“六五”攻关课题“高碑店污水系统综合防治研究”中有机物污染的监测分析，1983 年对全市各自来水厂的水质进行了挥发性卤代烃的普查，承担了全国质谱环境分析方法的建立、人员培训和技术咨询等工作。1983 年 1 月，市环保所聘请美国俄克拉荷马大学国家地下水研究中心坎特（L.W.Canter）博士来华讲授环境影响评价，通过在岗培训，科研人员掌握了环境影响评价的程序和方法，使市环保所在全国较早地开展了建设项目环境影响评价工作，其承担的北京焦化厂、北京毛条厂等一大批企业新建、扩建工程环境影响评价，避免了新建、改建、扩建项目对环境的污染，为政府决策提供了依据。同年 3 月，市环保所派两位技术人员赴美国密执安州立大学进修一年，从事环境污染物诱发致突变致癌研究，掌握了以微生物和哺乳动物细胞作为实验材料的检测致突变物和致癌物的新方法，回国后进一步完善了环境毒理实验室，使研究工作在该领域处于全国前列。该项目于 1986 年 6 月结束。

1989 年 5 月，联合国开发计划署提出亚太地区“首都城市清洁计划”（CCCP），拟将亚洲地区的北京、孟买、雅加达、马尼拉 4 个城市作为实施该计划的第一批城市。该实施计划分步进行：第一步，给予 240 万美元的支持，用于制订有关城市的环境保护战略和环境管理行动计划，包括确定需要投资项目的优先顺序；第二步，资助 1 000 万美元用于可行性研究；第三步，贷款 3.5 亿～5 亿美元，用于治理污染。1989 年 5

月 30 日，中国政府复函联合国开发计划署驻中国代表处，表示愿意参加该项目。同年 11 月 16 日，联合国开发计划署正式签署了该项目文件，决定由世行亚洲技术局环境和自然资源处负责组织实施。

1990 年，世行利用该项目第一步资金，聘请环境专家瓦尔特•斯鲍福德先生，协助北京市进行利用世行贷款北京环境项目的前期准备工作，为《北京市环保最小费用战略研究》子项目做了可行性研究报告及聘请咨询专家的工作大纲（TOR），为该项目获得日本政府赠款做了基础性的工作。同时，为北京市申请世行贷款北京环境项目中有争议的区域供热子项目做了对比方案，并帮助指导中方提出补充意见，据理力争，取得世行同意。同年 6 月，《首都城市清洁计划》改名为《大城市环境改善计划（MEIP）》，并增加了科伦坡市。12 月，市计委副主任曹学坤、市环保局局长江小珂等 5 人组成的代表团，出席了该项目在夏威夷召开的第一次国际研讨会，听取了专家报告和 5 个城市代表的发言。北京市的发言受到与会代表的重视，一致赞成下次会议在北京举行。经市政府批准，北京市成立了大城市环境改善计划指导委员会，由市计委、市环保局、市市政管委、市经贸委等单位领导组成，市计委副主任曹学坤任主任，开始筹备工作。

二、联合国环境规划署

1972 年 6 月 5 日，北京市派员随中国政府代表团赴瑞典斯德哥尔摩，参加联合国第一次人类环境会议。这次会议决定设立联合国环境规划署（UNEP），统一协调规划全球环境保护事务。

20 世纪 90 年代中后期，在国家环保局的指导下，北京市与 UNEP 开展了具体的交流合作。1996 年 11 月 20—21 日，受国家环保局和 UNEP 亚太办公室的委托，中国环境科学学会和北京市环境科学学会共同举办了“妇女、环境与可持续发展”培训班。北京市区县妇联、环保局、街道办事处及企业的女领导、科技人员、中小学教师等 63 人参加了培训。

2001 年 2 月 27 日—3 月 14 日，应 UNEP 和埃及发展援助项目执行署的邀请，由市政府副秘书长阎仲秋任团长，市环保局组织的环境保护考察团赴肯尼亚对 UNEP 和埃及进行了考察访问，市环保局史捍民副局长参加了访问。

在北京 2008 年奥运会的筹备、举办及后评估阶段，北京市与 UNEP 开展积极有效的务实合作。

2007 年 10 月，UNEP 发布了 2008 年北京奥运会中期评估报告，称北京在保证 2008 奥运会为绿色奥运会方面做出了巨大的努力。奥运会的举办就像催化剂，加速改善了北京的环境，解决了北京高速发展与环境健康保护的平衡问题。联合国副秘书长兼 UNEP 执行主任阿奇姆 • 施泰纳先生表示："根据北京奥运会和残奥会的初步环境评分卡显示，此次奥运会符合绿色奥运会的标准。"

2008 年 8 月，UNEP 执行主任阿奇姆 • 施泰纳先生应邀作为奥运火炬手来京参加了奥运会火炬传递，并为北京的奥运环保工作做宣传。8 月 6 日下午，郭金龙市长在市政府会见了施泰纳先生，双方进行了友好并富有成效的会谈。会后，市环保局史捍民局长陪同施泰纳先生参观了市公共交通指挥调度中心，了解公交车辆尾气排放治理情况和空气质量监测系统等，并在市环保局举行了座谈。8 月 9 日，施泰纳先生和市环保局杜少中副局长在北京奥运会新闻中心召开了 2 次新闻发布会。发布会上，施泰纳先生根据自己在北京乘坐地铁、公交车和参观公交公司调度室、市环保监测中心的亲身经历，向中外媒体介绍了北京市空气质量监测系统、机动车管理和工地尘污染控制措施等方面的工作，如实反映并支持北京市关于"绿色奥运"的落实情况。

北京奥运会结束后，UNEP 于 2008 年年底组织专家团队对北京履行"绿色奥运"的承诺情况进行了评估，市环保局组织有关部门配合 UNEP 专家小组开展北京奥运会环境后评估工作，并完成了评估报告。

2009年2月，市环保局史捍民局长应UNEP邀请率团出席了UNEP在肯尼亚内罗毕总部举行的第二十五届理事会暨全球环境部长论坛。2月16日下午，北京“绿色奥运”展览揭幕仪式在UNEP总部举行，史捍民局长主持了揭幕仪式，环保部李干杰副部长与UNEP执行主任施泰纳先生共同为展览揭幕并致辞，出席UNEP第二十五届理事会的国际组织、国家代表团及媒体记者前往参观，展览获得了圆满的成功。2月18日下午，UNEP发布了《北京2008奥运会环境独立评估报告》，李干杰副部长和史捍民局长应邀出席了发布仪式，报告全面肯定了北京市的奥运环保工作，指出北京市在治理空气污染、水污染、改善公共交通体系以及实现奥运场馆“绿色化”等方面，都兑现了此前做出的承诺，其中许多指标超出了原先确定的目标。2008年奥运会给北京市留下了一笔丰厚的“绿色遗产”。

2010年9月6日，市环保局陈添局长会见了在京访问的UNEP亚太区域办主任朴英雨先生及驻华代表张世钢先生。双方确认将继续巩固和扩大已有的良好合作关系，在发展绿色经济、完善环保法规标准、改善环境管理机制、加强环境宣传教育等各相关领域开展合作。朴英雨主任一行还考察了市环保宣教中心，对北京市近年来环境质量的改善和环保宣教工作给予了高度评价，认为北京市的经验值得向世界其他发展中国家大城市推广。

2011年11月15日，市环保局陈添局长和老局长史捍民在钓鱼台国宾馆，会见了来京参加中国环境与发展国际合作委员会年会的UNEP执行主任阿奇姆·施泰纳先生一行，并在双方合作出版的《青年交流指南》中文版一书上签名留念。

2012年3月，中共中央政治局委员、北京市委书记刘淇赴肯尼亚访问UNEP内罗毕总部，就北京环境保护工作、可持续发展等与UNEP执行主任阿奇姆·施泰纳进行了交流。4月11日，李晓华副巡视员会见了在京访问的UNEP亚太区域办主任朴英雨先生，就加强在绿色城市发展和青年环境教育等方面的合作进行了交流，朴英雨先生提出希望市环保局支持举办第六届东北亚青年网络会议。同年 5 月 20—21 日，市宣传中心承办了 UNEP 青年战略计划“第六届东北亚青年环境网络会议”，会议主题为“通往里约+20 之路，绿色经济和可持续发展生活方式”，来自中、日、韩、蒙 4 国近 40 名青年代表参加了会议。7 月 11—20 日，由市新闻办、市外办和市环保局联合举办的“绿色北京”图片展在肯尼亚首都内罗毕市联合国机构驻地大厅开展。百余张图片展示了北京的历史文化遗产、民间艺术、现代化建设、环保设施、环境改善成就等内容。7 月 11 日下午，洪峰副市长一行访问了联合国环境规划署（UNEP），市环保局陈添局长等陪同访问。UNEP 副执行主任阿敏娜·莫哈默德女士（Amina Mohamed）率相关人员与洪峰副市长一行共同参观了“绿色北京”图片展。洪峰副市长表示北京将以积极的行动响应中国政府的承诺，积极支持和参与 UNEP 倡议的全球环境保护可持续发展计划，欢迎 UNEP 将重大活动放在北京举办，北京愿意通过 UNEP 的平台与世界其他城市分享促进发展和改善环境的经验。7 月 21 日，阿敏娜·莫哈默德女士利用来京参加中非合作论坛部长级会议的机会考察北京市环保工作，李晓华副巡视员陪同莫哈默德副主任一行参观了市环保监测中心，UNEP 驻华代表处首席代表张世钢先生陪同来访。12 月 4 日，市环保局与联合国驻华系统共同在市环保宣传中心举办了“绿色消费”论坛，来自联合国驻华系统、环保部、商务部、工业和信息化部、相关研究机构等共 120 余名代表出席了论坛。市环保局副局长方力出席论坛做了题为“建设绿色北京、推动绿色消费”的主题演讲。联合国驻华系统联合国气候变化和环境专题小组主席爱德华·克劳伦斯·史密斯（Edward Clarence-Smith）表达了联合国驻华系统在全球推动绿色消费的决心。

2013 年 2 月 5 日，UNEP 首席科学家约瑟夫·阿尔卡莫（Joseph Alcamo）教授访问市环保局，举办了小型报告会，就“短寿命气候污染物”及“气候与清洁空气联盟”等议题进行了介绍和交流。UNEP 驻中国办公室负责人张世钢先生陪同来访。6 月 7 日，市环保局与联合国驻华系统联合举办了 2013 可持续消费论坛。UNEP 驻华代表张世钢先生主持了论坛，联合国驻华系统气候变化与环境专题组主席史密斯出席会议并致辞，市环保局方力副局长在论坛上致辞并做了主题发言，介绍了北京市近年来在改善空气质量方面取得的成绩、2013 年清洁空气行动工作部署和在推动公众参与环境保护方面开展的各项工作。与会代表还参观了市环保监测中心，详细了解了北京市空气质量监测系统的运行以及数据采集和发布的渠道。联合国驻华系统各机构（环境规划署、工发组织、教科文组织、开发计划署等）代表，欧盟使团及美国、日本、德国等国家驻华大使馆的官员，世界自然基金会、联想集团等知名的国际环保非政府组织和企业以及媒体代表 120 余人出席了此次论坛。与会嘉宾还分享了推广节能产品、绿色家居、低碳生活、可持续商业及媒体创新和传播等方面的经验。10 月 16 日，市环保局应 UNEP 驻华办公室要求安排出席国际生态系统管理伙伴计划举办的生态适应研讨会。各国代表 40 余人考察了北京奥运森林公园，了解北京市在生态建设方面开展的工作。12 月 5—6 日，市环保局出席了 UNEP 亚太办在深圳举办的资源有效性城市项目研讨会，介绍了北京市在促进资源能源节约方面开展的工作。

2014 年 6 月 4 日，李晓华总工程师会见了 UNEP 新任亚太区域办主任卡维 • 扎赫迪（Kaveh Zahedi）先生、驻华代表处首席代表张世钢先生。双方初步商定合作意向，就北京市大气污染治理措施的有效性进行评估。6 月 6 日，市环保局与联合国驻华系统（UNEP 牵头）、中国连锁经营协会、世界自然基金会（WWF）联合主办了 2014 可持续消费和生产论坛。李晓华总工程师和联合国工业发展组织区域代表史密斯（Edeard Clarance-Smith）等代表主办方致辞。

2015 年 11 月 9 日，联合国环境规划署（UNEP）与北京市环保局在京合作举办《北京空气污染治理历程：1998—2013 年》评估报告初步结果介绍会，UNEP 执行主任阿奇姆•施泰纳先生、UNEP 亚太办主任扎赫迪先生、UNEP 驻华代表张世钢先生出席活动，李晓华副局长出席会议并致辞。评估报告充分肯定了北京市 15 年大气污染防治的成效，认为可以为发展中国家大城市的环境污染治理提供借鉴。

2016 年 1 月 28 日上午，UNEP 亚太办主任卡维•扎赫迪（Kaveh Zahedi）、UNEP 驻华代表张世钢等访问市环保局，与李晓华副局长就 2016年合作计划进行了磋商和交流。3 月 27 日，由北京市环保局和UNEP 驻华代表处联合主办的“2016 北京环保公益大使”聘任仪式在京举行，知名演员李晨被聘为第四届北京环保公益大使。5 月 24 日，UNEP 在内罗毕总部举办的全球空气质量行动报告发布会上，发布了《北京空气污染治理历程：1998—2013 年》评估报告，UNEP 执行主任施泰纳先生出席报告发布仪式。报告指出，1998—2013 年，北京持续采取的大气污染治理措施对改善北京市的空气质量发挥了积极作用，15 年间，二氧化硫（SO_2）、二氧化氮（NO_2）和可吸入颗粒物（PM_{10}）的年均浓度分别下降了 78%、24%和 43%，实现了经济社会与环境保护协调发展，为全球其他经济体创造了值得借鉴的经验。5 月 25 日，UNEP 举行报告的专题圆桌会议，详细解读报告内容及结论，李晓华副局长出席上述活动。9 月 9 日下午，陈添局长陪同联合国新任副秘书长兼 UNEP 执行主任埃里克•索尔海姆主任到奥林匹克森林公园，考察北京城市生态建设工作。

三、国际奥委会

在北京申办和举办 2008 年北京奥运会的过程中及奥运会的后评估工作中，围绕履行“绿色奥运”承诺，北京市与国际奥委会在环境保护方面保持了密切的交流，并开展了具体的合作。

1999 年 10 月 20 日—11 月 2 日，应国际奥委会的邀请，汪光焘副市长率团赴巴西里约热内卢参加第三届世界体育与环境大会，并应巴西联邦区政府和墨西哥城市政府的邀请，访问巴西和墨西哥，对城市规划和环境保护工作进行考察。市环保局副局长史捍民随团出访。

2001 年北京申办第 29 届奥运会成功以后，市环保局一直参加北京奥组委组织的奥运相关工作，包括参与拟定有关计划方案、答复国际奥委会关于奥运会环境问题的口径、配合联合国环境署进行评估工作等。

2008 年北京奥运会前夕，根据奥运环保工作需要，市环保局与国际奥委会北京奥运会赛事运行团队空气质量小组，建立了直接的工作联系，就奥运期间的空气质量状况、保障措施等问题进行密切的沟通和交流。通过细致的工作，双方建立了坦诚、互信、支持、一致的工作关系。5 月 28—29 日，市环保局史捍民局长和北京奥组委工程环境部余小萱副部长应邀参加了国际奥委会体育与环境委员会年会。史捍民局长向与会代表介绍了北京市自申办奥运成功以来，在改善环境质量和履行“绿色奥运”承诺方面所做的工作、取得的成绩，以及为保障奥运会期间良好空气质量，在中央政府支持下联合 6 省市制定的奥运会空气质量保障措施。与会代表对北京所做的工作给予了高度评价，对北京奥运会期间将有良好的空气质量、将留下丰富的环境遗产充满信心。8 月 12 日和 17 日，市环保局与国际奥委会、北京 2008 年奥运会组委工程环境部，共同在北方佳苑酒店召开了两次奥运会环境观察员圆桌会议，向来自其他奥运会申办/举办城市的观察员，介绍了北京市申奥成功后在环境保护方面采取的措施和取得的成绩，并针对国际奥委会观察员提出的环境措施预算、奥组委与政府合作关系、公众参与、交通限行的环境效果等问题进行了详细深入的解答。9 月，国际奥委会在奥运会后特意致函市环保局，就奥运会环保工作表示感谢。11 月，市环保局副局长杜少中应 IOC 邀请，赴西班牙帆船比赛开幕式介绍 2008 年北京奥运会环保工作经验。2008 年年底，经中国奥委会推荐、请示市领导同意，市环保局代表北京市向国际奥委会提交了首届体育与环境奖的申报文件。

2009 年 3 月 30 日，市环保局史捍民局长应邀率团参加了国际奥委会（IOC）和联合国环境规划署（UNEP）联合在加拿大温哥华举办的第 8 届世界体育与环境大会，代表北京市领取了 IOC 首次颁发的体育与环境奖。IOC 体育与环境委员会主席鲍尔·施密特向史捍民局长颁奖，祝贺北京在“绿色奥运”上取得的巨大成就。

2011 年 4 月，市环保局应国际奥委会邀请，赴卡塔尔参加第 9 届世界体育与环境大会。

四、世界卫生组织（WHO）

1985 年，由世界卫生组织资助，聘请 3 名外国专家来华，与市环保所共同召开了“生态图学术讨论会”和“空气质量扩散模式研讨会”。

2009 年，WHO 与 IOC 合作开展了北京奥运会健康遗产评估，编写了《奥运会健康遗产：2008 年北京奥运会的成功经验及建议》一书。鉴于对空气质量问题的特别关注，本次对北京的评估当中特别增加了“空气质量及控制”章节。按市领导批示，5 月底，市环保局应 WHO 北京办公室邀请，与国际奥委会医疗委员会空气质量专家组的组长、来自澳大利亚的费奇（Ken Fitch）教授共同完成了该章节的编写工作。7 月初，市环保局提交了文本草案，并与费奇教授进行多次书面交流，最终定稿。2009 年年底，编写工作完成并排版印刷，WHO 在 WHO 及 IOC 的多次会议上进行了宣传，其中关于空气质量章节的内容受到了极大的关注和好评，认为北京市为改善奥运会空气质量而采取的全方位措施，为北京留下了深远持久的健康遗产。

第三节　政府间合作

一、意大利

2002 年 4 月，在国家环保总局和意大利环境与国土部签署的双边环保合作协议框架下，北京市政府副秘书长闫仲秋代表北京市政府与意大利环境与国土部签署了《环保合作框架备忘录》，启动了北京市与意大利的环保系列合作。

合作备忘录签署后，由市环保局代表市政府和国家环保总局与意方协商开展具体的项目合作，并签署了具体的项目合作协议。先后围绕支持北京市履行“绿色奥运”承诺、大气污染治理、水污染防治、有害废物管理、城市可持续发展与生态建设、环境管理能力建设以及环保宣传活动等领域开展了 40 多个项目，多个重大项目在奥运会前完成并投入使用，发挥了良好的环境效益和社会效益。

意大利方面为合作项目的实施提供了合计 6 000 万欧元的资金和实物支持。北京市也安排了相应的配套资金和其他资源。这些合作项目的实施，为北京市引进了意大利及欧洲的环境管理和污染治理的先进技术和经验，对治理大气污染、履行“绿色奥运”承诺做出了积极的贡献。同时，也示范了一大批来自意大利的先进产品、技术和理念，为意大利机构在北京和中国的业务发展提供了机遇。这些项目的实施实现了合作双方的共赢。

（一）北京市与意大利签署的合作备忘录

2002 年 4 月 26 日，北京市政府副秘书长闫仲秋与意大利环境与国土部全球环境、国际及区域条约司司长克拉多·科里尼先生签署了《中意环保合作备忘录》。备忘录确定意方赠送北京市 300 台压缩天然气发动机，并帮助北京市建设一条达到欧洲四号或更高标准的汽车尾气排放检测线。

2003 年 7 月 26 日，市环保局局长史捍民与意大利环境与国土部科里尼司长签署了《关于环境实验室项目备忘录》，明确意方将帮助北京建设一个达到国际水平的环境实验室。

2004 年 3 月 19 日举行中意环保合作项目罗马会议，会后以会议纪要的形式梳理了在施项目内容以及新项目意向。其中，在施项目包括汽车尾气实验室、智能交通、环境化学实验室、奥运能力建设项目以及医疗废物焚烧项目。同年 4 月 8 日，市环保局与意大利环境与国土部签署《合作备忘录》，明确了 4 个新合作项目，包括生态城镇建设、环境教育、风沙治理、培训与能力建设项目。12 月 6 日，市环保局与意大利环境与国土部签署《合作备忘录》，明确了增加密云水库保护项目、什刹海水污染控制、北京旧胡同文化保护区环境保护以及危险废物处理研究 4 个项目。

2005 年 7 月和 11 月，市政府与意大利环境与国土部签署了《建立环境合作基金的协议》《关于支持北京落实绿色奥运承诺的备忘录》《奥运村太阳能示范项目赠款协议》以及《关于进行中项目备忘录》等文件。总计获得意方赠款资金 1 100 万欧元，用于已经开展的项目和新增的畜禽养殖粪便处置、绿色建筑设计、奥运村太阳能热水示范项目。

2006 年 9 月 18 日，市政府与意大利环境与国土部签署了《北京蓝天合作备忘录》，明确中意双方将在城市可持续交通、改善能源效率、城市可持续发展规划设计试点、可再生能源利用、清洁生产、工业污染控制等领域开展合作，为实现 2008 年奥运会环保承诺及北京市的长期可持续发展服务。

2007 年 4 月 12 日，中意双方签署了新的合作备忘录，确定新增 4 个项目：北京公交集团建立服务于北京奥运会的智能交通调度管理系统；北京市工业污染土壤调查及治理示范工程；沟河流域污染治理；环境健康影响领域合作的准备工作。

2008 年 1 月 31 日，中意双方签署了《中意北京可持续环境合作基金补充协议》，意大利环境领土与海洋部承诺新增 400 万欧元支持北京实现“绿色奥运”承诺，包括以下 4 个方面的工作：由意大利国家研究委员会大气污染研究所向市环保局提供空气质量管理支持；工业污染场地治理能力建设和试点；河流污染控制技术支持；绿色奥运合作项目宣传活动。

2009 年 6 月 5 日，环保部与市政府以及意大利环境领土与海洋部签署《“绿色北京”合作备忘录》，明确开展机动车污染治理合作、土壤修复技术合作、水污染控制合作、与延庆县合作建设意大利花园、“绿色北京”和低碳城市建设战略研究、大气污染防治地方法规修订技术支持以及对外宣传项目。9 月 15 日，北京市黄卫副市长和意大利环境领土与海洋部普莱斯缇科摩（Prestigiacomo）部长签署了《“绿色北京”双边环保合作备忘录》。

2011 年 5 月底，市环保局和意大利环境领土与海洋部签署了《“绿色北京”合作备忘录补充协议》，落实 150 万欧元赠款，开展以下合作项目：北京市污染源排放清单编制技术支持；水泥生产行业和中小型集中供暖厂脱氮技术可行性研究项目；空气质量预测和模拟项目；电磁辐射管理研究项目；世界城市环境目标研究项目。

2012 年 3 月 19 日，郭金龙市长和意大利环境领土与海洋部部长克里尼先生在北京签署了北京市与意大利环境部新的环保合作备忘录，双方约定在清洁发展规划、美好环境、清洁技术创新以及环境宣传教育和培训等方面开展合作。

2013 年 10 月，市环保局和意大利环境领土与海洋部签署了《“北京清洁行动计划”合作协议》，双方议定在机动车排放控制政策措施研究、北京环境总体规划研究及污染源排放清单开发应用、$PM_{2.5}$ 监测实验室技术能力建设、北京市清洁空气行动计划国际宣传以及污染场地修复技术和案例研究方面继续开展合作项目。意方为这些项目的实施提供技术和资金支持。

2014 年 3 月，市环保局与上海市环保局、意大利环境领土与海洋部签署了《2014 年度环境管理和可持续发展培训项目协议》。根据协议规定，组织共计 41 人分 2 次赴意大利参加“空气质量管理”和“工业污染控制（战略及措施）”专题培训。

2015 年 4 月，市环保局李晓华副局长和意大利环境领土与海洋部可持续发展、环境损害与欧盟和国际事务司司长弗朗西斯科·拉·卡梅拉先生签署《2015 年度培训项目执行协议》，陈添局长与卡梅拉司长共同签署双方《2015 年度中意培训执行协议》；6 月 11 日，陈添局长和意弗朗西斯科·拉·卡梅拉先生共同签署《燃气锅炉低氮改造技术研究与示范项目执行协议》。11 月，意大利威尼斯国际大学举办“机动车污染控制”专题培训。

2016 年 4 月 5 日，陈添局长和意大利环境领土与海洋部卡梅拉司长签署了《2016 年度中意培训执行协议》，8 月意大利威尼斯国际大学举办“水资源生态管理”培训。6 月 16 日，冯惠生副局长在罗马和意大利环境领土与海洋部卡梅拉司长签署了《通州区域水环境综合治理方案优化项目技术协议》。

（二）中意环保合作项目

中意环保合作项目包括大气污染防治、水污染防治、城市可持续发展及生态建设保护项目、有害废物管理、环境管理能力建设、环保宣传 6 个方面共 26 个项目（表 8-6）。

表 8-6　中意环保合作项目简介

序号	项目类别	项目名称	项目内容	意方投资/万欧元	项目单位
1	北京大气污染防治项目	智能交通系统协助控制交通空气污染项目	通过建立数据中心、空气质量监测系统、交通监测系统、交通调度管理系统等，尝试将交通监控和调度系统与空气质量监测和预报系统汇集成为一个系统，通过改善交通管理、减轻机动车污染排放示范项目，创新城市管理措施	725	中方：市环保监测中心、北京公共交通控股（集团）有限公司； 意方：CNR、D’APPOLONIA S.p.a、THETIS S.p.a、FATA、ECOTEMA、ATAC

序号	项目类别	项目名称	项目内容	意方投资/万欧元	项目单位
2	北京大气污染防治项目	天然气发动机项目	赠送北京市 300 台依维柯公司最新研制的达到欧III标准的天然气发动机，用于公交汽车，支持北京市控制机动车污染	104.1	中方：北京公共交通控股（集团）有限公司； 意方：意大利依维柯公司（IVECO GROUP）
3		可持续公交系统项目	提供部分资助，支持北京公交集团更新改造公交车辆，替代北京市老旧公交车，提高北京公交车队管理水平，减少机动车污染	375	中方：北京公共交通控股（集团）有限公司； 意方：意大利依维柯公司（IVECO GROUP）
4		风沙治理项目	在北京地区开展沙石坑示范治理工程、北京风沙监测模拟研究、评估和规划工作；在内蒙古阿拉善地区组织沙尘暴和沙漠化的现状、发展趋势、成因机制及防治策略研究和风沙治理试点项目（替代能源、飞播造林和社区参与活动）。通过研究摸清北京郊区风沙的来源分类及比例，以及内蒙古风沙向北京的传输路径和特点；为北京制定风沙治理措施提供了经济技术支持；加强了北京与内蒙古在风沙治理方面的合作	225	中方：北京环境保护基金会、北京首都创业集团有限公司； 意方：意大利 Tuscia 大学、Dappolonia 公司
5		柴油车改造项目	利用意大利倍耐力公司提供的柴油车改造技术和产品在北京开展公交及环卫柴油车改造试点项目，共改造了 150 余辆柴油车，减少了机动车污染	100	中方：市环保局； 意方：意大利 PIRELLI 集团

序号	项目类别	项目名称	项目内容	意方投资/万欧元	项目单位
6	北京大气污染防治项目	旧城胡同文化区环境保护	为后海保护区提供供暖解决方案，并安装部分示范项目	25	中方：西城区环境保护局； 意方：意大利 Merloni TermoSantitari 公司
7		水泥生产行业脱氮技术可行性研究项目	支持北京市研究制定适合北京市现阶段管理需求的水泥窑脱硝最佳治理技术，为北京市制定工业污染治理措施提供技术支持	40	中方：市环保局； 意方：意大利 GEAPOWER 公司
8		开展大气污染防治地方法规修订技术支持	向北京系统地介绍欧盟和意大利的空气污染治理法规、政策和地方措施，北京市出台的地方空气污染防治条例中借鉴了欧盟及意大利的做法	40	中方：市环保局、市环科院； 意方：意大利 SCITEC 公司
9		低氮燃气锅炉示范项目	项目通过对低氮燃气锅炉技术和产品的示范，为北京市实施新近颁布的锅炉大气污染物排放标准提供技术支撑，包括新建 1～2 套燃气冷凝锅炉设备和对 10～15 套在用燃气锅炉进行技术改造，并开展减排效果评估	85	中方：市环保局、市环科院； 意方：意大利 ELCO 公司、利雅路公司
10	北京市水污染防治项目	什刹海水污染控制	对什刹海水质进行调研分析，制定水质改善方案，并建设水处理设施，改善什刹海水质，项目已投入运行	216	中方：西城区环境保护局； 意方：意大利 Studio Galli Ingegneria 公司
11		密云水库保护项目	通过前期调研制订密云水库水污染综合防治计划，提出密云水库给水区可持续发展总方针，并完成技术报告	20	中方：密云县环境保护局； 意方：意大利 Studio Galli Ingegneria 公司

序号	项目类别	项目名称	项目内容	意方投资/万欧元	项目单位
12	北京市水污染防治项目	河流污染治理项目	开展了沟河流域污染情况调研，提出了直接实用的低成本即时行动方案；对沟河流域进行了污染源调查，更新了污染源地理信息系统数据库；对沟河流域6个重要断面进行了一年的水质监测，对沟河流域远程数据控制与收集系统（SCADA）进行了初步设计。建立了沟河初步水质模型；针对短期和中期水质目标，利用水质模型模拟了几种行动方案对出境断面COD的削减效果，并开展了治理试点	100	中方：市环保局、市环科院； 意方：意大利 Studio Galli Ingegneria 公司
13		通州区域水环境综合治理方案优化项目	提升北京市环境保护局和通州区的水质管理能力；内容包括水环境管理能力建设，水质监测、分析、预测及管理手段方面的技术支持，先进污水处理技术的筛选及试点项目	23.2	中方：通州区环保局、北京市环境保护科学研究院； 意方：SOGESID
14	北京市城市可持续发展及生态建设保护项目	生态城镇项目	借鉴意大利城市可持续发展经验开展北京市的小城镇可持续发展规划研究；应用这些先进的理念开展怀柔新城开发概念规划	125	中方：市环科院、首创置业股份有限公司； 意方：意大利 MarioOcchiuto Architetture 公司
15		城市生态建筑	完成建筑的概念设计，包括初步的建筑方案、结构方案和技术方案，通过项目将意大利和欧盟的城市生态建筑理念和文化引进到北京城市开发项目中	50	中方：北京金隅嘉业房地产开发公司； 意方：意大利 MarioOcchiuto Architetture 公司

序号	项目类别	项目名称	项目内容	意方投资/万欧元	项目单位
16	北京市城市可持续发展及生态建设保护项目	延庆意大利花园	结合北京郊区休闲公园建设，按照意大利专家的设计方案在延庆县建设意大利风格花园，提升了延庆县生态文明建设水平，丰富了延庆的旅游资源	150	中方：北京市延庆县环保局、市市政管委；意方：意大利 MarioOcchiuto Architetture 公司
17	北京市有害废物管理	危险废物处理研究	调查北京市危险废物产生和处理现状，测绘勘查北京市危险废物处理中心拟建场址，为北京市有害废物综合处理设施建设的可行性研究提供技术支持	35	中方：北京生态岛科技有限公司；意方：意大利 CONSORZIO G.A.I.A
18		北京市污染场地调查和治理示范项目	支持北京市研究建立污染场地环境管理标准规范、评估与修复技术、示范工程、培训与能力建设四个方面的内容。提交《污染场地管理办法（草案）》《场地环境评价技术导则》《北京市场地土壤风险评价筛选值》《污染场地修复验收技术规范》《北京焦化厂场地风险评价与修复对策研究》等 11 份研究报告。其中，《场地环境评价导则》作为北京市地方标准发布，《场地环境评价风险筛选值》《污染场地修复验收技术规范》和《重金属污染土壤填埋场技术规范》成为 2011 年发布的地方标准	440	中方：北京市固体废物管理中心、市环科院；意方：意大利 D’Appolonia 公司、意大利 DFS 公司

序号	项目类别	项目名称	项目内容	意方投资/万欧元	项目单位
19	支持北京市环境管理能力建设类	培训项目	截至2016年，北京市环保系统和各政府部门共560人次赴意大利参加了环境与可持续发展高级培训，学习了解意大利和欧盟的环保法规、政策、管理手段、先进技术及应用情况。培训对于提升北京市环保系统人员素质、加强环境管理能力做出了积极的贡献	140	中方：市环保局； 意方：意大利威尼斯国际大学、都灵大学
20		轿车和轻型车尾气排放检测试验室	机动车污染已经成为北京市大气污染控制的重点，支持北京市建设机动车排放管理实验室，为制订机动车排放管理政策提供技术支持	370	中方：北京市机动车排放管理中心； 意方：C.R.F（Centro di Ricerca FIAT）、AVL
21		环境健康影响领域合作项目	开展环境健康影响领域合作准备工作，北京市卫生局派团考察了意大利的医疗管理和急救系统	9.3	中方：北京市卫生局； 意方：意大利VIVA集团
22		北京市污染源排放清单技术支持	借鉴意大利污染源清单编制方法和排放因子的核定方法、污染源清单更新机制，选取典型污染源验证各类污染源排放清单编制方法的适用性和不确定性，为科学制定北京市污染源排放清单以及进行污染源清单更新提供参考和指导	70	中方：市环科院； 意方：意大利D' Appolonia公司、APPA
23		世界城市环境目标研究	支持市环保局开展世界城市环境污染治理等方面的措施和经验研究，为制定实现世界城市目标的环境路线图提供技术和政策支持	40	中方：市环保局； 意方：意大利D' Appolonia公司

序号	项目类别	项目名称	项目内容	意方投资/万欧元	项目单位
24	合作开展宣传活动	环境宣传项目	在北京举办中意北京“绿色奥运”环保合作庆祝活动，通过在人民大会堂举办大会、拍摄宣传片、制作合作项目宣传册等宣传合作项目及成果	21	中方：市环保局、北京市环境保护宣教中心；意方：意大利 VIVA 集团
25		举办“意大利支持北京可持续发展”大会项目	在北京举办中意北京“绿色奥运”环保合作庆祝活动，通过在人民大会堂举办大会、拍摄宣传片、制作合作项目宣传册等宣传合作项目及成果	80	中方：市环保宣传中心；意方：意大利 VIVA 集团
26		合作项目宣传活动	在北京市环保宣传中心办公楼建立长期意大利合作展示中心，综合展示合作项目及成果，改善了宣传中心的展示设施	60	中方：市环保宣传中心；意方：意大利 MarioOcchiuto Architetture 公司

二、美国

（一）美国国家环保局（USEPA）等机构

1980 年，中美两国政府签订了《中美科技合作议定书》。1983 年，市环保所技术人员随“中国高级环境科学家代表团”访美，参加了与美国国家环保局（EPA）的谈判，初步确定了与科尔环境研究所共同开展“土壤与地下水污染”项目合作研究。1984 年 7 月，美国国家环境保护局代表团访华，进一步落实合作研究事项，将“土壤与地下水污染”研究列为重点和长期合作研究的主要内容。通过中美双方共同研究，其成果以论文形式分别在中国、美国、英国权威性学术刊物上发表。市环保所运用合作研究的技术成果，承担了国家“六五”“七五”重大科技攻关项目，多项技术在国内推广应用。

2004 年 11 月，在中美双边环保合作框架下，市环保局与美国国家环境保护局（EPA）就北京柴油车改造示范项目签署了合作协议。美国 EPA 出资 20 万美元，使用通过美国 EPA 或加州空气质量资源局认证的技术设备，支持北京开展柴油车改造工作。项目选取 25 辆排放水平分别为欧 I 及欧 II 的在用车辆作为被改造车辆开展试点工作，美国西南研究院通过竞标成为项目执行单位，具体负责改造、测试及评估工作。该项目于 2008 年上半年结束，取得了一定的效果，成为北京市在柴油车改造方面一次积极有益的尝试，并制定了北京市柴油车颗粒物排放治理技术指南，为今后的治理工作奠定了基础。

2006 年 10 月 23 日，市环保局裴成虎副局长会见了来京参加第二届区域空气质量管理国际研讨会的美国国家环境保护局助理署长比尔 •魏伦先生。双方表示希望保持密切联系，共同分享大气污染治理以及其他解决环境问题的经验。

2011 年 7 月 26 日，美国国家环境保护局空气质量管理专家戴尔 •艾维特（Dale Evert）来市环保局交流。11 月 7 日，美国国家环境保护局大气司高级环保政策专家 Jeremy Schreifels 先生应邀到访市环保局，就美国污染物总量控制与交易体系的设计和运行经验与市环保局有关人员进行了交流。

2013 年 12 月 9 日，市环保局陈添局长接待了应环保部周生贤部长邀请来华访问的美国国家环境保护局局长吉娜 • 麦卡锡女士一行。麦卡锡局长在其官方微博上发表文章，谈到访问市环保局的收获，表示应该为北京市有这么成熟的空气质量监测系统和实验室鼓掌，这对于了解空气污染的来源、制定有针对性的治理措施至关重要。

（二）加利福尼亚州环保局

美国加州的空气污染治理一直走在美国乃至全球前列，特别是防治机动车污染的措施和经验，对北京市很有借鉴意义。2005 年 11 月，市环保局与美国加州环保局签署了《合作备忘录》，并于 2007 年 4 月进行了修订。双方同意在环境保护的诸多领域加强沟通与合作。

2007 年 11 月 5—7 日，市环保局邀请加州环保局机动车尾气污染控制方面的专家来京，举办了为期三天的机动车尾气排放管理研讨会。双方就机动车排放控制的技术、政策、法规以及执法等方面的问题进行了详细的研讨。

2009 年，在美国国际开发署资助的生态亚洲（ECO-ASIA）项目资金支持下，市环保局邀请美国加州环保局空气资源局（CARB）专家来局进行专题研讨。4 月 23—24 日，CARB 代表团参观考察了机动车排放管理工作，并与局机关各处室就大气固定污染源污染控制的法规政策、监测、监督以及执法经验进行了交流。11 月 2—6 日，CARB 专家在京与市环保局举办了为期一周的 “大气污染控制和温室气体排放”研讨会。双方就空气质量管理、污染源监测、排放许可与交易、执法监管、流动源管理、法规标准制定程序等专题进行了深入热烈的交流和讨论。局机关和下属单位管理、技术人员 150 余人次参与了交流和研讨。与会人员认为此次研讨会为局系统管理和技术人员提供了一个很好的交流平台，加州在治理空气污染方面的管理和技术措施有许多值得我们学习的地方。

2013 年 4 月 10 日，李晓华总工程师会见了随布朗州长访问北京的美国加州环保局罗德奎兹（Matthew Rodriquez）局长以及来自加州能源委员会和州长办公室的代表，并与罗德奎兹局长再次签署新的合作备忘录。双方同意在原有合作的基础上，整理新的合作备忘录框架文本，力求进一步深化在环境保护长远规划、法规与制度建设、科学研究以及能力建设等多个方面的合作。10 月 16 日，罗德奎兹局长再次访问市环保局，与李晓华总工程师讨论具体合作意向和模式。罗德奎兹局长一行参观了北京市中心空气质量自动监测系统及实验室，对北京市空气质量监测系统的成熟和有效运行表示赞叹。同年 11 月，市环保局有关人员应邀赴加州空气资源管理局进行为期 3 个月的机动车排放管理专题培训。

2016 年 6 月 7 日，李晓华副局长与加州环保局签署了《环保合作备忘录》，双方确认在大气、水、土污染防治等各个领域继续加强合作。

（三）科技合作

2000 年 6 月 27 日，市环保局与美国佐治亚理工学院在京签署了合作研究北京大气能见度的备忘录，该校凯斯教授等多名专家来京通过技术研讨会、小范围交流等方式，向市环保局介绍了美国在大气气溶胶与能见度方面开展的研究及取得的成果，美方专家与北京大学唐孝炎教授等合作，向市环保局提交了有关报告。这是北京市首次开展气溶胶方面的研究工作。

三、法国

（一）北京市空气质量自动监测系统项目

项目背景：1983 年北京市从美国引进了空气质量自动监测系统，包括分布在城近郊区和清洁对照点的 8 个固定监测子站，位于市环保监测中心的计算机控制室、质量保证实验室和技术支持室。多年来，空气质量自动监测系统积累了大量的大气环境质量数据，为北京市环境管理和决策提供了有力的支持。在建设该系统时，北京市对城市发展进行了科学预测，提出与城市未来发展规模相适应的空气质量监测系统应扩展到 30 个监测子站。

1997 年，市环保局提出利用法国政府贷款扩建北京市空气质量自动监测系统项目的立项建议书，经北京市计委批复正式立项（京计国土字〔1997〕759 号）。1998 年，市计委批复同意项目的可行性研究报告（京计国土字〔1998〕第 1183 号）。

项目内容：建设 16 个空气质量自动监测子站，改造数据采集系统和中心计算机房，改造质量保证实验室等。每个子站的监测项目包括二氧化硫、氮氧化物、一氧化碳、臭氧、可吸入颗粒物、气象参数。同时配置 5 台总碳氢分析仪，用于不定点调查监测。

项目投资：总投资为 4 256 万元，其中利用法国政府贷款为 2 000 万法国法郎（约合 332 万美元），折合人民币约 2 756 万元，配套人民币 1 500 万元。

实施情况：项目由市环保监测中心负责实施，1998 年启动，2000 年 6 月完成。

主要工作：一是 1998 年 9 月，通过北京国际贸易公司与法国环境 SA 公司签署设备采购合同，设备按计划到货。二是开展扩建监测系统的相关准备工作。2000 年 12 月将扩展子站布点方案报批，组织并依靠各区县环保局对新建子站具体点位进行详细调查，完成 16 个子站的土建、供电和通信线路建设，包括部分子站周边环境绿化整治。改造市环保监测中心原计算机控制机房，实现恒温和净风控制，改造质量保证实验室和技术支持实验室，配备相应设备，改善工作条件，完成了恒温恒湿颗粒物天平称量室的建设。三是开展技术培训，包括赴法国的技术培训和内部技术培训。

项目效益：利用法国贷款扩建空气质量自动监测系统项目产生了良好的效益，为各区县政府向当地公众发布区域空气质量报告做好了准备，为北京市制定全市范围的治理目标和考核提供了支持。中心机房的改造建设，使北京市空气质量监测系统的数据综合能力和演示能力得到提升，建立了市环保监测中心与北京市气象台的空气质量预测预报会商系统，从技术手段上保证了空气质量预报的业务运行，确保了北京每日空气质量预报的准时发布，培养了新一代的年轻技术队伍。

（二）法国财政部资助雷达项目

2007 年 4 月，在法国财政部的全额资助下，市环保局及市环保监测中心与法国 ARIA Technoligies SA 和 LEOSPHERE SAS 公司签署了空气污染模型——激光雷达合作项目。项目将帮助市环保局提高对高空气溶胶浓度的监测能力，同时获得的实施数据与模型预测进行对比，分析、预报高空混合层的颗粒物浓度，从而提高对空气质量的预测能力。

2008 年，ARIA 公司提供的预报模型系统在市环保监测中心安装使用，LEOSPHERE SAS 公司提供的激光雷达设备也运抵北京。

（三）巴黎大区

2000 年 11 月，市环保局赵以忻局长率团赴法国巴黎与巴黎大区环境保护局签署了《合作备忘录》，并参观了巴黎大区空气质量监测中心，就空气质量监测网络建设进行了交流。

2001 年 6 月，以巴黎大区环保局局长为团长的环境代表团来到北京进行回访，考察了北京市污染治理设施，双方进行了专题研讨和技术交流。

2005 年 10 月 31 日，市环保局史捍民局长会见了法国巴黎大区副主席汪布依、环保局局长拉虎及可持续发展中心主任等一行 6 人，双方进行了富有成效的会谈，一致同意在水污染、大气污染、固体废物污染防治、环境监测以及节能和可再生能源利用等方面，进一步开展合作，将环保合作提升为两市友好合作的重要部分。11 月 1 日，巴黎大区政府代表团在密云水库空气质量监测子站参观。

2011 年 10 月，陈添局长等 5 人应邀访问法国巴黎大区政府，与负责中国事务的巴黎大区议员纪尧姆商讨环保合作计划，并与巴黎大区空气质量监测中心进行技术交流，考察空气质量监测评价和预报工作。

2014 年 9 月，监测中心与巴黎大区空气质量管理中心（Airparif）签订了为期 3 年的《合作备忘录》。双方确定将提高空气质量预报水平作为第一年合作项目，开展中法专家互访，学习和引进在预报方面的先进技术和管理经验。

（四）南特市

1998 年 2 月 22 日—3 月 7 日，根据北京市和法国南特市政府签订的合作协议，以南特市政府水政管理处乔治·贝鲁先生为团长的法国南特市环保代表团访问北京市，并在“中—法水环境管理研讨会”上，介绍了法国及南特市的水环境管理情况。市环保局有关人员赴南特市参加了为期 3 个月的环境管理培训。

四、日本

（一）日本国际协力机构（JIKA）

1990 年以来，市环保局通过科技部、环保部等部门，陆续派遣市环保局系统人员，赴日本参加 JIKA 项目主办的各类环保专题培训。1990—2010 年，全局系统有 20 余人参加。

1991 年 5 月 3 日，日本国务大臣兼环境厅长爱知和男一行 9 人与市环保局座谈大气污染防治。日本客人认为防治汽车尾气污染，不仅要采取净化措施，还要控制汽车数量，并表示愿在治理污染和改善环境方面，向中国提供帮助。日本客人还在西苑饭店顶层观察了北京市的大气污染状况，参观了北京市空气质量自动监测系统。

（二）东京都政府

1987 年，根据北京—东京友好城市交流协议，市环保局与日本东京都环境保全局开展了互访和交流考察活动。11 月 9—19 日，以江小珂为团长的北京市环保考察团在日本东京都进行了为期 11 天的考察。根据考察情况，考察团向市政府提出必须“继续严禁在密云、怀柔水库开展旅游，禁止在两库发展网箱养鱼”的建议，为进一步保护首都的重要饮用水水源、全部撤销怀柔水库的网箱养鱼、控制密云水库的网箱养鱼面积提供了重要决策依据。

1988 年,以东京都环境保全局局长相原繁为团长的东京都环境保护考察团来华访问，双方就环境规划、环境立法、大气和水污染防治对策、建设项目管理等情况进行交流，探讨了环境保护工作的经验和教训。

1989 年，市环保局派 2 名管理人员赴日本就环境保护科研、信息管理和环境影响评价进行为期 46 天的研修。根据日本非工业项目环境影响评价的经验和环境信息管理系统，市环保局开展了第三产业建设项目环境影响评价，并提出了北京环境保护信息管理系统模式。

1990 年,以东京都环境保全局管理部计划室尾崎瑛二为团长的东京都环境保护考察团访华，双方就防治大气污染、水源保护及污染控制对策进行了交流。

1991 年 9 月 3—11 日,以市环保局副局长史捍民为团长的北京市环境保护考察团一行 6 人，在日本东京都进行了为期 9 天的考察。拜会了东京都副知事金平，并顺访了东京和奈良。

2010 年 11 月，庄志东副局长等应邀赴东京出席东京都政府举办的 C40 气候变化技术论坛，介绍了北京市在大气污染控制和节能减排方面开展的工作，并访问了东京都环境局。

2013 年 4 月 16 日下午，李晓华总工程师会见了来京出席环保部中日环保合作中心举办的大气污染控制研讨会的东京都环境局环境政策担当部长松下明男一行。

2013 年 10 月 28 日—11 月 2 日，市环保局方力副局长率团应邀访问东京，出席东京环境局主办的空气污染治理专题研讨会，向日方介绍了北京市新出台的 2013—2017 年清洁空气行动计划。

五、瑞士发展合作署

2010 年 10 月，在环保部与瑞士外交部瑞士发展合作署签署的合作备忘录框架下，市环保局与瑞士驻华大使馆、瑞士发展合作署以及瑞士机动车排放控制技术认证（VERT）协会专家进行了多次会谈，探讨在北京开展非道路用动力机械污染治理的合作意向。

2011 年 5 月，市环保局与瑞士发展合作署签署了《减少移动源黑炭排放合作协议》。协议商定双方将在北京开展非道路动力机械车排放控制合作，瑞士方面将提供必要资金和技术支持。项目由北京市机动车排放管理中心负责实施。合作项目内容包括：瑞士方面向北京市提供非道路动力机械排放控制管理咨询服务、选择典型设备开展改造试点以及人员交流与培训。

2011 年 12 月 5 日，市环保局与瑞士发展合作署联合在京举办非道路动力机械排放控制技术研讨会。

2012 年 7 月 6 日，洪峰副市长率团访问了瑞士联邦环境署（FOEN），市环保局陈添局长等陪同访问。

2013 年 11 月，瑞士联邦环保署空气污染与化学品控制司司长马丁西斯（Martin Schiess）先生及瑞士驻华使馆官员访问市环保局，交流空气污染控制工作。同月，市领导洪峰同志在市环保局会见了在京访问的瑞士联邦外交部瑞士发展合作署署长马丁·达辛登一行。市环保局陈添局长、李晓华总工程师和相关业务处室主要负责人参加了会见。

六、友好城市交流

（一）莫斯科

2000 年 11 月，市环保局赵以忻局长率团赴莫斯科访问，与莫斯科自然资源与环境保护局签署了《合作备忘录》，并考察了莫斯科生态建设和水资源保护工作。

2001年6月,莫斯科市自然资源与环境保护局局长博钦率代表团回访市环保局，并赴上海访问。

2005年8月22—28日，莫斯科市自然资源和环境保护局局长博钦携莫斯科市政府代表团访问市环保局，就环保方面的监控、环境友好交通技术、高品质燃油、城市公园等问题进行座谈。

（二）堪培拉

2001年，史捍民副局长率23人代表团，随刘敬民副市长出席堪培拉市政府举行的友好城市周年庆典，参加堪培拉与市环保局联合举办的“城市绿色行动计划”研讨会。

2001年10月,市固管中心主任率市环保局系统10位年轻业务骨干赴澳大利亚进行为期1个月的业务培训，这是市环保局首次利用国家外专局和市引智办资助组团赴国外接受业务培训。

（三）首尔

1994年6月22—28日，以市环保局局长赵以忻为团长的北京—汉城友好城市访问团一行6人，赴韩国汉城进行友好访问。

2009年6月17日，首尔特别市政府气候变化局局长金荣翰专程来京拜会史捍民局长，探讨在气候变化和空气污染治理方面的合作。

2009年7月6日上午,韩国首尔市环保局大气管理课课长李仁根率团到市环保局参观考察，并就两市大气污染治理及空气质量监测预报等进行座谈与交流。

2011年7月,杜少中副局长等4人应邀访问首尔市气候变化和空气质量局交流空气质量管理工作。9月28日，市环保监测中心应韩国首尔市政府气候变化与空气质量管理局邀请，赴韩国参加首尔市政府举办的“改善空气质量国际研讨会”。

2015 年 11 月 4 日“北京首尔混委会”第二次全体会议在北京召开，王安顺市长与首尔市市长朴元淳率两市相关各职能部门负责人共同出席。会议期间，两市市长见证签署了“混委会”增设环保组的合作备忘录。方力副局长代表市环保局在全会上发言。同日下午，市环保局和首尔市气候与环境本部共同举办了“北京首尔空气质量研讨会”。首尔市气候环境本部刘载龙部长及北京市环境保护局李晓华副局长全程参加了研讨会。

（四）雅加达

1996 年 10 月 15—21 日，根据北京—雅加达 1996 年友好城市交流项目协议，以阿伦・马布先生为团长的雅加达环境代表团来京进行了 6 天的友好访问。代表团在京期间，会晤了市环保局领导，并就大气和工业污染防治、生态保护和环境管理等问题进行了座谈，参观了市环保监测中心及培训中心、高碑店污水处理厂、燕化公司和密云水库。

1996 年 12 月 25—29 日，根据北京—雅加达友好城市协议，市环保局组织的环境保护考察团对印度尼西亚雅加达市进行了为期 5 天的考察。

第四节　与国际环保非政府组织交流

一、与大城市气候变化领导集团（C40）的交流

2005 年 10 月 3—5 日，伦敦市长利文斯通发起组织了第一届世界大城市气候变化峰会，邀请全球近 20 个城市市长参加（故简称 C20 峰会），大会宣布成立大城市气候变化领导集团（简称 C20 集团）。应伦敦市长邀请，市环保局史捍民局长随吉林副市长参加了在伦敦举办的首届大城市气候变化峰会，介绍了北京市自 1997 年以来采取的空气污染治理措施，以及这些措施在应对气候变化方面起到的作用。

2006年8月，伦敦市长利文斯通与美国前总统克林顿宣布大城市气候变化领导集团与克利顿基金会建立合作伙伴关系，在全球范围的大城市开展提高能源效率、减少碳排放的活动，C20集团更名为C40集团。

2007年5月，应纽约市政府邀请，市环保局史捍民局长率团参加了在美国纽约市举办的第二届大城市气候变化峰会。

2008年6月，市环保局和卫生局派员出席了纽约市政府举办的C40气候变化技术会议，与世界大城市交流空气质量管理经验。

2009年5月，黄卫副市长率团出席了由首尔市政府举办的第三届大城市气候变化峰会，黄卫副市长介绍了2008年北京市成功举办第29届奥运会在“绿色奥运”方面取得的成就。市环保局史捍民局长随团出访。

2011年9月28—30日，市环保局陈添局长率团出席了丹麦哥本哈根市政府举办的C40“世界气候变化解决方案”研讨会。陈添局长介绍了北京市通过筹办、举办2008年奥运会，提出了“绿色奥运”理念，以及后来提出的“绿色北京”发展战略，坚持在发展中解决环境问题，以环境保护促进经济社会可持续发展的经验和成效。

2012年12月，市环保局派员出席了由澳大利亚墨尔本市主办的C40气候变化技术会议，介绍了北京市清洁“绿色北京”环保行动。

2013年10月，C40官方博客介绍了北京市新出台的2013—2017年清洁空气行动计划。C40自创立以来，通过举办峰会和技术会议，逐渐成为世界大城市间交流合作和展示各自成就的一个平台。北京市虽然没有正式注册成为会员，鉴于北京在国际舞台上越来越重要的作用，历次重要活动C40秘书处均全力邀请北京市参加，并积极主动地联络市环保局、市外办、市发改委、市交通委等部门。各次会议北京市都通过不同方式，向与会城市代表介绍北京市近十年来采取的改变能源结构、开发可再生能源、发展公共交通、治理机动车污染和工业污染等措施，宣传这些措施在削减SO_2、NO_x、PM_{10}等常规污染物排放、改善北京市环境质量的同时，对减少CO_2等温室气体排放也做出了巨大贡献。对宣传北京市的环保工作和“绿色奥运”“绿色北京”理念、加强同世界大城市交流互信发挥了积极作用。

二、与亚洲城市清洁空气行动中心（CAI-Asia）的交流

亚洲城市清洁空气行动中心（CAI-Asia）成立于2001年，是由亚洲开发银行、世界银行、美国国际发展署联合倡议的全球行动组成部分，致力于推广和示范创新方法，改善亚洲城市的空气质量。自2001年起，每两年举办一次的“为了更好的空气质量”大会，成为亚洲空气质量管理领域具有重大国际影响的学术会议。随着北京奥运会的临近，北京的环境质量特别是空气质量受到国际奥委会以及国际社会的广泛关注。

2008年5月，CAI-Asia执行主任苏菲·朋特专程拜会市环保局史捍民局长，希望在其网站上设立2008奥运会空气质量专页，向国际社会宣传北京的空气污染治理措施和空气质量信息。通过沟通与探讨，双方达成一致意见，CAI-Asia在其网站设立的北京奥运空气质量专页，关于北京的全部信息来源于市环保局通过网站及其他途径正式发布的信息。奥运会前夕，市环保局大气处、市环保监测中心等负责人接受了CAI-Asia工作人员专访，正式开通其北京奥运会空气质量网页，介绍以北京为主的7个奥运城市的空气质量情况及措施，栏目包括奥运城市的空气质量措施、空气质量数据、有关研究报告、数据分析及图表、相关链接、问题解答等。此外，奥运期间CAI-Asia还组织国际专家回答网站接到的有关北京空气质量的问题，客观有效地支持了北京市开展的对外宣传工作。10月，CAI-Asia在曼谷举办第五届“为了更好的空气质量”大会（BAQ2010），授予市环保局原局长史捍民“Kong Ha Award”（夏港奖），以表彰史捍民局长在北京奥运会期间，在空气质量管理方面做出的突出贡献。

2010年11月，姚辉副巡视员参加了在新加坡举行的第六届“2010为了更好的空气质量”大会（BAQ2010），并做“北京2008奥运后空气

质量更好”的主题演讲，介绍了北京市在 2008 年奥运会后继续采取的空气质量改善措施和空气质量持续改善成就。

2011 年，市环保局派员参加了 CAI-Asia 与上海市环保局共同举办的“第三届上海清洁空气论坛暨世博会空气质量保障成果总结研讨会”并发言。

2012 年，市环保宣传中心与 CAI-Asia 北京市办公室合作编写了《北京市清洁空气报告 2012》（中英文版）。12 月 3—8 日，市环科院和环保宣传中心应邀派员出席了在中国香港举办的第七届“2012 年为了更好的空气质量”大会。

2014 年，市环保监测中心张大伟主任应邀出席 CAI-Asia 在斯里兰卡举办的第八届“2014 年为了更好的空气质量”大会，介绍了北京的大气污染治理工作。

三、与能源基金会（美国）的交流

能源基金会（The Energy Foundation，EF）总部设在美国旧金山，其目标是努力提高能源效率，发展可再生能源和推动一些未来清洁能源重要组成技术的应用。1999 年 3 月，能源基金会在中国启动了可持续能源项目，并在北京建立了项目办公室。

2011 年，市环保局与美国能源基金会通过组织多次交流和探讨，促成市环保局所属市环科院与美国能源基金会合作，主要围绕北京市大气法的修订开展美国大气污染防治法规研究。5 月底，市环科院与能源基金会签署了捐赠协议，提供 6 万美元资金正式启动合作计划。7 月和 11 月在京举办了两次空气质量管理研讨会；8 月提供部分资金，资助市环保局 7 人代表团，完成赴美考察调研大气污染控制政策相关任务。

2012 年 9 月，市环科院再次与能源基金会签署了捐赠协议，再次提供 6 万美元资金继续支持北京市开展大气污染防治法规国际经验研究。此外，能源基金会分别于 7 月和 9 月按市环保局要求邀请美国专家来京举办污染物总量控制制度专题研讨会。

2013 年 7 月，美国能源基金会提供部分资金资助市环保局 20 人空气质量管理培训团完成赴美专题培训。11 月，其再次与市环科院签署捐赠协议，提供 8 万美元资金支持北京市开展污染物排放许可证制度等方面的研究。

此外，根据北京市机动车污染防治工作的具体需要，能源基金会长期支持中央和北京市的机动车研究机构，开展机动车排放标准及排放控制措施研究，资助相关技术人员与美国的研究机构开展技术交流。除具体合作项目外，能源基金会与市环保局共享其美方专家资源，长期聘用的一些资深专家如前美国加州空气资源委员会主席凯瑟琳·薇姿博恩、前康涅狄格州空气质量主管克瑞斯·詹姆斯和国际清洁交通委员会资深顾问迈克·沃尔什先生等，根据市环保局需要每年来京参加市环保局组织的研讨会、讲座以及新闻宣传活动。

四、与其他机构的交流

（一）与绿色和平组织的交流

绿色和平是绿色和平组织的简称，总部设在荷兰的阿姆斯特丹。绿色和平中国分部于 1997 年在中国香港成立。

2005 年前后，绿色和平等环保组织在北京提倡“少开一天车”活动，得到市环保局认可，后经市环保局积极推动，使该活动成为北京市减少大气污染物排放的一个重要措施，受到了市民的积极响应，获得了良好的效果。

2008 年，绿色和平发布了题为《超越北京，超越 2008》的奥运评估报告，认为整体而言，北京奥组委和北京市政府在过去的 10 年里，利用筹备奥运会的契机，积极地推动环保政策和措施，在经济高速增长的同时，稳定甚至减少了污染物的排放，改进了城市的基础设施建设，为北京留下了一笔可观的奥运遗产。

此后，市环保局与绿色和平北京办公室一直保持良好沟通，就其涉及北京的相关工作交换意见。

（二）与美国环保协会的交流

美国环保协会在以奥运为契机推动绿色出行方面与市环保局宣传中心开展了长期的协作，2009 年 3 月，该协会出版了《绿色出行北京 2008 报告》。奥运会后将绿色出行理念推广到上海世博会、广州亚运会等国内重大活动中。

第五节　环保国际公约履约工作

一、臭氧层保护

国际臭氧层保护公约体系由《臭氧层保护维也纳公约》《关于消耗臭氧层物质的蒙特利尔议定书》及其修订案组成。1989 年，中国政府正式加入《维也纳公约》，1991 年加入《蒙特利尔议定书》，并按照承诺开展了一系列的履约工作。

1995—2008 年，通过国家环保总局提供的国际援助资金，北京市 8 家泡沫生产企业完成了 CFC 替代改造工作，8 家汽修企业配备了 CFC 回收设备。

2000 年，市环保局在市科委支持下，首次开展了《北京市保护臭氧层工程实施行动方案研究》，对北京市涉及消耗臭氧层物质（ODS）的生产、使用情况进行了全面调查，并提出了按照国家履约行动计划完成北京市工作的工作方案。

2007 年 12 月，市环保局与国家环保总局对外合作中心签订了《加强地方消耗臭氧层物质（ODS）淘汰能力建设项目协议书》，总体目标是通过开展调研摸清家底，分级建立 ODS 生产和使用企业信息系统，建立数据申报、登记和核查制度；通过落实国家 ODS 淘汰政策，开展执法检查等工作，保证国家 2007 年和 2010 年履约目标的实现；通过宣传培训，进一步提高地方政府和公众的履约意识，培养建立一支具有较全面履约知识和能力的履约队伍，建立起中央和地方协调配合的工作机制。项目于 2012 年完成并经过验收，实现了预定目标，建立了市区两级 ODS 数据库，并要求各区县将 ODS 纳入年度污染源申报，建立常规监管机制。

2013 年，市环保局与环保部对外合作中心签订了《加强地方消耗臭氧层物质（ODS）淘汰能力建设二期项目协议书》。2013—2016 年，开展了第二阶段的履约能力建设。具体工作包括：①开展 ODS（重点为 HCFCS、甲基溴）基本情况调研，更新 ODS 生产、销售、使用和进出口企业信息系统；②将对 ODS 淘汰相关活动管理和执法检查纳入常规管理和污染检查内容；③协助环境保护部对辖区内 ODS 生产、使用和进出口企业落实 ODS 配额管理；④协助环境保护部对执行多边基金项目的企业实施重点监督管理；⑤开展地方政府履约机构和队伍建设；⑥通过多渠道多种形式的宣传培训活动，进一步提高地方政府和公众的履约意识和履约能力。

二、生物多样性保护

《生物多样性公约》是一项保护地球生物资源的国际公约，1992 年 6 月联合国环境规划署发起的政府间谈判委员会通过，于 1993 年 12 月 29 日生效。1993 年中国政府正式加入该公约。

“十一五”期间，北京市完成生物多样性评价试点工作，形成《北京市生物多样性调查与评价报告》，初步摸清北京市动植物种类、物种入侵、受威胁程度等情况，生物多样性就地保护、迁地保护工作取得成效，林木有害生物防治工作进一步加强。

2012年，市环保局组织编制完成了《北京市生物多样性战略与行动计划》，提出了北京市生物多样性保护的指导思想、基本原则、战略目标、战略任务，划定了北京市生物多样性保护优先区域，提出了北京市生物多样性保护优先领域与行动、优先项目，但尚未正式发布北京市生物多样性保护战略与行动计划。

三、危险废物控制

《控制危险废物越境转移及其处置的巴塞尔公约》（以下简称《巴塞尔公约》）于1989年3月签订，1992年5月5日生效。1990年3月22日，中国政府签署并加入了《巴塞尔公约》。

市环保局所属北京市固体废物和化学品管理中心负责北京市危险废物管理工作，依法对危险废物的产生、收集、贮存、运输、利用、处置、转移等实施全过程监督管理。

截至2012年年底，北京市持有危险废物经营许可证的单位共有13家，经营范围覆盖47类危险废物，处置工艺包括危险废物焚烧、水泥窑共处置、有机溶剂、废矿物油、废含铜蚀刻液的综合利用，核准的经营规模24.79万t/a，2010年实际处置利用危险废物8.82万t，形成了以运输、安全处置、综合利用为一体的危险废物综合处置平台。

四、危险化学品管理

《关于在国际贸易中对某些危险化学品和农药采取事先知情同意程序的鹿特丹公约》（以下简称《鹿特丹公约》）于1998年9月10日签订，2004年2月24日生效。1998年中国政府签署了《鹿特丹公约》，2005年6月20日对中国生效。

2012年，经市编办批准，市环保局所属的北京市固体废物管理中心更名为北京市固体废物和化学品管理中心，增加人员编制，设置化学品管理科，强化了化学品环境管理工作。

北京市重点开展了有毒化学品进出口预审核查、持久性有机污染物污染防治、新化学物质环境监管、污染场地评价修复等工作，北京市化学品环境管理已走在全国的前列。

五、持久性有机物管理

《关于持久性有机污染物的斯德哥尔摩公约》（以下简称《斯德哥尔摩公约》）于 2001 年 5 月 22—23 日签订，中国政府于 2001 年 5 月 23 日签署了《斯德哥尔摩公约》，2004 年 6 月 25 日批准了公约，公约于 2004 年 11 月 11 日正式对中国生效。

自 2001 年起，北京市陆续将所有淘汰的含多氯联苯（PCB）的电力装置及其污染物全部进行安全处置，已无滴滴涕等 POPs 类杀虫剂的生产、销售、使用和库存，也没有杀虫剂类 POPs 废物，对已识别的 POPs 污染场地完成了无害化治理。

为加强对二噁英排放的控制，北京市在生活垃圾焚烧和危险废物焚烧领域制定了严于国家标准的二噁英排放地方标准。

2012 年，按照环保部要求，市环保局编制了《北京市持久性有机污染物“十二五”污染防治规划》，并组织实施。

六、气候变化

气候变化公约包括《联合国气候变化框架公约》（以下简称《公约》）和《京都议定书》（以下简称《议定书》），《公约》是一个基本框架，于 1992 年 6 月签署，1994 年 3 月 21 日正式生效。1992 年 6 月 11 日，中国政府签署了《公约》，1993 年 1 月 5 日，中国批准了《公约》。1998 年 5 月，中国签署并于 2002 年 9 月核准了《议定书》。

1994 年，市环保局组织开展了加拿大政府资助的《中加合作项目——北京市温室气体排放及减排对策研究》，测算了北京市 1991 年的温室气体排放清单，北京市排放的温室气体二氧化碳当量合计 7 672 万 t。

2009 年，市环保局组织市环科院完成了北京市温室气体排放清单编制工作。据测算，2007 年北京市温室气体排放总量扣除碳汇后为 1.17 亿 t 二氧化碳当量。

2010 年，北京市成立了由市长任组长，主管副市长任副组长，市发改委、市环保局、市教委、市科委、市财政局、市政府外办等部门为成员的北京市应对气候变化和节能减排领导小组，制定了《北京市应对气候变化方案》。

2011 年，市发改委牵头制定了《北京市应对气候变化“十二五”规划》。

2012 年，国家发改委把北京作为首批碳排放权交易试点地区，同年 3 月，北京市碳排放权交易试点正式启动。

第六节　国际奖项

北京市在控制空气污染所采取的各项措施及取得的成绩，得到了国际社会的认可。联合国环境规划署、国际奥委会、美国能源部等国际机构和政府组织，以及亚洲城市清洁空气行动计划中心、美国绿色建筑协会等非政府组织，通过不同方式为北京市颁奖，对北京改善空气质量的努力及取得的成绩予以认可。

1987 年，联合国环境规划署（UNEP）决定，于“6·5”世界环境日对在 1987—1991 年世界范围内为改善人类生存环境做出突出成就的个人和单位授奖，名额总数 500 个，称为“全球 500 佳”。北京市大兴县留民营生态村村长张占林、“中国环境报”和林业部三北防护林建设局荣获 1987 年度“全球 500 佳”称号，成为我国第一批获此殊荣的先进个人和单位。

2005 年 5 月，美国能源部（United States Department of Energy）授予北京市环保局“清洁城市国际合作伙伴奖”，以对北京市政府推动交通领域使用压缩天然气所取得的成绩表示认可。

2007 年 10 月，联合国环境规划署（UNEP）授予北京第 29 届奥林匹克运动会组织委员会“保护臭氧层公众意识奖”。

2007 年 10 月，法国环境非政府组织举办的第 3 届空气质量大会（“呼吸大会”）授予北京“空气质量改善特别奖”及“清洁汽车奖”。

2008 年 8 月，美国绿色建筑协会（US Green Building Council）为北京奥运村颁发绿色环保金奖“能源与环境设计先锋金奖”，对北京奥运会在节能环保方面的设计理念表示充分的肯定。

2008 年 11 月，亚洲城市清洁空气行动中心（CAI-Asia）在曼谷举办的第五届亚洲“为了更好的空气质量”大会上，将首届空气质量改善“夏港”奖授予北京市环境保护局时任局长史捍民，以鼓励北京市在空气质量改善方面取得的成绩。

2009 年 3 月，国际奥委会（IOC）和联合国环境规划署（UNEP）在加拿大温哥华联合举办的第 8 届世界体育与环境大会上，国际奥委会首次向北京市颁发“体育与环境奖”，以表彰北京市在筹办和举办奥运会期间为改善环境所做出的巨大努力和取得的成绩（表 8-7）。

表 8-7　北京市获国际奖项情况

奖项名称	获奖者	授予时间	授予机构
全球 500 佳	北京市大兴县留民营生态村村长张占林、中国环境报、林业部三北防护林建设局	1987 年 6 月	联合国环境规划署
清洁城市国际合作伙伴奖	北京市环保局	2005 年 5 月	美国能源部
保护臭氧层公众意识奖	北京第 29 届奥林匹克运动会组织委员会	2007 年 10 月	联合国环境规划署

奖项名称	获奖者	授予时间	授予机构
空气质量改善特别奖及清洁汽车奖	北京市	2007 年 10 月	法国第三届空气质量大会
能源与环境设计先锋金奖	北京奥运村	2008 年 8 月	美国绿色建筑协会
夏港奖	北京市环保局局长史捍民	2008 年 11 月	亚洲城市清洁空气行动中心
体育与环境奖	北京市	2009 年 3 月	国际奥委会和联合国环境规划署

第九章　环保产业

环保产业作为伴随我国环保事业发展起来的新兴产业，为防止污染、改善生态环境、保护资源提供了技术保障。它渗透于经济活动的各个领域，是国民经济的重要组成部分。2010 年，国务院发布了《关于加快培育和发展战略新兴产业的决定》，节能环保产业是七大战略新兴产业中排在第一位的，充分表明了其重要的战略地位。近年来，随着经济社会的快速发展，环境污染问题日益凸显，全社会对环境问题的关注度也不断提高。“十一五”以来，我国经济社会发展进入了以科学发展观为统领，建设生态文明、加强生态环境保护、提高可持续发展能力的新阶段。特别是实施“节能减排”以来，环境保护投资力度迅速加大，直接带动了我国环保产业的快速发展。北京市的环境质量状况备受关注，对环境质量有着更高的要求，近年来北京市环保产业也呈现较快发展的态势。

为切实推动环保产业发展，提高政府科学决策水平，进行环保产业调查是掌握环保产业发展状况的重要手段。环保部曾会同有关部门分别于 1993 年、1997 年、2000 年和 2004 年开展过四次全国环境保护及相关产业基本情况调查。通过调查，掌握了不同时期我国环境保护及相关产业的发展状况，为开展产业研究和制定产业政策提供了基本资料，极大地推动了我国环境保护及相关产业的发展，为我国污染防治工作的深化提供了有力支撑。由于近年来我国环保及相关产业的规模、结构、布局和技术水平等都发生了较大变化，2011 年环保部会同发改委、国家统计局联合发布了《关于开展 2011 年全国环境保护及相关产业基本情况调查的通知》（环办函〔2011〕1310 号），决定开展新一轮的环保及相关产业调查。

北京市抓住此次契机，由市环保局牵头，联合市发改委、市统计局、市经济和信息化委开展了 2011 年北京市环境保护及相关产业基本情况调查，并下发了市环保局等 4 部门《关于做好 2011 年北京市环境保护及相关产业基本情况调查工作的通知》（京环发〔2012〕285 号）。调查有助于全面了解北京市环保产业的发展现状，为科学制定相关的政策和规划，进而加快培育和发展北京市环保产业提供了基础支撑；同时有利于推动北京市环境保护及相关产业统计工作体系的建设，为建立科学的环境保护及相关产业统计标准奠定了基础。

2012 年 12 月—2013 年 10 月，北京市对全市 2011 年环境保护及相关产业基本情况进行了全面调查，调查结果表明北京市的环保产业无论是总收入还是产业结构上都有新变化。

第一节　环保产业状况和趋势分析

一、北京市环保产业状况

全国和北京市分别在 1993 年、1997 年、2000 年、2004 年和 2011 年开展了 5 次环保产业调查，虽然调查项目的划分有所不同，调查对象和重点也不相同，但总体来看北京市的环保产业仍是高速发展的行业。

（一）北京市环保产业状况

北京市历次环境保护及相关产业调查的固定资产、总收入和利润的比较见表 9-1。

表 9-1　北京市环境保护及相关产业调查固定资产、总收入和利润统计

单位：亿元

年份	固定资产额	收入总额	利润总额
1993	23.6	6.8	1.7
1997	20.4	12.4	1.7
2000	102.9	44.7	6.3
2004	321.5	75.5	8.5
2011	12 802.9	2 017.3	237.5

2011 年，北京市国内生产总值为 16 000.4 亿元，环境保护及相关产业调查收入总额达到 2 017.3 亿元，占 GDP 的 12.6%。由于 2011 年的调查纳入了环境友好产品，尤其是环境标志产品，这些环境标志产品生产企业主要是一些汽车、电子产品、建材等方面的生产单位，使得本次调查的固定资产、收入总额和利润总额数值很大。

（二）北京市环保产业结构变化

由于 2004 年北京市环境保护及相关产业调查对洁净产品统计不全面，而近年来，随着国家加快建设资源节约型、环境友好型社会，认证的环境友好型产品越来越多，2011 年环境保护及相关产业调查中环境友好产品，尤其是环境标志产品，其产值和收入很大，且这类产品不属于传统意义上的环保产业，对这类产品的比较不能客观反映其发展情况，因此，考察这几年中环保产业结构的变化主要对环境保护产品、环境服务和资源循环利用产品 3 个类型进行比较。

图 9-1、图 9-2 分别为 2004 年和 2011 年北京市环保产业结构。

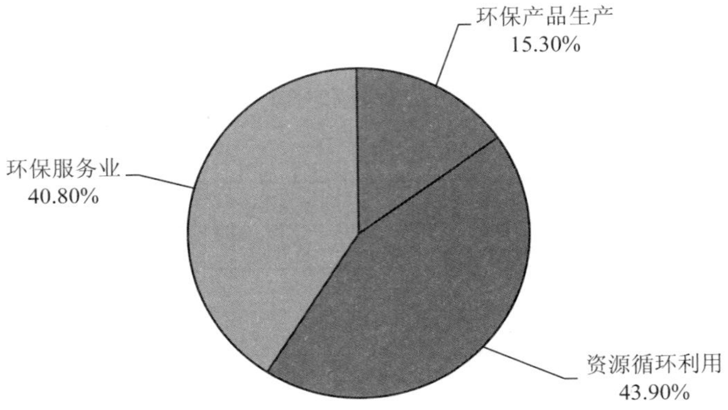

图 9-1　2004 年北京市环境保护及相关产业结构

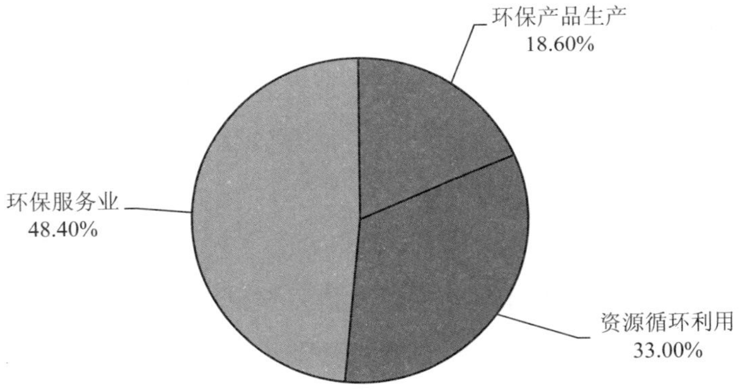

图 9-2　2011 年北京市环境保护及相关产业结构

从图 9-1 和图 9-2 可以看出，2011 年与 2004 年相比，环保服务业一直在北京的环保产业中占有重要地位，且上升趋势明显，由 2004 年的 40.8%上升为 2011 年的 48.4%；环保产品生产比重也有所上升，从 2004 年的 15.3%上升至 2011 年的 18.6%，而资源循环利用产品的比重有所下降，由 2004 年的 43.9%下降至 2011 年的 33%。环保产业中各类别的增长情况见表 9-2。

表 9-2 环保产业中各类产业的增长情况

类别	2004 年收入额/亿元	2011 年收入额/亿元	年平均增长率/%
环境保护产品	10.70	105.9	38.7
资源循环利用产品	30.70	187.9	29.5
环保服务业	28.56	275.2	38.2

2004—2011 年各类环保产业都得到了迅速发展，环保产品年平均增长率达 38.7%，环保服务年平均增长率为 38.2%，资源循环利用产品增长率为 29.5%。

从环保产业结构变化看，北京市环保及相关产业的结构日趋高级化，环保服务业已成为北京市环保产业的支柱。

（三）环保产业增长点

从最近一次的调查结果看，北京市环保产业的增长点是环保服务业。环保服务业在北京市的环境保护及相关产业中始终占有重要的地位，并一直保持高速增长，这与北京集中了最优秀的环保科技力量有关，特别是近几年来一些集环境设计、施工、技术和产品开发、产品生产为一体的有限责任公司的发展，使北京的环保服务业更上一层楼。

环境工程建设是环保服务业的主要行业，且环境工程建设面向全国。2011 年工程项目达到 1 357 项，总收入达到 147.8 亿元，占环保服务业的 53.7%，利润达 20.1 亿元，占环保服务业的 47.4%。

在环保服务业中，2011 年污染治理设施运营服务收入达到 53.6 亿元，成为服务业第二大行业。随着环境管理的强化，污染治理设施运营服务的社会化是必然趋势，运营服务业还将持续发展。

二、北京市环保产业趋势分析

北京市环保产业的发展与北京市环保市场、全国环保市场的需求分不开，与北京的科学技术发展分不开。从 2011 年的调查结果看，北京市环保产业发展有以下几个特点。

（一）充分发挥北京人才优势，大力发展环保服务业

北京市具备发展环境保护服务业的充分条件，有全国顶级的环境工程与科学的高等院校和科研单位，特别是近几年发展壮大的一批集技术开发、工程设计与施工、治理设施运营管理及产品生产于一体的集团公司，成为环境保护服务业发展的新力量。

环保服务业的发展也促进了技术开发和科学研究的市场化、社会化，使北京市的环境保护和污染治理趋向更高一个层次——标准化、系统化。

（二）北京市环保企业综合能力具有比较优势

北京市拥有众多的环保企业，大中型企业的数量和经营规模较大，且发展较为稳定，很多企业都有自身的技术特色和专业方向；小型企业数量也较多，且广泛服务于全国的各行各业。这些企业与全国其他省市相比，综合能力在全国具有比较优势。

（三）北京市环保技术具有比较优势

北京市有一批实用型、国家鼓励型的成套技术，这些技术对于一些行业性污染问题提供了解决方案，同时也为应用推广这些技术的企业赢得了竞争优势。

未来北京市环保产业发展的基本趋势是从目前主要满足国内污染防治的“小市场”，向适应国际绿色发展浪潮。为满足经济可持续发展

的要求，北京市环保产业的首要任务是实施机制创新，全面推动产业升级；应加强技术引导，鼓励技术创新；推进环境污染治理的市场化、产业化进程；规范环境产业市场；加强对环境产业的资金支持，实施优惠政策；走国际合作的道路，全面推动北京环保产业大发展。

第二节　环保产业管理

环境污染治理设施运营资质管理是环境管理的重要组成部分，是保障污染减排、改善环境质量的重要手段，是污染减排和污染防控体系建设的重要环节，在促进环保产业发展、环保事业进步中发挥了重要作用。北京市获得环境污染治理设施运营资质的单位不断增多，环境污染治理设施运营专业性逐渐增强，在推进环境污染治理设施运营社会化和市场化方面取得了积极进展，环保设施稳定运营率、达标排放率有了较大提高。

一、部门规章与规范

1999 年 3 月 26 日，国家环保总局第一次颁布《环境污染治理设施运营资质认可管理办法（试行）》。2004 年 11 月 10 日，颁布《环境污染治理设施运营资质许可管理办法》（国家环保总局令　第 23 号）。2012 年对《环境污染治理设施运营资质许可管理办法》进行修订，并于 2012 年 4 月 30 日环保部部务会议审议通过，2011 年 12 月 30 日发布，2012 年 8 月 1 日起施行，2004 年发布的管理办法同时废止。

2012 年 7 月 27 日，环保部为贯彻落实《环境污染治理设施运营资质许可管理办法》（环保部令　第 20 号），做好环境污染治理设施运营资质管理工作，印发《关于印发〈环境污染治理设施运营资质分类分级标准（第 1 版）〉等 8 项标准规范的通知》。编制了《环境污染治理设施运营资质分类分级标准（第 1 版）》《环境污染治理设施运营人员培训考核规范（第 1 版）》《环境污染治理设施运营资质证书申请表格式（第 1 版）》《环境污染治理设施运营人员考试合格证书格式（第 1 版）》《环境污染治理设施运营资质证书格式（第 1 版）》《环境污染治理设施运营情况年度报告表格式（第 1 版）》《环境污染治理设施运营项目备案表格式（第 1 版）》和《环境污染治理设施运营资质证书变更申请表格式（第 1 版）》8 项标准规范。

二、环境污染治理设施运营资质管理

2012 年 8 月以前，市环保局负责环境污染治理设施运营资质的预审工作。

2012 年 8 月 1 日开始，按照《环境污染治理设施运营资质许可管理办法》的第十条“省级环境保护主管部门负责环境污染治理设施运营乙级资质和临时资质的审批。省级环境保护主管部门应当自受理环境污染治理设施运营乙级资质或者临时资质申请材料之日起 20 个工作日内进行审查，作出审批决定。对符合条件的，予以批准，颁发资质证书，并予以公告；不符合条件的，不予批准，并说明理由”的要求，市环保局开展预审和许可工作。受理方式：先网上注册并提交申请，网上显示审核通过后，提交书面材料。受理地点：市环保局全程办事代理窗口。办理时限：20 个工作日。申请材料：环境污染治理设施运营资质证书申请表、企业法人营业执照副本复印件或者事业单位法人证书复印件、上一年度本单位财务状况报告或者其他资信证明、技术人员专业技术资格证书复印件、现场操作人员环境污染治理设施运营岗位培训证书复印件和聘用合同复印件、实验室或者检验场所及其检测能力的证明、突发环境事件应急预案、有关规范化运营质量保证体系的证明、环境污染治理设施运营实例，包括运营项目简介、委托运营合同、用户意见、委托运营项目备案表、有资质的单位出具的委托运营合同期间设施运行监测报告、环境污染治理设施运营资质分级、分类条件要求的其他证明材料。

审批流程：甲级资质——申请、审查申请资料、决定予以受理或者不受理、审查、签署预审意见、报环保部审批；乙级及临时资质——申请、审查申请资料、决定予以受理或者不受理、审查、作出许可或者不予许可的决定。审查内容：书面审查、现场核查。

三、北京市环境污染治理设施运营资质单位及运营情况

（一）社会化运营不断推进，运营资质持证单位数量稳步增加

随着社会化运营模式的不断推进，北京市运营资质持证单位数量稳步增加，2007 年新增获证单位 51 家，2008 年为 41 家，2009 年为 38 家，2010 年为 56 家，截至 2011 年 9 月底新增获证单位为 33 家，每年都有新的单位加入环境污染治理设施社会化运营中来。截至 2011 年 9 月底，扣除运营资质过期单位，北京市运营资质仍在有效期的单位共有 111 家，注册资金总额达 116.2 亿元，固定资产为 187.1 亿元，从业人员达 22 198 人，其中技术人员 9 378 人、高级工程师 1 673 人、工程师 2 757 人、助理工程师 2 571 人、技术员 1 774 人。

（二）培训体系逐渐健全，持证单位专业化运营程度不断提高

环境污染治理设施现场操作专业化是运营专业化的基础，按照原国家环保总局《关于开展环境污染治理设施运营培训工作的通知》（环发〔2006〕3 号）的要求，北京市不断完善环境污染治理设施现场操作人员的培训体系。截至 2011 年 9 月底，北京市共举办培训班 37 期，2007 年举办 1 期，2008 年 3 期，2009 年 13 期，2010 年 11 期，截至 2011 年 9 月底 9 期，其中污废水专业培训 15 期，除尘脱硫 5 期，自动连续监测（水）6 期，自动连续监测（气）8 期，生活垃圾和固体废物 3 期。几年来，共培训学员 2 731 人，其中获培训证书人数为 2 700 人，2007—2011 年 9 月底，现场操作人员持证人数呈逐年递增趋势，见图 9-3。

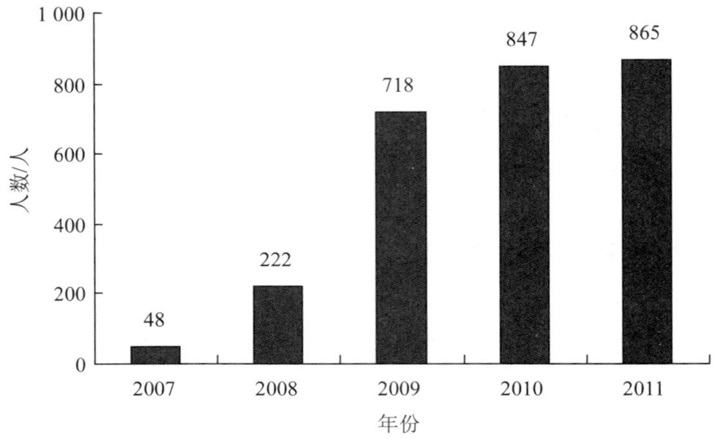

图 9-3　2007—2011 年获证操作人员人数

为了提高培训质量，切实增强现场操作人员的专业水平，培训部门在进行课堂培训的同时，还组织学员到高碑店污水处理厂等现场进行学习，为加强北京市污染治理设施的专业化运营夯实了人才基础。

（三）私营和股份制公司已成为运营污染治理设施专业化主力

从单位性质上看，111 家持证单位有 10 家中外合资企业、3 家外资企业（得利满、多元水务、伊普国际水务）、5 家纯国有企业（龙源环保、排水集团、环卫集团、北京环科、洳河污水厂）、2 家事业单位（中国航天科工飞航技术研究院动力供应站、市环科院），其他 91 家单位为私营或股份制公司。私营和股份制公司占持证单位总数的 82.0%，是污染治理设施专业化运营单位的主要组成。

（四）持证单位在北京市地域分布不均衡，海淀和朝阳占大部分

从注册地看，111 家持证单位分布于北京市 18 个区县中的 15 个（具

体数量分布见表9-3），但分布并不均衡，其中海淀区51家，占总数的45.9%，朝阳17家，占总数的15.3%，海淀朝阳两区单位数量占总数的61.2%。

表9-3 北京市各区县运营资质持证单位数量

区县	单位数量	区县	单位数量
海淀	51	平谷	2
朝阳	17	石景山	2
丰台	9	顺义	2
西城	8	东城	2
经济技术开发区	7	怀柔	1
大兴	3	昌平	1
房山	3	通州	1
门头沟	2	—	—

（五）持证单位所持证书专业分布不均衡，以污废水运营资质为主

111家持证单位共持有证书142张，具体明细见表9-4。其中生活污水类资质证书51张，工业废水类47张。生活污水和工业废水类资质证书共98张，占证书总数的69%。

表9-4 持证单位所持证书专业类别明细

专业类别	数量	专业类别	数量
生活污水甲级	36	工业废气乙级	0
生活污水甲级（临时）	3	工业废气乙级（临时）	0
生活污水乙级	7	工业固体废物甲级	3
生活污水乙级（临时）	5	工业固体废物甲级（临时）	1
工业废水甲级	28	工业固体废物乙级	0
工业废水甲级（临时）	3	工业固体废物乙级（临时）	1
工业废水乙级	8	生活垃圾甲级	1
工业废水乙级（临时）	8	生活垃圾甲级（临时）	4

专业类别	数量	专业类别	数量
除尘脱硫甲级	7	生活垃圾乙级	0
除尘脱硫甲级（临时）	3	生活垃圾乙级（临时）	0
除尘脱硫乙级	1	自动连续监测（水）	12
除尘脱硫乙级（临时）	0	自动连续监测（水）（临时）	0
工业废气甲级	0	自动连续监测（气）	8
工业废气甲级（临时）	0	自动连续监测（气）（临时）	3

（六）北京市持证单位外地运营项目较多，面向全国辐射能力较强

在抽查的北京市64家持证单位的228个项目中，有60个项目在北京，168个项目在外地，这些项目分布于全国23个省（自治区、直辖市），覆盖了全国67.6%的省份。除北京外，项目最多省份（自治区、直辖市）依次是江苏、山东、河南、河北、安徽、浙江、山西、内蒙古、陕西和重庆。这在一定程度上说明北京运营资质持证单位在全国的市场化率较高，面向全国的辐射能力较强。

（七）北京市运营资质持证单位总体实力较强，有大批业内的龙头企业

北京市运营资质持证单位总体实力较强，涌现出大批在环境污染治理设施运营领域实力突出的企业，如北控水务集团有限公司、北京城市排水集团有限责任公司、中环保水务投资有限公司、北京桑德环境工程有限公司、北京碧水源科技股份有限公司、北京国电龙源环保工程有限公司、北京博奇电力科技有限公司、雪迪龙科技股份有限公司、北京环境卫生工程集团有限公司、北京金隅红树林环保技术有限责任公司等。这些公司大部分资金实力雄厚，技术实力较强，所运营的项目规模大，专业化程度高，运营项目遍布全国，部分企业已将投资、运营等业务扩展到了国外。

后 记

本书《北京环境监测与科技》是《北京环境保护丛书》（以下简称《丛书》）环境监测与科技分册，记述了北京市 40 多年来环境监测和环境科学技术发展情况。本书原名为《北京环境监测与科研》，但在编写过程中，为反映北京市在环境保护工作中重视污染治理新技术的示范推广应用，体现北京市作为全国科技创新中心的首都功能定位，在向有关委办局和大型企业征集资料的基础上，我们补充增写了技术应用内容，并将有关章节标题改为“科学研究与技术应用”，因此将本册书名改为《北京环境监测与科技》，更好地反映内容变化。

本书包括环境监测机构网络建设、环境监测网络运行、环境监测质量管理、环境质量报告、科研机构、科学研究与技术应用、获奖成果与专利、国际交流与合作以及环保产业 9 个方面的内容。此外，本套《丛书》其他分册《北京环境污染防治》《北京大气污染防治》《北京奥运环境保护》等，也有涉及部分相关环境监测与科技的内容。

本书采用史料性记叙文体，采取横分门类纵写史、详近略远的编写方法。资料主要来源于原北京市环保局工作中形成的各种档案资料，包括文件、大事记、工作总结，以及座谈会口述、中国环境年鉴、北京年鉴等。1990 年前的早期资料主要源自《北京志 · 市政卷 · 环境保护志》（江小珂主编，北京出版社，2003.12），考虑到全书的章节结构和整体协调性，主编及有关撰稿人对这部分材料进行了删减、修改和加工。本书大部分资料年限到2013年年底，也有个别章节资料年限早于2013年，请读者注意鉴别。

《丛书》总编审阅了本书章节结构设计，对难点问题的处理提出决策意见；本书主编负责全书策划、章节结构设计和全书定稿；各副主编负责本单位供稿稿件的修改和审核；特邀副主编和《丛书》编委会执行副主任负责全书章节结构优化、内容修改和补充以及全书统稿；执行编辑承担了稿件编辑工作。

全书初稿撰稿人如下：

第一章“环境监测机构网络建设”第一节兰平、郑海涛、崔荣涛、郭彦娇、黄日明；第二节石爱军、徐谦、鹿海峰、荆红卫、刘保献、刘嘉林、魏强、安欣欣、景宽、郭婧、徐蘇士、赵靓、奚采亭、李彬。

第二章“环境监测网络运行”第一节石爱军、徐谦、鹿海峰、荆红卫、刘保献、刘嘉林、李云婷、李令军、沈秀娥、景宽、杨懂艳、常淼、王文盛、郭婧、田颖、吴悦、汪越、杜鹃、章文英、李雪贞、王璟、宋福祥、陈昱雯；第二节石爱军、徐谦、荆红卫、梁云平、刘嘉林、李金香、胡月琪、杨妍妍、粟京平、单文静；第三节石爱军、鹿海峰、王铮；第四节石爱军、邹本东、张芳芳、王红、汪越、杜鹃、章文英、李雪贞、王璟、宋福祥、陈昱雯。

第三章“环境监测质量管理”第一节华蕾、鹿海峰、邹本东、王雅心、徐硕；第二节汪越、杜鹃、章文英、李雪贞、王璟、宋福祥、陈昱雯。

第四章“环境质量报告”鹿海峰、荆红卫、王文盛、李彬、李云婷。

第五章“科研机构”周婧、刘畅、张雪梅、李晨曦。

第六章“科学研究与技术应用”第一节李雪、罗志云、闫静、王晔、樊守彬、黄玉虎、邵霞、聂磊；第二节何星海、史芫芫、范清、傅海霞、黄丹、董娜、王珊、李雪、荆红卫、郭婧；第三节冯宇；第四节姜林、朱笑盈；第五节徐少辉、李雪；第六节汪越、章文英、顾洪坤、杜娟、王璟；第七节李雪、马明睿；第八节姜林、李雪；第九节韩玉华、钱文涛。

在该章中，首钢集团公司、燕山石化公司、金隅集团、京能集团、排水集团、大唐国际高井电厂、顺义区大龙公司等企业提供了行业环保新技术应用方面的资料，向上述单位的穆怀明、毛玉琪、谢辉、臧电宗、宋强、高宏瑞等一并表示感谢！

第七章“获奖成果与专利”第一节张漫、李宝林、平萍、王雅心；第二节张漫、李宝林、平萍、王雅心、孙彤卉；第三节张漫、李宝林、平萍、汪越、章文英。

第八章“国际交流与合作”明登历、李春梅、戴子星、夏倩、陈琦。

第九章“环保产业”李铁军、许艺凡、李雪、李丽娜。

本书在编写过程中得到原北京市环保局多位退休干部的热情支持和大力协助，潘曙达、赵越、徐谦为本书编写提供了指导或参与文稿补充和修改。潘涛对“科学研究与技术应用”中水环境科研和新技术应用的内容进行了审读和修改。此外，王雅心、黄玲玲参与了本书前期资料收集和整理工作。在此一并表示感谢。

主　编　徐庆

2018 年 12 月